westermann

Autoren: Klaus Hengesbach, Dr. Jürgen Lehberger,
Stefan Lux, Detlef Müser, Georg Pyzalla,
Werner Schilke, Heinrich Weber
Herausgeber: Udo Jettkant

Aufgabensammlung
Industriemechanik

Grund- und Fachwissen

10. Auflage

Prüftechnik, Qualitäts-
management

Fertigungstechnik

Werkstofftechnik

Maschinen- und
Gerätetechnik

Instandhaltung –
Wartungstechnik

Grundlagen der
CNC-Technik

Steuerungs- und
Regelungstechnik

Elektrotechnik

Digitale Auto-
matisierungstechnik

Kreativ- und
Präsentationstechnik

Fachübergreifende
mathematische
Übungen

Bestellnummer 55414

Zusatzmaterialien zu „Aufgabensammlung Industriemechanik – Grund- und Fachwissen"

Für Lehrerinnen und Lehrer

Lösungen zum Schulbuch: 978-3-427-55420-2
Lösungen zum Schulbuch Download: 978-3-427-55417-2

BiBox Einzellizenz für Lehrer/-innen (Dauerlizenz): 978-3-427-55438-7
BiBox Kollegiumslizenz für Lehrer/-innen (Dauerlizenz): 978-3-427-55441-7
BiBox Kollegiumslizenz für Lehrer/-innen (1 Schuljahr): 978-3-427-83420-5

inkl. E-Book

Für Schülerinnen und Schüler

BiBox Einzellizenz für Schüler/-innen (1 Schuljahr): 978-3-427-55444-8
BiBox Klassensatz PrintPlus (1 Schuljahr): 978-3-427-81916-5

inkl. E-Book

© 2023 Westermann Berufliche Bildung GmbH, Ettore-Bugatti-Straße 6-14, 51149 Köln
www.westermann.de

Druck und Bindung: Westermann Druck GmbH, Georg-Westermann-Allee 66, 38104 Braunschweig

ISBN 978-3-427-55414-1

Hinweise für den Benutzer dieses Buches

Das Lernpaket „**Berufswissen Metall – Industriemechanik**" besteht aus zwei Büchern für den Lernenden:
- dem Lehrbuch „Industriemechanik – Grund und Fachwissen" (Bestellnummer 55408, 11. Auflage) und
- dem hier vorliegenden Aufgabenbuch mit dem Titel „Aufgabensammlung Industriemechanik" (Bestellnummer 55414, 10. Auflage).

sowie den Lösungen für den Lehrer (Bestellnummer 55420, 10. Auflage).

Das hier vorliegende **Aufgabenbuch** mit dem Titel „**Aufgabensammlung Industriemechanik**"enthält passend zum Lehrbuch
- Übungsaufgaben und Fragen, auf die im Lehrbuch verwiesen wird,
- zusätzliche Informationen zu mathematischen Grundlagen,
- fachübergreifende mathematische Übungen.

Neben fachkundlichen Fragen und Aufgaben enthält dieses Buch in den jeweiligen Themenbereichen Zusammenfassungen mathematischer Bezüge (im Inhaltsverzeichnis mit M gekennzeichnet). Die Themenbereiche werden in blau umrahmten Feldern mit blau unterlegter Kopfleiste dargestellt.

Das Aufgabenbuch ist in gleicher Weise gegliedert und gekennzeichnet wie das Lehrbuch. Jeder Fachbereich hat in beiden Büchern jeweils das gleiche Piktogramm. Bei der Nummerierung der Übungsaufgaben gibt z. B. im Bereich die Ziffer vor dem Schrägstrich die Kapitelnummer an. So findet man z. B. im Bereich Fertigungstechnik, der durch das Piktogramm einer Werkzeugschneide gekennzeichnet ist, im Kapitel 3 „Verfahren des Trennens" die Übungsaufgaben 3/1; 3/2 usw.

Die **Lösungen zum Aufgabenbuch** erhalten Sie unter folgenden Formaten:
- Download, Bestellnummer 55417 oder
- Print, Bestellnummer 55420

Das zugehörige Lehrbuch „**Berufsfeld Metall – Industriemechanik**" enthält das zur Bearbeitung der Lernsituationen in den verschiedenen Lernfeldern erforderliche Fachwissen in der Prüftechnik, der Fertigungstechnik, der Werkstofftechnik, der Maschinen- und Gerätetechnik, der Instandhaltung und Wartungstechnik, der CNC-Technik, der Steuerungs- und Regelungstechnik, der Elektrotechnik, der digitalen Automatisierungstechnik sowie der Kreativ- und Präsentationstechnik.

Um diese fachlichen Informationen zusammenhängend darzustellen und die systematische Suche von Informationen zu erleichtern, ist das Lehrbuch nach Sachgebieten gegliedert.

Zum besseren Verständnis dynamischer Abläufe, die durch Text und Abbildungen nur begrenzt darstellbar sind, wurden in diesem Lehrbuch an mehreren Stellen Kurzvideos hinterlegt. Diese sind über den jeweiligen **QR-Code** direkt abrufbar.

Inhaltsverzeichnis

Prüftechnik, Qualitätsmanagement

Fertigungstechnik

Werkstofftechnik

Maschinen- und Gerätetechnik

Instandhaltung – Wartungstechnik

Grundlagen der CNC-Technik

Steuerungs- und Regelungstechnik

Elektrotechnik

Digitale, Automatisierung

Kreativ- und Präsentationstechniken

Fächerübergreifende mathematische Übungen

Mathematische Bezüge (alphabetisch)

1 Grundbegriffe der Prüftechnik

1/1 In einer Fabrik werden bei der Endkontrolle verschiedene Prüfungen am Produkt Schraubstock vorgenommen.

a) Der parallele Abstand zwischen den Spannbacken wird durch ein Messgerät geprüft.

b) Der Farbanstrich wird vom Kontrolleur auf Bläschenbildung geprüft.

c) Durch Öffnen und Schließen des Schraubstockes wird geprüft, ob das Gewinde zu locker oder zu stramm ist.

d) Mit einer Feile wird geprüft, ob die Schraubstockbacken gehärtet sind.

Schreiben Sie aus den angegebenen Prüfungen die subjektiven und objektiven Prüfungen getrennt heraus.

Teile und Vielfache von Einheiten im metrischen Maßsystem

	Zahl	Bedeutung	Zehner-potenz	Vorsatz-Silbe	Vorsatz-Zeichen
Vielfache	1 000 000	Million	10^6	Mega	M
	1 000	Tausend	10^3	Kilo	k
	100	Hundert	10^2	Hekto	h
	10	Zehn	10^1	Deka	da
	1	Eins	10^0		
Teile	0,1	Zehntel	10^{-1}	Dezi	d
	0,01	Hundertstel	10^{-2}	Zenti	c
	0,001	Tausendstel	10^{-3}	Milli	m
	0,000 001	Millionstel	10^{-6}	Mikro	µ

1/2 Lösen Sie folgende Aufgaben zum metrischen Maßsystem.

1. Üben Sie sich in den Umrechnungen von Einheiten. Zeichnen Sie dazu folgende Tabelle ab und vervollständigen Sie diese.

	m	dm	cm	mm	µm
a)	0,1	1	?	?	?
b)	0,01	?	1	?	?
c)	0,001	?	?	1	?

2. Geben Sie die folgenden Längen jeweils in mm an.

a) 33,8 cm   **c)** 720 µm   **e)** $2{,}19 \cdot 10^{-2}$ m

b) 0,084 dm   **d)** $0{,}8 \cdot 10^{-2}$ m   **f)** $1{,}24 \cdot 10^{-5}$ dm

3. Schreiben Sie die folgenden Größen in der Einheit m in Normal- und in Potenzschreibweise. In der Potenzschreibweise soll der Faktor jeweils nur eine Stelle vor dem Komma haben.

a) 134 mm   **c)** 19 800 dm   **e)** 0,034 km

b) 738 cm   **d)** $2{,}7 \cdot 10^{-2}$ km   **f)** 17,38 mm

4. Wandeln Sie die folgenden Angaben in Zehnerpotenzen der Basiseinheit um.

a) 1 500 m   **c)** 0,5 kg   **e)** 0,02 s

b) 450 mm   **d)** 3 500 A   **f)** 0,3 h

5. Schreiben Sie als Dezimalzahlen.

   a) 1/10 m   **c)** 6/20 kg   **e)** 50/10 g
   b) 1/2 s   **d)** 1 1/5 km   **f)** 1/5 h

6. Geben Sie als Brüche an.

   a) 0,05 kg   **c)** 0,04 s   **e)** 0,0550 m
   b) 2,25 m   **d)** 0,0050 A   **f)** 0,8 h

1/3   Rechnen Sie die gegebene Einheit jeweils in die gesuchten Einheiten um.

1. $\varrho = 15\,\dfrac{g}{cm^3}$ $?\,\dfrac{kg}{dm^3}$ $?\,\dfrac{kg}{m^3}$ $?\,\dfrac{mg}{mm^3}$

2. $v = 96\,\dfrac{km}{h}$ $?\,\dfrac{m}{s}$ $?\,\dfrac{cm}{s}$ $?\,\dfrac{m}{min}$

3. $V = 4\,320\,mm^3$ $?\,cm^3$ $?\,dm^3$ $?\,m^3$

4. $p = 200\,\dfrac{N}{cm^2}$ $?\,\dfrac{N}{m^2}$ $?\,\dfrac{mN}{mm^2}$ $?\,\dfrac{daN}{cm^2}$

Prüfverfahren: Messen und Lehren

1/4   Ein Auszubildender erhält für seinen Arbeitsplatz folgende Teile: Stahlstabmaß, Messschieber, Zirkel, Anschlagwinkel, Meißel, Flachwinkel, Anreißnadel.
Mit welchen der genannten Werkzeuge kann man messen und mit welchen lehren?

1/5   Bilden Sie jeweils einen Satz über Messen und Lehren unter Zuhilfenahme der gegebenen Begriffe: Messgeräte, Maßverkörperung, Maßeinheit, Vergleichen, Messen, Prüfgröße, Lehren, Formverkörperung.

1/6   Das Gewinde für eine Spindel soll auf einer Drehmaschine geschnitten werden. Der Zerspanungsmechaniker benötigt dazu folgende Prüfgeräte: Messschieber, Messschraube, Gewindeprofilschablone, Gewindeprüfmutter.
Schreiben Sie die Prüfgeräte für das Messen und für das Lehren getrennt heraus.

2   Prüfen von Längen

Maßsysteme und Einheiten

2/1   Berechnen Sie die Gesamtlängen von Stäben mit folgenden Teillängen:
a) 1,585 m + 1,25 dm + 88,4 cm = ? m
b) 0,62 dm + 0,05 m + 85 cm + 580 µm = ? mm
c) 2,12 m + 345 mm + 87,4 cm = ? dm
d) 0,45 m + 48,8 cm + 3,2 dm + 240 µm = ? cm

Prüfmaße, Teilungen, Lochabstände

Ermittlung des Mittenabstands l_m von Bohrungen aus Prüfmaßen:

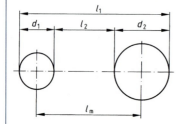

$$l_m = l_1 - \frac{d_1}{2} - \frac{d_2}{2}$$
oder
$$l_m = l_2 + \frac{d_1}{2} + \frac{d_2}{2}$$
oder
$$l_m = \frac{l_1 + l_2}{2}$$

Teilungen
Lochzahlen z
Abstände a

$$a = z - 1$$
$$z = a + 1$$

Lösen Sie folgende Aufgaben zu Prüfmaßen, Teilungen und Lochabständen.

1. An einer Lasche sollen die Mittenabstände a_1 bis a_4 überprüft werden. Gemessen wurden die Maße
   gemäß Skizze mit einem Messschieber.
   Berechnen Sie die Mittenabstände.

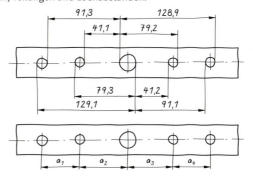

2. Bei der Maßkontrolle wurde der
   Außendurchmesser mit 120,12 mm
   bestimmt. Die Bohrung hat einen
   Durchmesser von 20,1 mm. Zur
   Überprüfung der Exzentrizität
   wurde das Maß x gemessen. Es
   beträgt 4,95 mm.
   Wurde die Exzentrizität mit $45^{+0,05}_{-0,12}$
   eingehalten?

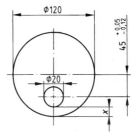

3. In Flachmaterial 0,6 m lang, 60 mm breit und 20 mm dick sollen 10 Löcher mit je 10 mm Durchmesser gebohrt werden. An beiden Enden sollen die Randabstände 30 mm betragen.
   a) Berechnen Sie die Mittenabstände für das Anreißen der Bohrungen.
   b) Fertigen Sie eine Zeichnung im Maßstab 1 : 5 an.

4. Bei einem Werkstück soll der Mit-
   tenabstand für zwei Bohrungen
   gemäß Zeichnung eingehalten werden.
   Berechnen Sie die Kontrollmaße a
   und b.
   Istmaße der Bohrung:
   15,1 mm und 25,2 mm.

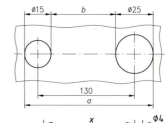

5. Berechnen Sie für das Maß x
   den größten und kleinsten zulässigen Wert, wenn die Bohrungen
   ±0,05 mm Abweichung haben dürfen.

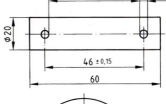

1. Berechnen Sie mithilfe des Lehrsatzes des Pythagoras den Mittenab-
   stand m und die Kontrollmaße a
   und b für die Bohrungen in dem
   dargestellten Flansch. Der Teilkreisdurchmesser beträgt 120 mm
   (340 mm) und die Bohrungen haben
   einen Durchmesser von 14 mm
   (22 mm).

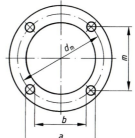

2. Ermitteln Sie mithilfe des Lehrsatzes des Pythagoras das Prüfmaß x für das nebenstehende Werkstück.

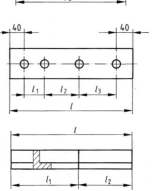

2/4

1. Ein Flachstahl von 215 mm Länge soll 4 Bohrungen mit dem Abstandsverhältnis 2 : 3 : 4 erhalten. Die Randabstände der ersten und letzten Bohrung sollen 40 mm betragen.
Berechnen Sie die Mittenabstände.

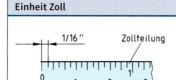

2. Ein Winkelstahl von l = 2,5 m wird im Verhältnis $l_1 : l_2 = 3{,}1 : 1{,}9$ geteilt.
Berechnen Sie l_1 und l_2.

Einheit Zoll

1/16″ Zollteilung	**1 Zoll (1″) ≙ 25,4 mm**

Teile eines Zolls werden immer als Brüche angegeben.

Beispiele: $\dfrac{1}{4}''$; $\dfrac{1}{8}''$

Die Nenner der Brüche sind stets Potenzen von 2.

Beispiele: $\dfrac{1}{2^2}'' = \dfrac{1}{4}''$; $\dfrac{1}{2^3}'' = \dfrac{1}{8}''$

0 1 2 3
1 mm
Millimeterteilung

2/5

Ein Rohr für eine Wasserleitung hat einen Innendurchmesser von 1 1/2″ und ist 20,3 dm lang.
Berechnen Sie den Innendurchmesser in mm und die Länge in m.

2/6

Lösen Sie die folgenden Aufgaben zu Zollmaßen.

1. Vervollständigen Sie die vorgegebenen Reihen der Teile von Zollmaßen.

   a) $\dfrac{1}{2^1}''$; $\dfrac{1}{2^2}''$; ... $\dfrac{1}{2^8}''$

   b) $\dfrac{1}{2}''$; $\dfrac{1}{4}''$; ... $\dfrac{1}{256}''$

2. Rechnen Sie die folgenden Maße in mm um.

   a) 1/4″   c) 3/4″   e) 2 5/16″
   b) 1 1/2″   d) 5/8″

3. Nach einer alten Zeichnung aus Großbritannien, in der Zollmaße eingetragen sind, ist ein Ersatzteil zu fertigen.
Skizzieren Sie das Werkstück ab, und tragen Sie die Maße in mm ein. Runden Sie die Maße auf 1/100 mm.

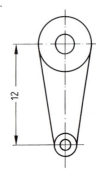

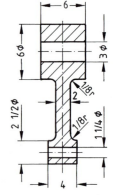

12

Höchstmaß – Mindestmaß – Toleranz

Maße, Grenzabmaße, Toleranzen

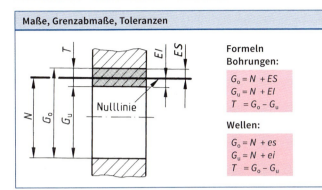

Formeln
Bohrungen:

$$G_o = N + ES$$
$$G_u = N + EI$$
$$T = G_o - G_u$$

Wellen:

$$G_o = N + es$$
$$G_u = N + ei$$
$$T = G_o - G_u$$

Bezeichnungen

N	Nennmaß
G_u	Mindestmaß
G_o	Höchstmaß
T	Toleranz
$EI; ei$	unteres Abmaß
$ES; es$	oberes Abmaß

2/7 Übernehmen Sie die nachstehende Tabelle, und berechnen Sie die fehlenden Maße.

Maßangabe	N	$ES; es$	$EI; ei$	G_o	G_u	T
$120 \pm 0,5$	?	?	?	?	?	?
$35^{+0,3}_{+0,1}$	?	?	?	?	?	?
$8^{+0,07}_{-0,02}$	?	?	?	?	?	?
?	70	+ 0,2	?	?	?	0,3
?	?	?	– 0,06	21,43	21,34	?

2/8 Zeichnen Sie die nebenstehende Tabelle ab und vervollständigen Sie diese, indem Sie die Allgemeintoleranzen nach DIN ISO 2768 benutzen.

Nennmaß mit Genauigkeit	Pass-maß	Höchst-maß	Mindest-maß	Tole-ranz
320 m	?	?	?	?
53 f	?	?	?	?
2 500 c	?	?	?	?
3 f	?	?	?	?
17,8 m	?	?	?	?

2/9 Bei der Zwischenkontrolle eines Werkstückes wurden folgende Ist-maße (siehe Tabelle) festgestellt. Vergleichen Sie die Istmaße mit den gegebenen Zeichnungsmaßen, unter der Voraussetzung, dass alle Maße des Werkstückes mit Allgemeintoleranzen nach DIN ISO 2768 (fein) zu fertigen waren.
Treffen Sie die Entscheidung „Gut" – „Ausschuss".

Istmaß	Zeich-nungs-maß	Höchst-maß	Mindest-maß	Entschei-dung
125,5	125	?	?	?
45,07	45	?	?	?
7,98	8	?	?	?

Begriffe der Längenmesstechnik

2/10   Zur Prüfung eines Messschiebers im Be-reich von 12 bis 15 mm wurden drei Endmaße (10 mm, 2 mm und 1,5 mm) zusammengeschoben. Der Messschieber zeigte die abgebildete Anzeige.
Bestimmen Sie

    a) Messwert,
    b) Wert der Messgröße,
    c) Skaleneinteilungswert und
    d) Messabweichung.

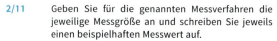

2/11   Geben Sie für die genannten Messverfahren die jeweilige Messgröße an und schreiben Sie jeweils einen beispielhaften Messwert auf.

    a) Ein Automobilmechaniker prüft mit einer Füh-lerlehre den Abstand der Zündkerzenkontakte.
    b) Im Walzwerk wird die Blechdicke fortlaufend mit Ultraschall gemessen.
    c) Ein Bankbeamter kontrolliert eine Rolle mit 2-EUR-Stücken durch Wiegen.
    d) Mit einem Messschieber wird der Durchmesser einer Welle gemessen.
    e) Die Außentemperatur wird mit einem Quecksilberthermometer ermittelt.

Direkte Längenmessung

2/12   Der Nonius ist eine Ablesehilfe für Bruchteile von Millimetern. Welche Aussage ist richtig über den Zehntel-Nonius?

    a)   9 mm sind in 10 Teile eingeteilt.
    b)   10 mm sind in 9 Teile eingeteilt.
    c)   10 mm sind in 10 Teile eingeteilt.

2/13   Ermitteln Sie den Abstand von Teilstrich zu Teilstrich bei einem Nonius

    a) für 1/10 mm Ablesegenauigkeit,   b) für 1/20 mm Ablesegenauigkeit.

2/14   Erklären Sie, warum es keine Nonien für 1/100 mm Ablesegenauigkeit bei Messschiebern gibt.

2/15   Messschieber gibt es mit verschiedenen Nonien.
Lesen Sie bei den skizzierten Beispielen jeweils den Messwert ab, und stellen Sie fest, um welchen Nonius es sich jeweils handelt.

a) 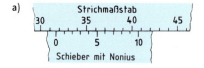   b)

2/16   Vergleichen Sie einen herkömmlichen Universalmessschieber mit einem digitalen Messschieber im Hinblick auf:

    a) die Ablesemöglichkeit,   b) die Ablesegenauigkeit,   c) die Kosten.

2/17 Die Maße des gezeichneten Werkstückes sollen geprüft werden.
Welche Maße lassen sich durch Außenmessung, Innenmessung oder Tiefenmessung mit dem Universalmessschieber bestimmen?

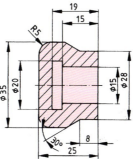

2/18 Bestimmen Sie das Maß x.

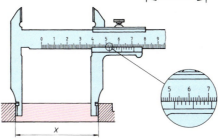

2/19 Alle Bohrungen haben 8 mm Durchmesser. Auf welches Maß ist die Nullstellung eines digital anzeigenden Messschiebers einzustellen, damit bei der Messung zwischen A und B1, A und B2 usw. der Zahlenwert der Mittenabstände am Messschieber abzulesen ist?

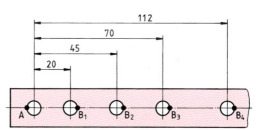

2/20 **a)** Die Messspindel einer Messschraube hat eine Steigung von 0,5 mm und die Messtrommel am Umfang eine Skala mit 50 Skalenteilen.
Weisen Sie durch Rechnung nach, dass bei dieser Messschraube eine Drehbewegung um ein Skalenteil zu einer Längsbewegung von 1/100 mm führt.

b) Wie groß sind die Messwerte bei den skizzierten Beispielen? Die Messspindel hat jeweils die Steigung von 0,5 mm.

2/21 Messschrauben müssen von Zeit zu Zeit auf ihre Genauigkeit überprüft werden.
a) Mit welchem Messgerät kann die Überprüfung vorgenommen werden?
b) Beschreiben Sie, wie man diese Überprüfung durchführt.

2/22 Erklären Sie den Begriff Messbereich.

2/23 In einer Kleinserie werden Bolzen mit dem Durchmesser $19{,}6^{+0{,}04}_{-0{,}02}$ mm gefertigt. Für die Endkontrolle sollen zwei fest eingestellte Messschrauben wie Lehren eingesetzt werden.
a) Auf welche Maße sind die Messschrauben einzustellen?
b) Beschreiben Sie die Handhabung beim Prüfen. Geben Sie dabei an, unter welchen Umständen die Nichteinhaltung der Maße erkannt werden kann.

2/24 Welche Arbeitsregeln muss man beim Messen von Bohrungen mit einer Innenmessschraube beachten?

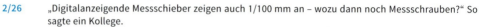

2/25 Bei korrekter Messung wird das Maß 100 mm festgestellt.
Wie groß ist der Fehler, wenn die Innenmessschraube um 3 mm
außerhalb der Senkrechten angesetzt wird?
(siehe Zeichnung mit unmaßstäblicher Darstellung)

2/26 „Digitalanzeigende Messschieber zeigen auch 1/100 mm an – wozu dann noch Messschrauben?" So
sagte ein Kollege.
Was werden Sie ihm antworten? Betrachten Sie die Skizzen zur Verdeutlichung der Messprinzipien
beider Messgeräte und an alysieren Sie mögliche Fehlerquellen.

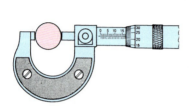

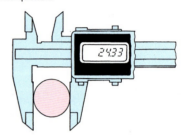

2/27 Für eine Fräsarbeit auf einer Senkrechtfräsmaschine muss der Rundtisch so unter die Frässpindel
gefahren werden, dass die Mittelachse des Frästisches mit der Spindelachse übereinstimmt.
Erklären und skizzieren Sie, wie Sie das Ausrichten mithilfe einer Messuhr vornehmen würden.

2/28 Das Maß 14,6 ±0,02 mm soll mithilfe der Messuhr an einer Serie von Werkstücken geprüft werden.
Wie ist bei der Prüfung vorzugehen?

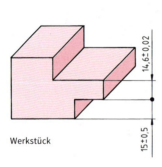

Werkstück

Messeinrichtung (Schema)

2/29 Die Messuhr ist mit Endmaßen bei 35,00 mm auf Null gestellt worden.
Bei der Messung eines Werkstückes weist der Zeiger auf den 16. Skalenteil. Ein Skalenteil entspricht bei dieser Uhr 0,01 mm.

a) Berechnen Sie den Messwert.

b) Wie bezeichnet man das angewandte Messverfahren?

c) Mit welchen weiteren Längenmessgeräten lässt sich das Werkstück messen?

Indirekte Längenmessung

2/30 Mithilfe welcher physikalischen Größen werden Längen pneumatisch gemessen?

2/31 Begründen Sie, warum pneumatische Messgeräte für automatisches Messen während der Fertigung besonders geeignet sind.

2/32 In einer Automobilfabrik sind die beiden dargestellten Messdorne in Messvorrichtungen im Einsatz. Als Anzeigegeräte werden Säulengeräte verwendet.

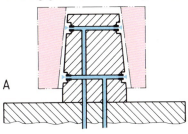 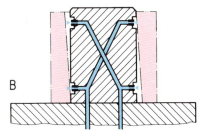

A   B

a) Welches Messverfahren wird eingesetzt?
b) Bis zu welcher Rauheit kann dieses Verfahren eingesetzt werden? Welche Änderungen müssten bei größerer Rauheit vorgenommen werden?
c) Was wird jeweils in A und B gemessen?

2/33 Überlegen Sie, wie man mithilfe eines Schiebewiderstands ein elektrisches Längenmessgerät aufbauen kann.
Fertigen Sie eine Skizze an und zeichnen Sie den Schaltplan.

2/34 Erklären Sie die Längenmessung mithilfe von Strichgittern (geteilte Glaslineale).

2/35 In der Endkontrolle sollen Werkstücke auf ihre Höhe von 53 ± 0,01 mm mit einem induktiven Messtaster gemessen werden.
Beschreiben Sie, wie man vorgeht.

2/36 Beschreiben Sie den Weg einer Messgröße, wenn diese von einem elektrischen Längenmessgerät ermittelt wurde.

Endmaße und Lehren

2/37 Für welche Aufgaben werden Endmaße verwendet?

2/38 Ermitteln Sie, welche Endmaße für folgende Maße aneinandergeschoben werden müssen.
(Normalsatz von Endmaßen gemäß Angaben im Buch zugrunde legen)

a) 100,637 mm   b) 50,021 mm   c) 32,101 mm

2/39 a) Weshalb bezeichnet man eine Grenzlehre auch als Doppellehre?
b) Warum kann man mit einer Grenzlehre das Istmaß eines Werkstückes nicht feststellen?

2/40 Zum Prüfen des dargestellten Profils ist eine Formlehre herzustellen.
Entwerfen Sie die Lehre im Maßstab 1:1.
Bemaßen Sie die Lehre, damit sie nach Ihrer Zeichnung gefertigt werden kann.

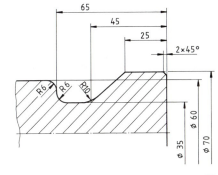

3   Prüfen von Winkeln

Vollkreis = 360°
   1° = 60'
   1' = 60"

Vollkreis unterteilt
in 360 Teile

1 Teil entspricht
1 Grad

1 Grad = 1°

3/1   Lösen Sie die folgenden Aufgaben zu Winkelmaßen.

1. Berechnen Sie x.
   a) $x + 27°15'56" = 90°$
   b) $x + 59°28'57" = 180°$
   c) $90° - x = 66°15'30"$
   d) $180° - x = 126°28'2"$

2. Berechnen Sie die Winkel.
   a) $227° : 3 = ?$
   b) $115°40'24" : 4 = ?$
   c) $27°40' \cdot 4 = ?$
   d) $38°5'35" \cdot 5 = ?$

3. Schreiben Sie als Dezimalzahl.
   a) $25°36'$ b) $40°12'45"$ c) $40°30'30"$ d) $22°24'40"$

4. Schreiben Sie in Minuten und Sekunden.
   a) $41,5°$ b) $24,25°$ c) $37,36°$ d) $40,41°$

5. Berechnen Sie den Gesamtwinkel.
   a) $21,5° + 45°10' - 0,05° = ?$ b) $0,5' + 30°10'40" - 12,2° = ?$

6. Übernehmen Sie die Tabelle, und führen Sie die entsprechenden Berechnungen aus.

	a)	b)	c)	d)	e)
Winkelwert in °; '; "	35°7'18"	?	?	?	?
Winkelwert nur in °	?	?	4,485°	?	?
Winkelwert nur in '	?	428'	?	?	114,8'
Winkelwert nur in "	?	?	?	$(3,4 \cdot 10^6)"$	?

7. Reibahlen werden mit gerader Schneidezahl
   und ungleicher Teilung gefertigt.
   Wie groß ist der Winkel α?

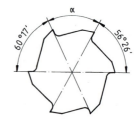

8. Berechnen Sie den Freiwinkel α_0 der Feilen.

a)

b)

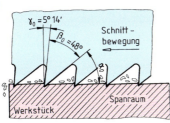

9. An den dargestellten Blechen wurde mit einem Winkelmesser der Winkel α gemessen. Berechnen Sie jeweils den Winkel α_1.

a)

b)

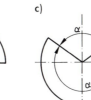

c)

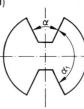

d)

$\alpha = 28°30'$ $\alpha = 32°15'$ $\alpha = 110°40'$ $\alpha = 54°10'$

10. In einer Zeichnung ist der Winkel von 43°25' vermaßt. Am Werkstück selbst kann man jedoch nur den Winkel messen, der den geforderten Winkel zu 180° ergänzt.
Berechnen Sie diesen Ergänzungswinkel.

3/2 An einem Werkstück wird der Winkel α gemessen.

a) Wie groß ist der Winkel α?
b) Wie heißt das benutzte Messgerät?

3/3 Mit einem Universalwinkelmesser wurde eine Führungsnut ausgemessen. Gemessen wurden die Winkel β mit 130° und γ mit 129°55'. Der Öffnungswinkel α soll 80° ± 10' betragen.

a) Ermitteln Sie das Istmaß des Winkels α.

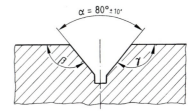

b) Entscheiden Sie, ob bei einer Messunsicherheit von ± 5' bei der Messung mit dem Universalwinkelmesser das Istmaß des Öffnungswinkels dem Sollmaß entspricht.

3/4 Mit einem Universalwinkelmesser werden die dargestellten Werkstücke entsprechend der Zeichnung gemessen.
Ermitteln Sie jeweils die Winkelgröße.

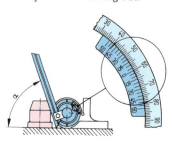 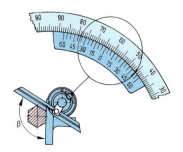

3/5 An einer Führung ist das angegebene Maß zu messen. Der Symmetriefehler darf ± 10′ nicht überschreiten.
Erläutern Sie die Durchführung der Prüfung, und geben Sie die Prüfwinkel an.

3/6 Ein Werkzeugstempel mit regelmäßigem Achtkant-Profil ist zu überprüfen. Es sollen Längen, Winkel und Symmetrie kontrolliert werden.

Stellen Sie einen Prüfplan mit Angabe der Prüfwerte auf.

3/7 Stellen Sie Endmaße für die folgenden Winkel zusammen.

a) 27°15′ b) 48°45″ c) 34°30′

3/8 Das dargestellte Werkstück ist zu messen.

a) Legen Sie eine Tabelle an, in der Sie für die Maße 4; 9; 12 und 14 Folgendes angeben: Nennmaß, Abmaße, Prüfmittel.

b) Beschreiben Sie die Messung der Maße 4; 9; 12 und 14.

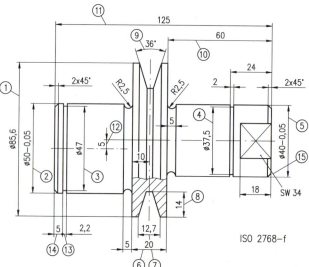

ISO 2768−f

4   Prüfen von Gewinden

Lehren von Gewinden

4/1   Welche Kenngrößen eines Gewindes lassen sich mit Gewindeschablonen überprüfen?

4/2   Woran erkennt man die Ausschussseite bei einem Gewindegrenzlehrdorn?

4/3   Warum soll man Gewindelehrringe nur zum Prüfen von kurzen Außengewinden benutzen?

4/4   Bei einer Gewinderollenlehre liegt das Rollenpaar für die Ausschusslehrung hinter dem Rollenpaar für die Gutlehrung.
Begründen Sie diese Anordnung.

4/5   Warum genügt es nicht, genaue Gewinde nur mit Lehren zu prüfen?

Messen von Gewinden

4/6   Auf einer Drehmaschine wurde ein Außengewinde gefertigt. Mit einem Steigungsmessgerät (Endmaße mit Steigungsschnäbeln) stellt man das Maß 24,2 mm für 8 Gewindegänge fest.
    a) Wie groß ist die Steigung?
    b) Welchen Fehler weist die Steigung auf, wenn metrische Gewinde nach Norm folgende Steigungen haben: … 2,5 mm; 3 mm; 3,5 mm …?
    c) Wodurch kann der Fehler bedingt sein?

4/7   Den Flankendurchmesser eines Außengewindes kann man mithilfe einer Messschraube und dreier gleich dicker Drähte messen.
    a) Beschreiben Sie das Messverfahren.
    b) Begründen Sie, warum bei diesem Messverfahren der Flankendurchmesser nicht unmittelbar gemessen wird.

4/8   Welche Bestimmungsgrößen eines Außengewindes lassen sich mit einem Messschieber ermitteln?

5   Prüfen der Rauheit von Oberflächen

5/1   Beim Drehen wird die Rauheit durch die Wahl des Vorschubs und des Schneidenradius beeinflusst. Machen Sie eine Aussage darüber, wie die Rauheit von der Größe des Vorschubs und der Größe des Schneidenradius abhängig ist.

5/2   Zur Bestimmung der Oberflächenbeschaffenheit wurde ein Oberflächenprofil abgetastet und auf einem Papierstreifen stark vergrößert dargestellt. Bestimmen Sie die Rauheitskenngröße Rz aus diesem aufgezeichneten Oberflächenprofil.

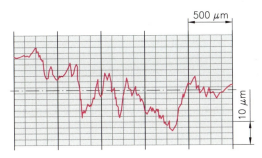

5/3 Beschreiben Sie, wie folgende Rauheitskenngrößen festgelegt wurden:

a) Rauheitskenngröße *Rz*   b) Rauheitskenngröße *Ra*

5/4 Entschlüsseln Sie die folgenden Oberflächenzeichen:

a)
geläppt
$\sqrt{}$ Rz 0,4

b)
gefräst
$\sqrt{}$ Rz 16

c)
gerieben
$\sqrt{}$ Ra 1,6

5/5 In welchen gemittelten Rautiefenbereichen können die Oberflächenbeschaffenheiten bei folgenden Fertigungsverfahren liegen:

a) Kokillengießen   b) Bohren   c) Längsdrehen

6 Messabweichungen

6/1 Eine Messschraube wird mit Endmaßen auf Genauigkeit überprüft (siehe Tabelle).

a) Wie groß ist jeweils die Messabweichung?
b) Beurteilen Sie, ob bei der Messung eine systematische oder eine zufällige Messabweichung vorliegt?
c) Welche Ursachen kann die Messabweichung haben?

Endmaß	gemessener Wert mit Messschraube
20,00 mm	20,01 mm
30,00 mm	30,01 mm
40,00 mm	40,01 mm

6/2 Eine Messschraube weist einen Nullpunktfehler von + 0,02 mm auf.

a) Wie kann man diese Messabweichung berücksichtigen?
b) Welchen Durchmesser hat ein Bolzen tatsächlich, wenn auf der Messschraube der Wert 30,09 mm abgelesen wurde?

6/3 Der Durchmesser eines Bolzens wurde mit einer Messschraube direkt nach der Fertigung auf der Drehmaschine gemessen. Das Istmaß betrug 136,04 mm. In der Zeichnung war das Nennmaß 136 $^{+0,06}_{+0,02}$ mm angegeben.

Als der Bolzen nach einigen Tagen eingebaut wurde, saß er in der Bohrung zu locker. Man überprüfte den Bolzendurchmesser nochmals und stellte ein Istmaß von 135,98 mm fest.
Welche Ursachen von Messabweichungen können bei der ersten Messung vorgelegen haben?

6/4 Die Messflächen von Messschiebern und Messschrauben können durch unsachgemäße Behandlung abnutzen.
Wie kann man diese Messabweichung feststellen?

6/5 Eine gedrehte Welle wurde im erwärmten Zustand gemessen. Der Messwert betrug 120,02 mm.
Wie groß ist das Werkstück bei einer Temperatur von 20 °C, wenn die durch die Erwärmung hervorgerufene Messabweichung 0,05 mm beträgt?

6/6 Welche Messabweichungen, die durch die Person des Prüfers bedingt sind, können auftreten:

a) beim Bedienen einer Messschraube,   b) beim Ablesen einer Messuhr?

6/7 Genaue Messungen müssen bei einer bestimmten Temperatur durchgeführt werden.

a) Wie nennt man diese Temperatur?
b) Welche Höhe hat diese Temperatur?
c) Warum müssen Werkstück und Messzeug diese Temperatur aufweisen?

7 Auswahl von Prüfverfahren und Prüfgeräten

7/1 Das gezeichnete Werkstück soll geprüft werden.

a) Erfassen Sie alle Maße (außer Radienmaßen) und ordnen Sie diese tabellarisch nach kleiner werdender Maßtoleranz.

b) Geben Sie zu jedem Maß das Prüfverfahren und das Prüfgerät an.

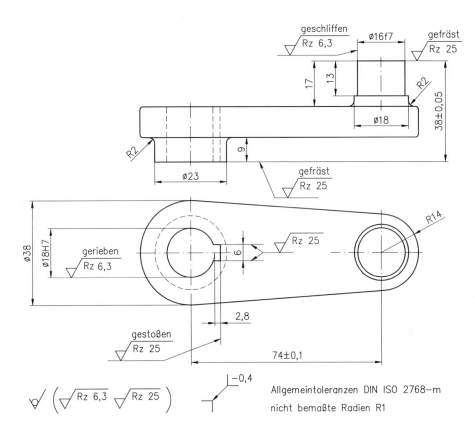

8   Passungen und Prüfen von Passmaßen

Begriffe und Maße bei Passungen

8/1   Beim Zusammenbau von Werkstücken müssen die Teile an den Berührungsflächen zusammenpassen.
a) Wie nennt man in der Passungslehre diese Berührungsflächen?
b) Welche Formen können solche Berührungsflächen haben?
c) Wie nennt man die Paarung von Bohrung und Welle?

8/2   Ein Bolzen hat das Passmaß $24^{+0,06}_{+0,04}$. Dieser Bolzen soll in eine Bohrung mit dem Passmaß $24^{-0,08}_{-0,11}$ eingebaut werden.

Ermitteln Sie jeweils für den Bolzen und für die Bohrung die in der Tabelle aufgeführten Maße in mm.

	Passmaß	Nenn-maß	oberes Abmaß	unteres Abmaß	Höchst-maß	Mindest-maß
Welle	$24^{+0,06}_{+0,04}$	?	?	?	?	?
Bohrung	$24^{-0,08}_{-0,11}$	?	?	?	?	?

8/3   Für den Durchmesser einer Bohrung müssen folgende Grenzmaße eingehalten werden:
120,03 mm und 119,92 mm.
Wie lauten das Nennmaß und die Abmaße?

8/4   Ein Werkstück mit den nebenstehenden Abmessungen soll hergestellt werden.
Zeichnen Sie die Tabelle ab, und ermitteln Sie die gesuchten Größen.

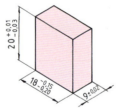

Passmaß	$9 \pm 0,02$	$18^{-0,15}_{-0,20}$	$20^{+0,01}_{-0,03}$
Höchst-maß	?	?	?
Mindest-maß	?	?	?
Toleranz	?	?	?

8/5   Zeichnen Sie die Toleranzfelder für folgende Passmaße:

$20^{+0,25}_{+0,10}$; $20^{+0,10}_{-0,05}$; $20^{-0,10}_{-0,25}$

Lösungsanleitung:
Waagerechte Achse entspricht der Null-Linie, senkrechte Achse entspricht den Abmaßen. Wählen Sie dazu den Maßstab 0,1 mm Abmaß ≙ 10 mm.

8/6   Entschlüsseln Sie Passmaße nach der ISO-Schreibweise. Zeichnen Sie dazu die Tabelle ab, und ermitteln Sie die gesuchten Werte mithilfe der Tabelle ISO-Paßmaße.

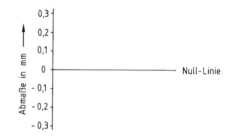

Pass-maß	Höchst-maß	Mindest-maß	Toleranz
35 R7	?	?	?
40 H7	?	?	?
45 r6	?	?	?

ISO-Normen für Maß- und Passungsangaben

8/7   Suchen Sie aus folgenden Passmaßen 10 H8; 8 K7; 10 h6; 20 R8; 16 H7; 8 m6; 10 h7

     a)   alle Passmaße für Wellen heraus,

     b)   alle Passmaße für Bohrungen heraus, die Toleranzfelder mit gleicher Lage zur Null-Linie haben.

8/8   Welche Information kann dem Maß 30 k6 entnommen werden?

Einteilung der Passungen

8/9   Erläutern Sie, unter welchen Bedingungen bei einer Paarung von Bohrung und Welle

     a)   Spiel entsteht,

     b)   Übermaß entsteht.

8/10   Die Istmaße von drei Bohrungen und drei einzubauenden Wellen sind in einer Tabelle festgehalten worden.
Übernehmen Sie die Tabelle. Tragen Sie die Begriffe „Spiel oder Übermaß" für alle neun möglichen Paarungsfälle sowie die entsprechenden Zahlenwerte ein.

Istmaß der Bohrung ＼ Istmaß der Welle	39,850	39,976	40,032
40,085	?	?	?
39,942	?	?	?
39,814	?	?	?

8/11   Für die Passstellen an einer Baugruppe sind die in der Tabelle angegebenen Passmaße vorgesehen.

Welche Passung liegt an den jeweiligen Stellen vor?

Stelle	Bohrung	Welle
①	$30 \pm 0{,}04$	$30 \pm 0{,}03$
②	$80^{+0,05}_{-0,02}$	$80^{-0,06}_{-0,11}$
③	$120^{+0,035}_{0}$	$120^{+0,076}_{+0,054}$

Passungssysteme und Passungsnormen

8/12   a)   Ermitteln Sie von der Passung 50 F8/h6 die Abmaße für Bohrung und Welle.

     b)   Zeichnen Sie maßstäblich die Lage der Toleranzfelder zur Null-Linie.

8/13   Ermitteln Sie von der Passung 60 H7/r6 die Abmaße für Bohrung und Welle.

8/14   Warum beschränkt man sich in der Fertigung auf eine begrenzte Zahl von Passungen?

8/15   a)   Wie ist beim Passsystem Einheitsbohrung die Lage der Bohrungstoleranz festgelegt?

     b)   Wie ist beim Passsystem Einheitswelle die Lage der Wellentoleranz festgelegt?

8/16   a)   Welches Abmaß liegt bei dem Passsystem Einheitsbohrung für alle Nennmaße – z.B. 80 H7, 70 H11 – genau fest? Wie groß ist es?

     b)   Welches Abmaß liegt beim Passsystem Einheitswelle für alle Nennmaße – z.B. 12 h5, 100 h6 – genau fest? Wie groß ist es?

8/17   Warum findet das Passsystem Einheitsbohrung vor allem dort Anwendung, wo Wellen mit Absätzen und verschiedenen Durchmessern eingebaut werden?

Auswahl von Passungen

8/18 Eine einfache Säulenführung soll 20 mm Durchmesser haben. Sie soll sehr leichtgängig sein. Die Säule aus gezogenem Material hat 20 h6.
Bestimmen Sie das Passmaß für die Bohrung.
Ermitteln Sie Höchst- und Mindestspiel.

8/19 Wälzlager werden entsprechend der Lagerbelastung eingepasst. Der Außenring eines Lagers soll fester in der Bohrung sitzen als der Innenring auf der Welle. Für ein Lager mit dem Innendurchmesser 20 mm und Außendurchmesser 52 mm sind die Passmaße für Bohrung und Welle festzulegen. Siehe dazu im Lehrbuch, Kapitel „Wälzlager".
Ermitteln Sie die Maßtoleranz für Bohrung und Welle.

Lehren von Passmaßen

8/20 Übernehmen Sie die vorgegebene Tabelle, und ordnen Sie die folgenden Begriffe ein: Gutseite, Ausschussseite.

	Grenzlehrdorn	Grenzrachenlehre
Seite mit Mindestmaß	?	?
Seite mit Höchstmaß	?	?

8/21 An welchen Merkmalen erkennt man die Ausschussseite

a) bei einem Grenzlehrdorn,
b) bei einer Grenzrachenlehre?

9 Form- und Lagetoleranzen und ihre Prüfung

9/1 An der Messfläche eines Endmaßes befindet sich nebenstehende Zeichnungsangabe.

a) Welche Eigenschaft wird toleriert?
b) Wie breit ist die Toleranzzone?

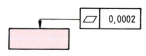

9/2 Bei der Herstellung eines Flachwinkels ist nebenstehende Zeichnungsangabe zu be-rücksichtigen.
Entschlüsseln Sie die dargestellten Symbole in der Zeichnung.

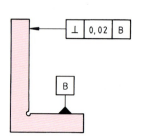

9/3 Ein Kurbelzapfen ist entsprechend der Skizze bemaßt.
Entschlüsseln Sie die dargestellten Symbole in der Zeichnung.

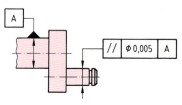

9/4 Bei der Herstellung von Messgeräten müssen an den Messflächen Formtoleranzen und Lagetoleranzen beachtet werden.
Übernehmen Sie die Tabelle, und füllen Sie diese entsprechend dem vorgegebenen Beispiel aus.

Prüfgerät	zu tolerierende Form der einzelnen Messfläche		eventuell zu tolerierende Lage mehrerer Messflächen	
	Begriff	Symbol	Begriff	Symbol
Winkelendmaß	Ebenheit	▱	Neigung	∠
Parallelendmaß	?	?	?	?
Tiefenmessschieber	?	?	?	?
Innenmessschraube	?	?	?	?
Grenzlehrdorn	?	?	?	?
Grenzrachenlehre	?	?	?	?
Radienlehre	?	?	?	?
Haarwinkel	?	?	?	?

9/5 Die Ebenheit einer Fläche soll gemessen werden. Machen Sie einen Vorschlag zur Messung der Ebenheit der gekennzeichneten Fläche. Skizzieren Sie das Messverfahren.

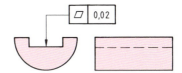

9/6 Wie würden Sie die Geradheit der Bohrung prüfen? Skizzieren Sie das Messverfahren.

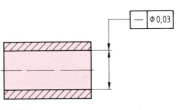

9/7 Zur Prüfung der Neigung einer Bohrung zur Werkstückoberfläche wurde der dargestellte Messaufbau verwendet.

Es wurden gemessen:
M_1 = 6,88 mm,
M_2 = 6,86 mm,
l_1 = 10,8 mm,
l_2 = 40,0 mm.

Ermitteln Sie die Neigungsabweichung der Bohrungsachse von der Senkrechten.

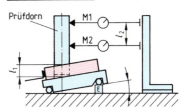

9/8 Welche Eigenschaften werden mit den skizzierten pneumatischen Messvorrichtungen geprüft?

Ⓐ

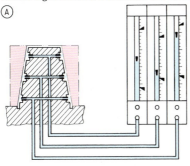

Ⓑ

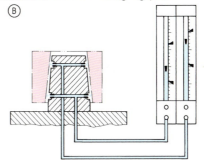

10 Messmaschinen

10/1 Das Werkstück soll mit einem digitalen Höhenmessgerät geprüft werden.
Zeichnen Sie das Werkstück ab, um Ihre Lösungen einzutragen.

a) Skizzieren Sie, wie Sie den Durchmesser und die Lage zur Mittelachse des Rundzapfens prüfen.
b) Skizzieren Sie, wie Sie die Höhe, die Parallelität und die Lage zur Mittelachse prüfen.
c) Skizzieren Sie, wie Sie den Abstand der beiden Nuten prüfen.

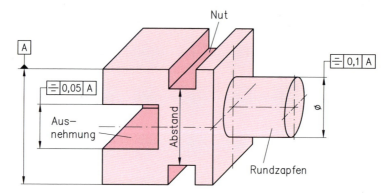

10/2 Schreiben Sie für Ihre Klassenkameraden einen kurzen Bericht, wenn in Ihrem Ausbildungsbetrieb eine numerisch gesteuerte Messmaschine eingesetzt wird.

Gehen Sie dabei auf
– dein Standort der Messmaschine,
– den Aufbau der Messmaschine,
– die Umgebungstemperatur der Messmaschine,
– die Temperatur der zu prüfenden Werkstücke,
– die Auswahl der Werkstücke und
– die Möglichkeiten der Messmaschinensteuerung (manuell – numerisch)
ein.

10/3 Das Funktionsprinzip einer CNC-Messmaschine zeigt vereinfacht das Zusammenwirken der Baueinheiten.

Übernehmen Sie das „Funktionsprinzip einer CNC-Messmaschine" und ergänzen Sie die Lücken mit den folgenden Begriffen:
– Messwerte,   – CNC-Messprogramme,
– Istprofil,   – Querschlitten.
– Datenverarbeitungsanlage,

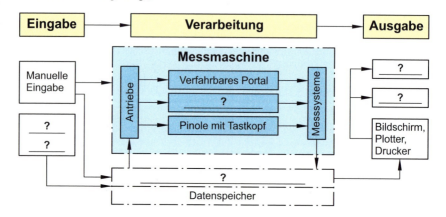

10/4 a) Welches der Bilder zeigt die statische und welches Bild die dynamische Messwerterfassung?

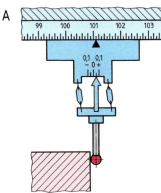
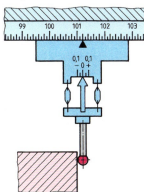

b) Lesen Sie in den Bildern die Messwerte ab.
c) Was versteht man in der Messtechnik unter „Scannen"?
d) Mit welcher der beiden Möglichkeiten zur Messwerterfassung kann nur ein Scannen erfolgen?

10/5 Über eine Tasterwechseleinrichtung ist in einer Informationsschrift zu lesen:
„Durch vorbereitete, kalibrierte Taster und Tasterkombinationen entfällt die Zeit für das Einschrauben, Ausrichten und Vermessen der Taster direkt vor dem Messvorgang."

a) Was versteht man an Messmaschinen unter „Kalibrieren"?
b) Welche Größen des Tasters werden beim Kalibrieren erfasst?
c) Wie werden diese während des Messvorgangs berücksichtigt?

11 Qualitätsmanagement

11/1 Im Beispiel des Lehrbuches – dem schematisch dargestellten Lebensweg des Produktes Motorrad – ist auch das Recycling einbezogen.
Warum muss sich ein Produzent von Motorrädern auch über die Entsorgung Gedanken machen?

11/2 Die Zehnerregel ist sicherlich nicht in jedem Falle mathematisch zutreffend. Sie macht aber deutlich, wie sich Kosten sprunghaft erhöhen, wenn ein Fehler zu spät aufgedeckt wird.
Was würde nach dieser Regel ein verspannter Deckel auf einem Getriebegehäuse, der nicht mit einem Drehmomentschlüssel angezogen wurde – was etwa 2,00 EUR mehr in der Montage gekostet hätte – bei einer Rückrufaktion wegen austretenden Öls an Kosten verursachen?

11/3 Nehmen Sie Stellung zu der Ansicht:
„Für Stückzahlen ist die Fertigung zuständig – für Qualität die Endkontrolle!"

11/4 „Qualitätsmanagement ist Sache der Firmenleitung. Dafür werden die Bosse auch besser bezahlt. Ich mach' meine Arbeit so, wie mir gesagt wird. Für Mitdenken werd' ich nicht bezahlt."
In dieser Weise äußerte sich ein Kollege. Was halten Sie davon?

11/5 Die dargestellten Gehäusedeckel sollen verschraubt werden.
Stellen Sie mit der Klasse ein Ishikawa-Diagramm zur Fehlerquellenanalyse auf. Es sollen möglichst viele Ideen festgehalten werden.

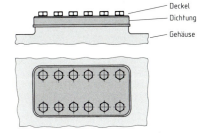

11/6 Welche Anforderungen stellen Sie als Kunde an das Produkt „Mountainbike"?
Diskutieren Sie mit Ihren Klassenkameraden und stellen Sie eine entsprechende Anforderungsliste zusammen.

11/7 Die Anforderungen der Kunden sind bei der Produktplanung der Mountainbikes zu berücksichtigen. Außerdem ist die Konstruktion so zu gestalten, dass die Produktrealisierung problemlos und wirtschlich möglich ist.
Versuchen Sie allgemeine Anforderungen an die Konstruktion, an die Fertigung, an die Montage und an die Kontrolle zu formulieren.

11/8 Für eine Verriegelungseinrichtung sind Winkelhebel gegossen worden, die nach Zeichnung fertig bearbeitet wurden.

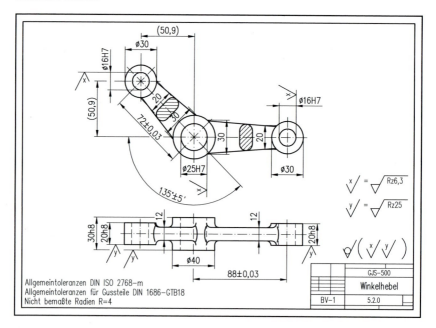

Übernehmen Sie den folgenden Prüfplan in Tabellenform, in welchem Sie zulässige Maßabweichungen und Prüfmittel eintragen.

Eine Maßposition wird für die Ermittlung der Mittenabstände und des Winkelmaßes von einem Schenkel des Winkelhebels vorgegeben.

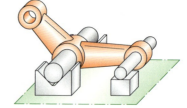

Prüfplan

Nr.	Nennmaß in mm	Zulässige Maßabweichung in mm	Prüfmittel – Nr. zum Lehren	Prüfmittel – Nr. zum Messen	Istmaß	Auswertung Gut Nacharbeit Ausschuss	Bemerkungen
	Prüfauftrag: C-450						Seite 1
Teil: 1580			Winkelhebel				
Zeichnungs-Nr. 5.2.0			Lieferant: Fräserei				
1	⌀ 25 H7						
2	⌀ 16 H7						
3	30 h6						
4 a	5						
4 b	5						
5 a	20 h6						
5 b	Symmetrie						
6 a	88						
6 b	72						
7	45°						
8	⌀ 25 ⌀ 16 30 20 20						

Mittelwert und Spannweite

Mittelwert und Spannweite sind wichtige Beurteilungskriterien für die Qualitätskontrolle.

	Formeln	**Formelzeichen**	
Mittelwert:	$\bar{x} = \dfrac{x_1 + x_2 + \ldots + x_n}{n}$	$\bar{x}$	Mittelwert einer Stichprobe
		$x_1 \ldots x_n$	Messwerte einer Stichprobe
		n	Zahl der Messwerte einer Stichprobe
Spannweite:	$R = x_{max} - x_{min}$	x_{max}	größter Wert der Stichprobe
		x_{min}	kleinster Wert der Stichprobe
Mittelwert der Gesamtheit:	$\bar{\bar{x}} = \dfrac{\bar{x}_1 + \bar{x}_2 + \ldots + \bar{x}_n}{n_{ges}}$	$\bar{\bar{x}}$	Mittelwert aller Stichproben
		$\bar{x}_1 ; \bar{x}_2$	Mittelwerte der einzelnen Stichproben
		n_{ges}	Gesamtzahl der Stichproben
Mittelwert der Spannweiten:	$\bar{R} = \dfrac{R_1 + R_2 + \ldots + R_n}{n_{ges}}$	$\bar{R}$	Mittelwert aller Spannweiten
		$R_1 ; R_2$	Spannweite der Stichproben

Beispiel: Es wurden 50 Messungen von Bolzen mit dem Durchmesser 8 mm durchgeführt; insgesamt wurden 10 Stichproben genommen.

Messwerte	Stichproben									
	1	2	3	4	5	6	7	8	9	10
x_1	8,018	8,014	8,006	8,005	8,009	8,009	8,012	8,010	8,015	8,015
x_2	8,006	8,016	8,014	8,012	8,005	8,014	8,010	8,003	8,014	8,008
x_3	8,019	8,003	8,018	8,016	8,014	8,015	8,016	8,011	8,015	8,006
x_4	8,009	8,016	8,009	8,008	8,017	8,011	8,008	8,011	8,004	8,010
x_5	8,014	8,014	8,011	8,016	8,009	8,004	8,015	8,018	8,003	8,011
Mittelwert $\bar{x}$	8,0132	8,0126	8,0116	8,0114	8,0108	8,0106	8,0122	8,0106	8,0102	8,0100
Spannweite R	0,013	0,013	0,012	0,011	0,012	0,011	0,008	0,015	0,012	0,009

Mittelwert von Stichprobe 1:

$$\bar{x}_1 = \frac{8,018 + 8,006 + 8,019 + 8,009 + 8,014}{5} \qquad \bar{x}_1 = \underline{\underline{8,0132}}$$

Spannweite von Stichprobe 1:

$$R_1 = 8,019 - 8,006 \qquad\qquad R_1 = \underline{\underline{0,013}}$$

Mittelwert der Gesamtheit:

$$\bar{\bar{x}} = \frac{8,0132 + 8,0126 + \ldots + 8,0100}{10} \qquad \bar{\bar{x}} = \underline{\underline{8,0113}}$$

Mittelwert der Spannweiten:

$$\bar{R} = \frac{0,013 + 0,013 + \ldots + 0,009}{10} \qquad \bar{R} = \underline{\underline{0,0116}}$$

11/9 Die Einhaltung der vorgegebenen Technologiedaten ist zur Erzeugung von Qualität bei spanender Bearbeitung be-sonders wichtig. Der Werkzeughersteller H. gibt für die Zerspanung mit Cermets das nebenstehende Schaubild an.

a) Erklären Sie, welche Zusammenhänge hier dargestellt werden.

b) Welchen Vorschub würden Sie wählen, damit Sie mit einem Schneidenradius von 1,2 mm eine Rauheitskenngröße von Ra = 1,6 erzielen?

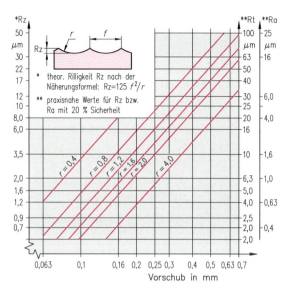

Beziehung Schneidenradius – Rautiefe

11/10 Eine Maschine gilt als fähig, wenn mit ihr mindestens 99,7 % aller Teile fehlerfrei gefertigt werden können.

Kann man sich in allen Fällen mit der Fehlerquote von 0,3 % zufrieden geben?

Prüfen Sie dies vor einer Antwort, indem Sie die mögliche Fehlerzahl – die in der Praxis aber auf keinen Fall vorkommen darf – in folgenden Fällen berechnen:

- Täglich werden in Deutschland etwa 8 000 größere chirurgische Operationen durchgeführt.
- Täglich werden in Deutschland etwa 30 Millionen Geldüberweisungen von einem Konto zu einem anderen getätigt.

11/11 Auf einem Schleifautomaten werden Wellenenden auf Durchmesser 40f7 geschliffen. Bei Stichproben von je 10 Stück, die im Abstand von einer halben Stunde genommen wurden, wurden die in der Tabelle angegebenen Werte gemessen. Die erste Stichprobennahme war um 14:30 Uhr.

	Stichprobe 1		Stichprobe 2		Stichprobe 3		Stichprobe 4		Stichprobe 5	
	Anzahl	Maß	Anzahl	Maß	Anzahl	Maß	Anzahl	Maß	Anzahl	Maß
	1	967	1	968	1	973	1	973	1	977
	2	965	2	966	2	971	3	971	2	976
39,...	3	963	4	964	3	969	3	969	4	974
	2	959	2	963	3	967	2	966	2	972
	2	958	1	959	1	966	1	965	1	971

a) Berechnen Sie den Mittelwert jeder Stichprobe.
b) Bestimmen Sie Höchst- und Mindestmaß, das nicht überschritten werden darf.
c) Zeichnen Sie eine einfache Kontrollkarte entsprechend der Abbildung und tragen Sie die Ergebnisse ein. Kennzeichnen Sie den Verlauf des Mittelwertes farbig.
d) Erläutern Sie die Aussagen Ihrer Eintragung in die Kontrollkarte.
e) Wodurch unterscheidet sich die von Ihnen bearbeitete Kontrollkarte von einer Qualitätsregelkarte?

Fertigungstechnik

1 Einteilung der Fertigungsverfahren

1/1 Nach DIN 8580 werden die Fertigungsverfahren in folgende Hauptgruppen eingeteilt:
Urformen, Umformen, Trennen, Fügen, Beschichten, Stoffeigenschaftändern.
Schreiben Sie diese Hauptgruppen ab, und ordnen Sie die folgenden Fertigungsvorgänge entsprechend zu:

a) Biegen eines Fahrradlenkers,
b) Fräsen eines Zahnrades,
c) Verchromen einer Autostoßstange,
d) Löten einer Dachrinne,
e) Härten einer Reißnadel,
f) Schmieden eines Garderobenhakens,
g) Verschrauben eines Türschlosses,

h) Abscheren eines Blechstreifens,
i) Lackieren eines Pkw,
j) Walzen eines U-Profils,
k) Einsetzen und Befestigen eines Mopedrades,
l) Grundieren eines Gitters mit Rostschutzfarbe,
m) Gießen eines Motorblockes,
n) Feilen eines Vierkantes an einer Welle.

1/2 Ein Maschinenständer wird hergestellt, indem man mit einer Metallschmelze einen Formhohlraum füllt.
a) Wie heißt das Fertigungsverfahren?
b) Zu welcher Hauptgruppe gehört dieses Verfahren?

1/3 Werkstücke werden häufig beschichtet.
a) Nennen Sie mindestens drei verschiedene Stoffe, die beim Beschichten auf Werkstückoberflächen aufgetragen werden.
b) Nennen Sie zwei Gründe, weshalb Bauteile beschichtet werden.

1/4 Die Schneide eines geschmiedeten Meißels muss die notwendige Gebrauchshärte erhalten.
a) Durch welche Verfahren erhält die Meißelschneide ihre geeignete Härte?
b) Wie bezeichnet man alle Verfahren dieser Hauptgruppe?

2 Vorbereitende Arbeiten zur Fertigung von Werkstücken

2/1 Die dargestellten Werkstücke sollen aus den angegebenen Rohlingen hergestellt werden. Skizzieren Sie die Rohlinge ab, und kennzeichnen Sie jeweils die Maßbezugskanten bzw. Maßbezugsebenen durch eine farbige Linie.
Geben Sie an, wie Sie diese Kanten bzw. Ebenen bearbeiten würden.

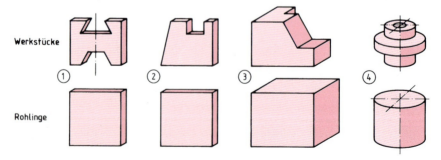

2/2 Mit welchen Hilfsstoffen können folgende Werkstücke vor dem Anreißen beschichtet werden?
a) Eine Schablone soll auf 4 mm dickem Blech angerissen werden.
b) An einem leicht angerosteten Behälter aus Stahlblech soll die Position eines anzuschweißenden Stutzens angerissen werden.
c) An einem gegossenen Hebel sind die Mitten von Bohrungen anzureißen.

2/3 Auf vorgearbeiteten Werkstücken sollen Bohrungen und Langlöcher entsprechend den Abbildungen angerissen werden.
Wählen Sie für jedes Werkstück Hilfsmittel zum Stützen und Halten aus, und beschreiben Sie den Vorgang des Ausrichtens und Spannens.

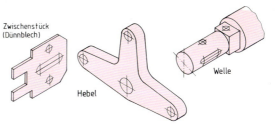

2/4 Warum erreicht man beim Anreißen auf der Anreißplatte mit einem Parallelreißer mit Nonius eine höhere Genauigkeit als mit dem Parallelreißer, der an einem Standmaß eingestellt wird?

2/5 Das nebenstehende U-Profil soll mithilfe eines Parallelreißers auf einer Anreißplatte angerissen werden. Berechnen Sie die einzustellenden Maße für die Bohrungsmitten in Längs- und Querrichtung. Ausgangsebene für das Anreißen ist die Oberseite der Anreißplatte.

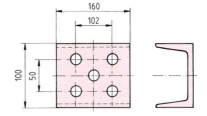

2/6 Mit welchem Anreißwerkzeug können an einem 4 m langen U-Profil kantenparallele Längsrisse erzeugt werden?

2/7 Mit welchem Anreißwerkzeug reißt man auf Wellenenden oder anderen runden Werkstücken Kreismittelpunkte an?

2/8 Das dargestellte Werkstück ist anzufertigen. Wie kann man mit einer einfachen Schablone das Anreißen erleichtern?
Fertigen Sie sich eine Schablone aus Zeichenpapier an und demonstrieren Sie damit den Anreißvorgang.

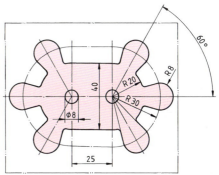

3   Verfahren des Trennens

Grundbegriffe zum Zerteilen und Spanen

3/1 a) Ordnen Sie die folgenden Fertigungsverfahren als Beispiele in eine Tabelle nach dem Muster ein:
   – Flachstahl winklig feilen,
   – Bandstahl mit Blechschere auf Maß ablängen,
   – Welle für Elektromotor drehen,
   – Durchbruch in einem Blech durch Brennschneiden herstellen,
   – Oberfläche eines verrosteten Bleches blank schmirgeln.
   b) Suchen Sie zu den Gruppen Zerteilen und Spanen mit geometrisch bestimmten Schneiden noch je zwei weitere Verfahren und tragen Sie diese in die Tabelle ein.

Trennverfahren	Beispiele
Zerteilen	?
Spanen mit geometrisch bestimmten Schneiden	?
Spanen mit geometrisch unbestimmten Schneiden	?
Abtragen	?

Keil als Werkzeugschneide

3/2 **a)** Die spanenden Bearbeitungsverfahren können nach der Schneidenform unterteilt werden in Verfahren mit:
  – geometrisch bestimmte Werkzeugschneide,
  – geometrisch unbestimmte Werkzeugschneide.
  Schreiben Sie mindestens zwei Werkzeuge zu jeder Schneidenform auf.

b) Die Anzahl der Werkzeugschneiden ist ein weiteres Unterscheidungsmerkmal. Man unterscheidet zwischen
  – einschnittigen Werkzeugen, – zweischnittigen Werkzeugen, – mehrschnittigen Werkzeugen.
  Schreiben Sie zu jeder Schnittigkeit mindestens ein Werkzeug auf.

Kraft

3/3 Ordnen Sie folgende Beispiele den beiden Kraftwirkungen (Form- und Bewegungsänderung) zu.
  Berücksichtigen Sie die überwiegende Wirkungsart oder die genutzte Wirkung.

  a) Walzkraft beim Walzen eines U-Profils
  b) Kraft zum Biegen eines Rohres
  c) Umfangskraft am Rad eines Autos
  d) Kraft beim Auftreffen eines Fallhammers
  e) Trittkraft gegen einen Fußball
  Suchen Sie noch jeweils zwei Beispiele und ordnen Sie diese entsprechend den Gruppen zu.

Masse, Gewichtskraft

Masse

Jeder Körper hat eine Masse – sie ist *ortsunabhängig*. Die Masse wird in der Einheit kg angegeben.

Gewichtskraft

Die Gewichtskraft ist die Kraft, mit der eine Masse an einem bestimmten Ort zum Erdmittelpunkt gezogen wird. Die Gewichtskraft ist *ortsabhängig*.

Beispiel

Auf dem 45. Breitengrad bewirkt die Erde in Meereshöhe auf einen frei fallenden Körper die Beschleunigung von 9,81 m/s².
Nach dem Gesetz $F = m \cdot g$ wirkt damit auf einen Körper mit der Masse 1 kg eine Kraft von

$$F_G = \frac{1 \text{ kg} \cdot 9,81 \text{ m}}{s^2} = 9,81 \ \frac{\text{kg} \cdot \text{m}}{s^2}$$

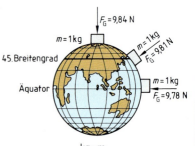

Die Kraft von $1 \ \dfrac{\text{kg} \cdot \text{m}}{s^2}$ ist 1 N (1 Newton).

Formel	Formelzeichen

$$F_G = m \cdot g$$

F_G Gewichtskraft
m Masse
g Fallbeschleunigung ($g = 9,81$ m/s²)

Für Umrechnungen kann man die Fallbeschleunigung in N/kg angeben: $g = 9,81 \ \dfrac{\text{m} \cdot \text{kg}}{s^2 \cdot \text{kg}} = 9,81$ N/kg

---

3/4 Auf der Erde üben alle Körper eine Gewichtskraft auf ihre Unterlage aus.
  Welche Ursache hat die Gewichtskraft?

3/5 Auf eine Masse von 1 kg wirken an unterschiedlichen Standorten auf der Erde unterschiedliche Gewichtskräfte.
  Wovon ist die Größe der Gewichtskraft vor allem abhängig?

Berechnen Sie die fehlenden Werte.

		a)	b)	c)	d)
Volumen	V	500 dm³	? dm³	? m³	365 dm³
Dichte	ϱ	7,85 kg/dm³	2,7 g/cm³	8,9 kg/dm³	? g/cm³
Masse	m	? kg	945 kg	? t	2 865,2 kg
Gewichtskraft	F_G	? N	? N	37 380 N	? N

Berechnen Sie die Gewichtskraft

a) einer Schraube mit der Masse von $m = 8{,}5$ g,

b) eines Mannes mit der Masse von 74 kg,

c) einer CNC-Fräsmaschine mit der Masse von 1,85 t.

Darstellung von Kräften

Kräfte gehören zu den physikalischen Größen, die als **gerichtete Größen** oder **Vektoren** bezeichnet werden.
Die Wirkungen von Kräften sind abhängig von – der *Größe* der Kraft,
– der *Richtung* der Kraft,
– dem *Angriffspunkt* der Kraft.

Zur Darstellung einer Kraft verwendet man einen Pfeil.

• Die Größe der Kraft wird durch die Pfeillänge dargestellt. Es ist dazu ein geeigneter Kräftemaßstab zu wählen.
• Die Richtung der Kraft wird durch die Pfeilrichtung angegeben.
• Der Angriffspunkt der Kraft ist der Anfangspunkt des Pfeils.

Beispiel für die zeichnerische Darstellung einer Kraft

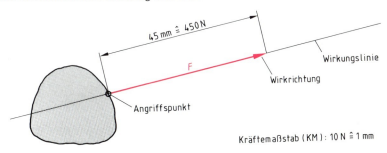

Stellen Sie folgende Kräfte mit vorgegebenen Kraftmaßstäben zeichnerisch dar:

	Größe	Richtung	Kräftemaßstab
F_1	550 N	waagerecht nach rechts	1 cm ≙ 100 N
F_2	83 N	senkrecht nach unten	1 cm ≙ 20 N
F_3	3,8 kN	45° nach rechts oben	1 cm ≙ 1 kN

Ein Wagen wird mit einer Kraft $F = 100$ N gezogen. Ein anderes Mal wird der gleiche Wagen mit der Kraft $F = 100$ N geschoben.

a) Zeichnen Sie zwei Bilder eines Wagens, und tragen Sie die Kräfte im Kräftemaßstab 1 cm ≙ 100 N an.

b) Ändert sich die Fortbewegung des Wagens, wenn die Kraft $F = 100$ N einmal als Zugkraft oder als Druckkraft wirkt?
Geben Sie eine physikalische Begründung.

Kräftezerlegung am Keil

Eine Kraft F wird mithilfe eines Parallelogramms in zwei Seitenkräfte F_1 und F_2 zerlegt. Die zu zerlegende Kraft bildet die Diagonale und die Seitenkräfte bilden die Seiten des Parallelogramms. Alle drei Kräfte haben einen gemeinsamen Angriffspunkt. Die Seitenkräfte stehen senkrecht auf den Wangen des Keiles.

Beispiele für die Zerlegung einer Kraft F in die Seitenkräfte F_1 und F_2

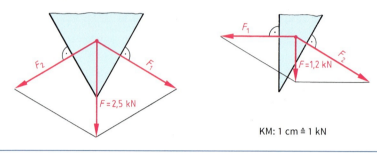

KM: 1 cm ≙ 1 kN

3/10 Wählen Sie einen geeigneten Kräftemaßstab und ermitteln Sie mithilfe des Kräfteparallelogramms für die dargestellten Keile die Seitenkräfte.

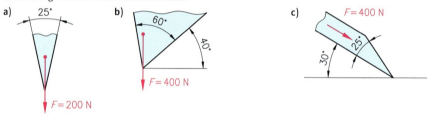

3/11 Ein hydraulisches Spaltgerät für Baumstämme erzeugt 20 000 N.
Wie groß können die Seitenkräfte werden?

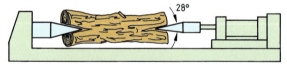

3/12 Zeichnen Sie einen Meißel mit einem Keilwinkel von $\beta_0 = 50°$.
a) Ermitteln Sie mithilfe des Kräfteparallelogramms die Seitenkräfte für die Schlagkräfte:
$F = 100$ N; $F = 200$ N, $F = 300$ N, $F = 400$ N.
b) In welchem Verhältnis stehen jeweils die Seitenkräfte zur Schlagkraft?
c) Zeichnen Sie ein Schaubild für den Keilwinkel $\beta_0 = 50°$, in dem die Abhängigkeit der Seitenkräfte $F_1 = F_2$ von der Schlagkraft F dargestellt wird.
Tragen Sie auf der senkrechten Achse die Seitenkräfte und auf der waagerechten Achse die Schlagkraft auf.

3/13 Drei Meißel mit den Keilwinkeln $\beta_{01} = 30°$, $\beta_{02} = 60°$ und $\beta_{03} = 80°$ werden mit der Schlagkraft $F = 400$ N in ein Werkstück getrieben.
a) Ermitteln Sie für jede Werkzeugschneide mithilfe des Kräfteparallelogramms die Seitenkräfte F_1 und F_2 beim Zerteilungsvorgang.
b) Formulieren Sie aus den Ergebnissen einen Merksatz, in dem folgende Wortgruppen enthalten sind: *gleicher Kraftaufwand, kleine Keilwinkel, große Keilwinkel, kleine Seitenkräfte, große Seitenkräfte.*

Zerteilen durch Scherschneiden

3/14 Skizzieren Sie nach der Vorlage Werkstück und Messer bei einem Schervorgang ab.

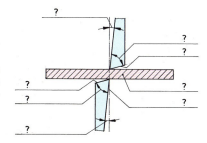

a) Markieren Sie durch Pfeile die Kraft- und Bewegungsrichtung der Schermesser.

b) Übernehmen Sie die Abbildung, und tragen Sie an den gekennzeichneten Stellen folgende Angaben ein: Scherebene, Druckfläche, Werkstück, Freiwinkel α_0, Keilwinkel β_0.

3/15 Die Abbildung zeigt die Trennfläche eines durch Scherschneiden hergestellten Lochs. An der Trennstelle sind die Arten der Werkstofftrennung erkennbar.

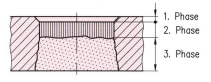

Schreiben Sie die folgende Aussage ab und ergänzen Sie diese, indem Sie zu jeder Schnittphase die Art der Werkstofftrennung angeben.

Beim Scherschneiden wird der Werkstoffzusammenhang auf drei verschiedene Arten überwunden:

1. Phase = _____?_____

2. Phase = _____?_____

3. Phase = _____?_____

3/16 a) Was versteht man bei einer Schere unter dem Schneidspalt?

b) Wie wirkt sich ein zu großer Schneidspalt aus?

c) Wie wirkt es sich aus, wenn kein Schneidspalt vorhanden ist?

3/17 Der Schervorgang kann als vollkantiger oder kreuzender Schnitt ausgeführt werden.

a) In welcher Weise trifft bei den meisten Handhebelscheren das Obermesser auf das Werkstück?

b) Wie wirkt sich ein Schneiden nach diesem Verfahren auf das Werkstück aus?

3/18 Im Betrieb stehen Ihnen folgende Scheren zur Verfügung: kombinierte Handhebelschere, Handtafelschere, Tafelblechschere.
Übernehmen Sie die angegebenen Aufgaben und wählen Sie eine geeignete Schere aus.

Aufgabe	geeignete Schere
Ablängen von L-Profilen	?
lange gerade Schnitte an Dünnblechen, 0,8 mm dick	?
Trennen von Flach- und Rundmaterial	?
kurze Blechschnitte an Stahlblech, 1,5 mm dick	?

4　Spanen von Hand und mit einfachen Maschinen

4/1　Mit einem Flachmeißel wird ein Span abgetrennt.

　　a) Skizzieren Sie den Schneidkeil des Flachmeißels mit einem Werkstück ab.

　　b) Tragen Sie in die Skizze die Benennung Freifläche und Spanfläche an den gekennzeichneten Stellen richtig ein.

　　c) Bemaßen Sie in der Skizze Freiwinkel, Keilwinkel und Spanwinkel.

　　d) Die Summe der Winkel an der spanabnehmenden Werkzeugschneide ergibt immer einen bestimmten Winkel. Übertragen Sie die untenstehende Zeile, und schreiben Sie die Winkelgröße ein.

> Freiwinkel + Keilwinkel + Spanwinkel = _____?_____

4/2　Übertragen Sie die Zeichnungen und kennzeichnen Sie in den Zeichnungen Freiwinkel, Keilwinkel und Spanwinkel am gekennzeichneten Zahn.

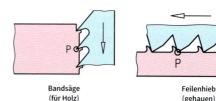

Bandsäge
(für Holz)

Feilenhieb
(gehauen)

Sägen

4/3　a) Skizzieren Sie die beiden Sägeblätter ab.

　　b) Benennen Sie die Sägeblätter. Geben Sie die Schnittbewegungsrichtung mit einem Pfeil an.

　　c) Tragen Sie die Winkel am gekennzeichneten Schneidkeil eines jeden Sägeblattes für die Bearbeitung von Stahl ein. Benutzen Sie dazu Angaben aus der Übersicht: „Schneidenwinkel an Sägeblättern".

4/4　a) Wie kann die Teilung t an einem Sägeblatt gemessen werden?

　　b) Die Zahnteilung t wird für die Kennzeichnung eines Sägeblattes nicht direkt angegeben. Beschreiben Sie, wie bei Sägeblättern normgerecht erfasst wird, ob es sich um eine feine, mittlere oder grobe Zahnteilung handelt.

4/5　Für die Bearbeitung von massiven Rohteilen aus Stahl und Kupfer stehen Sägeblätter mit unterschiedlicher Zahnteilung zur Verfügung.

Welche Zahnteilung muss das jeweils geeignete Sägeblatt haben?

Begründen Sie Ihre Auswahl, indem Sie auf Werkstofffestigkeit, Spanform und Spanvolumen eingehen.

feine Zahnteilung

grobe Zahnteilung

4/6　a) Welche Zahnteilung wählt man grundsätzlich zum Sägen dünnwandiger Werkstücke?

　　b) Beschreiben Sie anhand einer Skizze das richtige Sägeverhalten bei dünnwandigen Rohren.

4/7　Sägeblätter dürfen in der Schnittfuge nicht klemmen, sie müssen freischneiden.

　　a) Durch welche konstruktiven Maßnahmen verhindert man vorwiegend bei geraden Sägeblättern für Handbügelsägen das Festklemmen?

　　b) Durch welche Maßnahmen verhindert man das Klemmen von Metallbandsägeblättern?

Feilen

4/8 Skizzieren Sie die beiden Feilen ab. Messen Sie dazu die Winkel *x* und *y* der hier skizzierten Feilen aus.

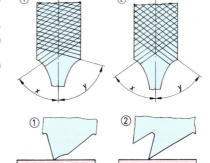

a) Markieren Sie in Ihren Skizzen eine Reihe hintereinander stehender Zähne durch Ausmalen in Farbe.

b) Welche der beiden skizzierten Hiebanordnungen wendet man in der Praxis an?
Begründen Sie Ihre Antwort.

4/9 Zeichnen Sie eine vergrößerte Schneide einer gehauenen und einer gefrästen Feile nach Vorlage.

a) Tragen Sie in jede Skizze den Spanwinkel ein.

b) Berechnen Sie für die beiden folgenden Fälle den Spanwinkel.

① $\alpha_0 = 30°$ ② $\alpha_0 = 35°$
   $\beta_0 = 74°$ $\beta_0 = 45°$
   $\gamma_0 = ?$ $\gamma_0 = ?$

c) Wie unterscheiden sich die beiden Schneidkeile hinsichtlich der Trennwirkung und der Stabilität der Schneide?

d) Für welche Werkstoffe eignen sich diese Feilen besonders?

4/10 Übertragen und ergänzen Sie folgende Aussagen durch den richtigen Ausdruck aus der Klammer. Für eine große Spanabnahme benötigt man eine Feile mit (hoher/niedriger) Hiebnummer. Zur Erzielung einer fein geschlichteten Werkstückoberfläche benötigt man eine Feile mit (hoher/niedriger) Hiebnummer.

4/11 Zur Bearbeitung von Kunststoffen, Blei-Zinn-Legierungen u. ä. Werkstoffen liegen in der Werkstatt gehauene und gefräste Feilen bereit.
Wählen Sie eine Feilenart aus und begründen Sie Ihre Wahl.

Bohren

4/12 Betrachten Sie den gezeichneten Spiralbohrer, und ordnen Sie den Zahlen die nebenstehenden Benennungen zu.

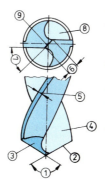

Kerndicke
Fase
Spannut
Spanfläche
Winkel zwischen Quer- und Hauptschneide
Hauptschneide
Freifläche
Spitzenwinkel
Querschneide

4/13 Die Winkel an dem äußersten Punkt der Bohrerschneide sind in der Zeichnung bemaßt.
Wie groß sind der Freiwinkel, der Keilwinkel und der Spanwinkel?

4/14 Neben der Festigkeit beeinflusst auch die Wärmeleitfähigkeit des zu bohrenden Werkstoffs die Größe des Spitzenwinkels. Übernehmen Sie lediglich die Bildunterschriften, und ordnen Sie folgende Aussagen zu.

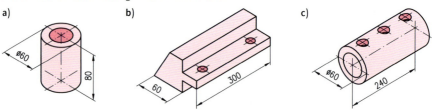

Bohrer mit 130° Spitzenwinkel	Bohrer mit 118° Spitzenwinkel	Bohrer mit 80° Spitzenwinkel

- lange Hauptschneiden
  mittlere Hauptschneiden
  kurze Hauptschneiden
- Werkstoffe mit guter Wärmeleitfähigkeit
  Werkstoffe mit mittlerer Wärmeleitfähigkeit
  Werkstoffe mit schlechter Wärmeleitfähigkeit

- schlechte Wärmeableitung durch Bohrer
  mittlere Wärmeableitung durch Bohrer
  gute Wärmeableitung durch Bohrer
- Aluminium
  Kunststoff
  Stahl

4/15 Wählen Sie für die angegebenen Bohrarbeiten den richtigen Bohrertyp aus, und geben Sie die Größe des notwendigen Spitzenwinkels an.
Übernehmen Sie dazu die folgende Tabelle.

Aufgabe	Bohrertyp	Spitzenwinkel
Bohren eines Stahlträgers aus S235 (St 37)	?	?
Bohren eines Gehäuses aus EN AC-AlSi12	?	?
Bohren einer Dämpfungsunterlage aus Hartgummi	?	?
Bohren eines Flanschs aus X10CrNiTi18-8	?	?
Bohren eines Bremssattels aus EN-GJS-400	?	?
Bohren einer Messingbüchse aus G-CuZn28	?	?

4/16 Machen Sie Vorschläge zum Spannen folgender Werkstücke, damit die angedeuteten Bohrungen auf einer Ständerbohrmaschine gebohrt werden können.

a)   b)   c)

Schnittgeschwindigkeit und Vorschubgeschwindigkeit beim Bohren

Formeln

$$v_c = d \cdot \pi \cdot n$$

$$v_f = f \cdot n$$

Formelzeichen

n Umdrehungsfrequenz (Drehzahl) in $\frac{1}{\min}$

v_c Schnittgeschwindigkeit in $\frac{m}{\min}$
d Bohrerdurchmesser in m

f Vorschub in mm
v_f Vorschubgeschwindigkeit in $\frac{mm}{\min}$

4/17 Welchen Umdrehungsfrequenzbereich müsste eine Bohrmaschine haben, wenn die folgenden Arbeiten zu den angegebenen Bedingungen ausgeführt werden sollen:

a) Bohren von 6-mm-Bohrungen in Aluminium mit $v_c = 130$ m/min,

b) Bohren von 18-mm-Bohrungen in Stahl mit $v_c = 80$ m/min.

4/18 In eine Abdeckplatte aus Stahl, die 30 mm dick ist, werden drei Grundlöcher 18 mm tief gebohrt. Die Löcher haben einen Durchmesser von 16 mm, der Vorschub soll 0,3 mm betragen. Die Schnittgeschwindigkeit darf höchstens 24 m/min betragen.
Berechnen Sie die Umdrehungsfrequenz und wählen Sie aus den angegebenen Maschinenumdrehungsfrequenzen die geeignete aus.

n	1/min	100	250	350	400	650	900

4/19 Berechnen Sie die gesuchten Werte.

Daten zum Bohren			a)	b)	c)
Bohrerdurchmesser	d	mm	30	12	?
Umdrehungsfrequenz	n	1/min	370	?	424
Schnittgeschwindigkeit	v_c	m/min	?	?	32
Schnittgeschwindigkeit	v_c	m/s	?	0,8	?

4(20 In die dargestellte Schiene aus Messing sollen elf Bohrungen mit 8 mm Durchmesser gebohrt werden. Die Mitten der äußeren Bohrungen sollen 25 mm von den Enden liegen. Die übrigen Bohrungen sollen gleiche Mittenabstände erhalten.

a) Planen Sie das Anreißen und Körnen.

b) Wie soll das Werkstück gespannt werden?

c) Ermitteln Sie die Schnittdaten für das Bohren mit einem HSS-Bohrer. (Mittelwerte wählen)

d) Welche Maßnahmen zur Arbeitssicherheit sind zu berücksichtigen?

e) Geben Sie an, wie die Mittenabstände und Durchmesser der fertigen Bohrungen geprüft werden können.

f) Berechnen Sie den Masseverlust der Messingschiene in Gramm und in Prozent, bezogen auf die Masse der ungebohrten Schiene. ($\varrho = 8,5$ g/cm³)

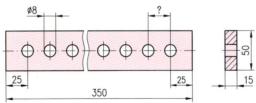

Entgraten und Senken

4/21 Vergleichen Sie die Fertigungsverfahren Senken und Bohren hinsichtlich der:

a) abzutragenden Spanmenge,

b) Schnittbewegung,

c) Schnittgeschwindigkeit.

4/22 Die nebenstehenden Abbildungen zeigen Beispiele verschiedener Senkungen. Skizzieren Sie die Beispiele ab. Schreiben Sie zu jeder Skizze den Zweck der Senkung und den Namen des Werkzeugs zur Durchführung der Senkung.

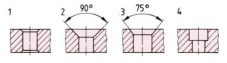

4/23 a) Weshalb sind Senker mit Führungszapfen solchen ohne Führungszapfen vorzuziehen?

b) Für welche Senkungen sind Senker mit Führungszapfen unerlässlich?

Gewindeschneiden

4/24 Ein Modell zur Veranschaulichung einer Schraubenlinie soll aus Kunststoff hergestellt werden. Dabei soll um ein Rohrstück von 100 mm Durchmesser eine Folie entsprechend der Skizze so gelegt werden, dass deren Oberkante der Schraubenlinie entspricht.

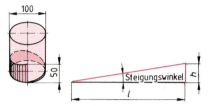

a) Berechnen Sie die Maße l und h für den Zuschnitt der Folie, wenn die Steigung der Schraubenlinie 50 mm betragen soll.

b) Zeichnen Sie die Folie im Maßstab 1:5 und messen Sie den Steigungswinkel ab.

4/25 Entnehmen Sie der normgerecht bemaßten Zeichnung eines Innengewindes die angegebenen Maße und ordnen Sie diese den folgenden Messgrößen in der Tabelle zu. Schreiben Sie die Tabelle ab und ergänzen Sie diese.

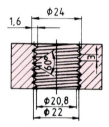

Messgröße	Maß
Nenndurchmesser D	?
Kerndurchmesser D_1	?
Flankendurchmesser D_2	?
Steigung P	?
Flankenwinkel	?

4/26 Ein Grundlochgewinde M 8 soll 20 mm tief in Gusseisen eingeschnitten werden.

a) Mit welchem Bohrerdurchmesser wird vorgebohrt?

b) Wie tief wird das Kernloch gebohrt?

4/27 a) In einem Schema sollen die Unterschiede in Aufbau und Wirkung von Vor-, Mittel- und Fertigschneider bei Gewindebohrern angegeben werden.
Übernehmen Sie das Schema, und schreiben Sie an die Pfeile die jeweils zutreffende Aussage.

b) Begründen Sie, weshalb der Gewindebohrer, der die größte Spanmenge abnimmt, den längsten Anschnitt hat.

Vor-schneider	Mittel-schneider	Fertig-schneider

Außendurchmesser wird *(größer/kleiner)* →

Anschnittlänge   nimmt *(ab/zu)* →

Spananteil   nimmt *(ab/zu)* →

4/28 Skizzieren Sie die obere Schneide des Gewindebohrers ab. Der Spanwinkel soll 15° betragen. Frei- und Keilwinkel sind beliebig.
Tragen Sie Freiwinkel, Keilwinkel und Spanwinkel mit ihren genormten Formelzeichen in die Skizze des Schneidkeils ein.

4/29 Mit welchem Werkzeug sind große Außengewinde zu schneiden?

4/30 Ein Bolzen ist mit einem Gewinde M 16 zu versehen.
Auf welchen Durchmesser muss der Bolzen vorgedreht werden?

4/31 Für einen Messzeughalter soll aus Rundstahl eine Tragsäule angefertigt werden. Zur Verfügung steht blank gezogenes Rundmaterial ø 30 x 2 000.

Stellen Sie einen Arbeitsplan nach folgendem Muster für die Fertigung der Tragsäule auf. Beginnen Sie mit dem Ablängen des Rohlings, geben Sie dann eine sinnvolle Reihenfolge der weiteren Fertigungsverfahren mit Maschinen und Werkzeugen an.

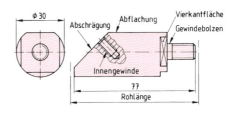

Nr.	Tätigkeit/Schritt	Fertigungs-verfahren	Werkzeug-maschine	Werkzeug	Spann- und Hilfsmittel
1	Rohteil absägen Rohlänge _?_ mm	Sägen	Hubsäge	Sägeblatt	Schraubstock an der Hubsäge

Reiben

4/32 Wie groß sollen zylindrische Bohrungen vorgebohrt werden, wenn sie auf Nenndurchmesser von 4 mm, 10 mm und 25 mm aufgerieben werden sollen?

4/33 Skizzieren Sie entsprechend dieser Vorlage die Schneide einer Reibahle.
a) Tragen Sie den Freiwinkel, den Keilwinkel und den Spanwinkel an.
b) Welcher der Winkel an der Schneide der Reibahle bewirkt, dass an der Schneide nur kleine Späne entstehen?

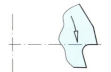

4/34 Reibahlen haben ungleiche Teilung zwischen den Schneiden.
Begründen Sie, in welcher Weise die Schneidenteilung einer Reibahle Einfluss auf die Oberflächengüte einer aufgeriebenen Bohrung hat.

4/35 Welche Reibahle muss zum Reiben von bereits genuteten Bohrungen verwendet werden? Begründen Sie Ihre Antwort.

4/36 Hand- und Maschinenreibahlen unterscheiden sich in ihrem Aufbau.
Übernehmen Sie die Tabelle und ergänzen Sie diese mit den folgenden Aussagen:
– zylindrisch,   – kurz,
– keglig,   – lang.
– mit Vierkant,

	Handreibahle	Maschinenreibahle
Einspannende	?	?
Länge des Anschnitts	?	?
Länge des Führungsteils	?	?

4/37 Geben Sie vier Vorteile des maschinellen Reibens gegenüber dem Reiben von Hand an.

5   Grundlagen zur Fertigung mit Dreh-, Fräs- und Schleifmaschinen

Technologische Grundbegriffe

5/1   a) Für das dargestellte Werk-
        stück sind folgende Ein-
        gangsgrößen zu wählen:
        – Werkzeugmaschinen,
        – Spannmittel,
        – Rohteilmaße.
      b) Welche Größen müssen an
        der Werkzeugmaschine ein-
        gestellt werden?

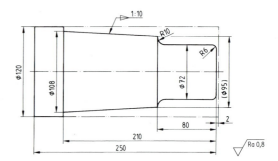

5/2   Skizzieren Sie das Schema ab, und wählen Sie dabei die richtigen Aussagen für die Ausgangsgrößen
      aus.

5/3   Ein Drehmeißel arbeitet mit einem Vorschub von 0,5 mm je Umdrehung.
      Der Schneidenradius beträgt 0,5 mm.
      Zeichnen Sie maßstäblich mit 10-facher Vergrößerung drei nebeneinander liegende Riefen. Messen
      Sie die Rautiefe ab, rechnen Sie diese in Millimeter um, und geben Sie die Rautiefe in Mikrometer an.

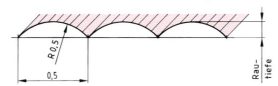

5/4   Ordnen Sie das Formelzeichen und die Einheiten den Größen zu:

	Formelzeichen	Einheit
Vorschub	?	?
Schnitttiefe	?	?
Spanungsquerschnitt	?	?

5/5   Berechnen Sie die Spanungsquerschnitte für
      a) $a_p = 8$ mm und $f = 1,5$ mm,
      b) $a_p = 4$ mm und $f = 3$ mm.

5/6   Für eine Schruppbearbeitung wird das Verhältnis Schnitttiefe zu Vorschub 8:1 gewählt.
      a) Welche Schnitttiefe kann eingestellt werden, wenn der Vorschub 0,75 mm beträgt?
      b) Welcher Spanungsquerschnitt ergibt sich dabei?
      c) Welchen Durchmesser erhält ein Drehteil nach einem Schruppüberlauf, wenn das Rohteil einen
         Durchmesser von 100 mm hatte?

Beim Spanen entstehen unterschiedliche Spanarten. Aus der Art des Spans kann man unter anderem eine Aussage über den Werkstoff machen.
Übernehmen Sie folgende Tabelle und füllen Sie diese fachgerecht aus, indem Sie aus den vorgegebenen Antworten auswählen.

Spanarten			
Benennung	?	?	?
Stauchung	gering mittel stark	gering mittel stark	gering mittel stark
Spanwinkel	klein mittel groß	klein mittel groß	klein mittel groß
Werkstoff	spröde zäh und leicht spröde zäh	spröde zäh und leicht spröde zäh	spröde zäh und leicht spröde zäh
Werkstück-oberfläche	glatt nicht so glatt rau	glatt nicht so glatt rau	glatt nicht so glatt rau

5/8   Welche Spanart ist für eine störungsfreie Bearbeitung von Werkstücken anzustreben?

Schneidstoffe für maschinelles Spanen

5/9   Welche Eigenschaften der Schnellarbeitsstähle machen sie besonders geeignet für den Einsatz bei wechselnden Schnittkräften?

5/10   a) Mit welchen Stoffen werden Schnellarbeitsstähle beschichtet?
   b) Welche Auswirkungen hat diese Beschichtung auf den Einsatz der Schneidplatten?

5/11   a) Worin unterscheiden sich Schneidplatten aus Hartmetall (HW) und aus Cermets (HT) in ihrer Zusammensetzung und ihren Eigenschaften?
   b) Für welche Fertigungsverfahren sind Hartmetalle bzw. Cermets besonders geeignet?

5/12   Legen Sie eine Tabelle nach Vorlage an und füllen Sie diese mit den Adjektiven „niedrig"/„mittel"/„hoch" aus:

	Schnellarbeitsstahl	Hartmetalle	Schneidkeramik
Härte	?	?	?
Zähigkeit	?	?	?
Standzeit	?	?	?
Warmstandfestigkeit	?	?	?
Schnittgeschwindigkeit	?	?	?

5/13   Keramische Werkstoffe werden bei der Zerspanung mit hohen Schnittgeschwindigkeiten und unterschiedlichen Schnittbedingungen eingesetzt.

   a) Ermitteln Sie aus dem Schaubild „Schnittbedingungen beim Einsatz keramischer Werkstoffe" für folgende Schneidstoffe bei einem Vorschub $f = 0,4$ mm jeweils die maximale Schnittgeschwindigkeit für beschichtetes Hartmetall, Aluminiumoxid und Siliziumnitrid.
   b) Wählen Sie aus den keramischen Schneidstoffen für eine Fräsbearbeitung von Gusseisen bei unterbrochenem Schnitt den geeigneten Schneidstoff aus.
   c) Welche Ursachen könnten bei dem Einsatz von oxidkeramischen Schneidstoffen zu einer Beschädigung der Schneide führen?

Normung von Wendeschneidplatten

5/14 a) Entschlüsseln Sie die normgerechten Bezeichnungen der Wendeschneidplatten, und fertigen Sie jeweils eine Skizze mit Bemaßung an (Tabellenbuch).
Schneidplatte DIN ISO 1832 – T N M G 16 04 04 E N – K 10
Schneidplatte DIN ISO 1832 – S P H N 15 06 12 T N – M 10

  b) Welche Werkstoffe werden mit den angegebenen Hartmetallsorten vorwiegend zerspant?

6 Fertigen durch Drehen mit mechanisch gesteuerten Werkzeugmaschinen

Leit- und Zugspindel-Drehmaschine

6/1 Leit- und Zugspindel-Drehmaschinen werden für unterschiedliche Werkstückgrößen und Antriebsleistungen angeboten.

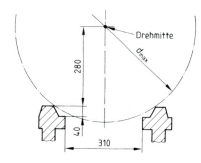

  a) Eine Drehmaschine hat eine Bettlänge von 2 400 mm. Die Werkstückaufnahme mit einer Zentrierspitze steht 180 mm vor dem Spindelstock. Der Reitstock ist einschließlich Zentrierspitze 420 mm lang. Bestimmen Sie die Spitzenweite der Drehmaschine.

  b) Berechnen Sie zu den gegebenen Abmessungen den größtmöglichen Drehdurchmesser d_{max} der Maschine.

  c) Bei der Schruppbearbeitung hochfester Werkstoffe stößt man bei der Festlegung von Einstellgrößen an Grenzen. Welche Einstellgrößen werden durch die Antriebsleistung begrenzt?

6/2 Nennen Sie einen wichtigen Grund, warum vom Antriebsmotor der Kraftfluss zum Hauptgetriebe und von dort zur Arbeitsspindel häufig über Zugmittelgetriebe, wie z. B. Zahnriemen, Keilriemen oder Rollenketten, erfolgt.

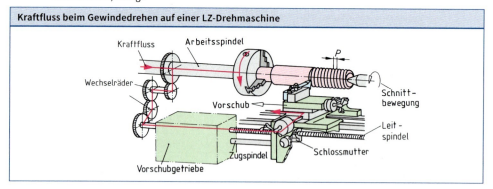

Kraftfluss beim Gewindedrehen auf einer LZ-Drehmaschine

6/3 Beschreiben Sie in Stichworten den Energiefluss für den Vorschubantrieb mit der Reihenfolge der Baugruppen
  a) für das Quer-Plandrehen,
  b) für das Gewindedrehen.

6/4 Die Zugspindel treibt im Schlosskasten das Getriebe für den Längs- und Quervorschub.
  a) Durch welche Bauelemente wird beim Längsdrehen die Drehbewegung der Zugspindel in eine Längsbewegung des Bettschlittens umgewandelt?
  b) Durch welche Bauelemente wird beim Quer-Plandrehen die Drehbewegung der Zugspindel in eine Querbewegung des Planschlittens umgewandelt?

6/5

a) Skizzieren Sie vereinfacht nach der vorgegebenen Zeichnung ein Vorgelege.

b) Tragen Sie farbig die Möglichkeiten des Kraftflusses in die Skizze ein.

c) Warum blockieren die Zahnräder des Vorgeleges nicht, wenn der Kraftfluss direkt auf die Arbeitsspindel übertragen wird?

d) Berechnen Sie das Übersetzungsverhältnis des Vorgeleges.

e) Bestimmen Sie die Umdrehungsfrequenzen der Hauptspindel, wenn die Eingangsumdrehungsfrequenz für das Vorgelege $n = 1\,000$ 1/min beträgt.

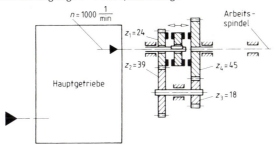

6/6

a) Berechnen Sie zu dem Antriebsschema der Drehmaschine die Teilübersetzungsverhältnisse des Riementriebs, der Zahnradpaare des Hauptgetriebes, des Rollenkettentriebs und des Vorgeleges.

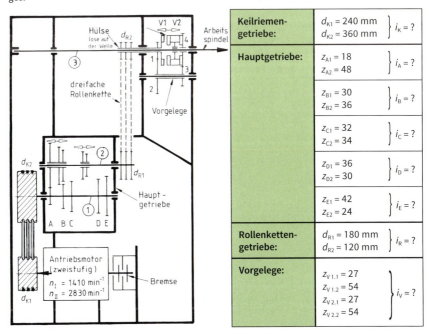

Keilriemen-getriebe:	$d_{K1} = 240$ mm $\quad d_{K2} = 360$ mm	$\Big\} i_K = ?$
Hauptgetriebe:	$z_{A1} = 18$ $\quad z_{A2} = 48$	$\Big\} i_A = ?$
	$z_{B1} = 30$ $\quad z_{B2} = 36$	$\Big\} i_B = ?$
	$z_{C1} = 32$ $\quad z_{C2} = 34$	$\Big\} i_C = ?$
	$z_{D1} = 36$ $\quad z_{D2} = 30$	$\Big\} i_D = ?$
	$z_{E1} = 42$ $\quad z_{E2} = 24$	$\Big\} i_E = ?$
Rollenketten-getriebe:	$d_{R1} = 180$ mm $\quad d_{R2} = 120$ mm	$\Big\} i_R = ?$
Vorgelege:	$z_{V\,1.1} = 27$ $\quad z_{V\,1.2} = 54$ $\quad z_{V\,2.1} = 27$ $\quad z_{V\,2.2} = 54$	$\Big\} i_V = ?$

b) Berechnen Sie für alle Schaltstufen das jeweilige Gesamtübersetzungsverhältnis.

c) Übertragen Sie die Schalttabelle. Berechnen Sie alle einstellbaren Umdrehungsfrequenzen nach den vorgebenen Schaltstellungen und tragen Sie diese in die Tabelle ein.

6/7

a) Wodurch kann erreicht werden, dass der Bettschlitten für einen Längsvorschub nicht gleichzeitig von Leit- und Zugspindel angetrieben wird?

b) Durch welches Bauelement wird beim Gewindedrehen die Drehbewegung der Leitspindel in eine Längsbewegung des Bettschlittens umgewandelt?

c) Durch welchen Vorgang wird die Vorschubbewegung beim Gewindedrehen eingeschaltet oder unterbrochen?

6/8   Durch die Fallschnecke wird die Vorschubbewegung unterbrochen, wenn beim Längsdrehen der Bettschlitten gegen einen Anschlag fährt. Erklären Sie die Arbeitsweise der Fallschnecke, indem Sie nachfolgende Aussagen in sachlogische Reihenfolge bringen:

- Die Axialkraft wird größer als die Widerstandskraft im Haltemechanismus HM.
- Schneckenrad SR kommt zum Stehen.
- Die Fallschnecke fällt außer Eingriff und der Kraftfluss ist unterbrochen.
- Von der Zugspindel wird über die Zahnräder z_1, und z_2 die Fallschnecke weiter gedreht.
- Die Fallschnecke FS drückt gegen das blockierte Schneckenrad SR und bewirkt eine Vergrößerung der Axialkraft.
- Zahnrad z_8 kommt zum Stillstand.
- Der Bettschlitten fährt gegen einen Anschlag und bleibt stehen.
- Die Fallschnecke FS bewegt sich in Längsrichtung und schiebt sich vom Haltenocken HN.

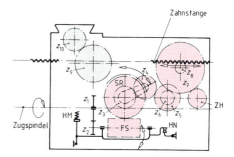

Einteilung und Benennung der Drehverfahren

6/9   Geben Sie zu den dargestellten Drehverfahren die normgerechten Benennungen an; meist wird nur bei Innendrehverfahren das Wort „Innen-" vorangestellt.

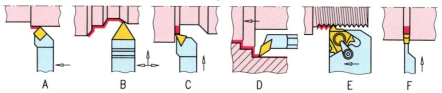

Drehwerkzeuge

6/10 a) Benennen Sie die mit 1 und 2 gekennzeichneten Winkel am Drehmeißel.
     b) Beschreiben Sie in allgemeiner Form die Lage und Begrenzung der Winkel.

6/11 Zur genauen Bestimmung der verschiedenen Winkel am Schneidkeil sind mehrere Bezugsebenen festgelegt.

a) In welcher Ebene des Werkzeugbezugssystems wird der Keilwinkel gemessen? Nennen Sie diese und beschreiben Sie ihre Lage zu den anderen Bezugsebenen.

b) Geben Sie die Bezeichnungen und die griechischen Buchstaben der nummerierten Winkel am Drehmeißel an.

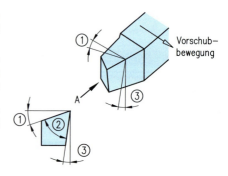

6/12 Schreiben Sie zu den mit 1 bis 5 gekennzeichneten Stellen die Bezeichnungen auf.

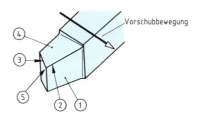

6/13 a) Wie groß ist üblicherweise der Freiwinkel an einem Drehmeißel?
b) Welche Bedeutung hat der Freiwinkel für den Zerspanungsvorgang?

6/14 Begründen Sie, weshalb zum Drehen langer, dünner Wellen der Einstellwinkel z. B. $x_r = 90°$ gewählt wird.

6/15 a) Skizzieren Sie die Seitenansicht je eines Drehmeißels mit
1. einem positiven Neigungswinkel,   2. einem negativen Neigungswinkel.
b) Geben Sie an, für welche Werkstoffe bzw. Schnittbedingungen diese Drehmeißel eingesetzt werden.

6/16 Skizzieren Sie jeweils die Draufsicht folgender Drehmeißel und benennen Sie diese:
a) rechter gebogener Drehmeißel,   c) rechter gerader Drehmeißel,
b) linker gebogener Drehmeißel,   d) rechter abgesetzter Drehmeißel.

6/17 Benennen Sie die dargestellten Drehverfahren und die verwendeten Drehmeißel.

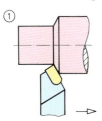 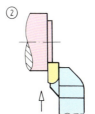 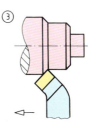

Spannen und Stützen der Werkstücke

6/18 Ordnen Sie die folgenden Werkstückformen in die Tabelle der Spannmöglichkeiten ein:
Rundstahl: Rd 30 x 200,   Vierkantstahl: 4kt 40 x 100,
Sechskantstahl: 6kt 24 x 60,   Rundstahl: Rd 120 x 90.
Achtkantprofil: 8kt 60 x 120.

Spannen im Dreibackenfutter	Spannen im Vierbackenfutter
?	?
?	?
?	?

6/19 Beschreiben Sie in Arbeitsschritten das Ausrichten des Werkstücks aus der vorigen Aufgabe. Geben Sie dabei die evtl. notwendigen Anreißarbeiten am Werkstück und die verwendeten Messzeuge und Hilfsteile an.

6/20 Planen Sie die Einspannung des dargestellten Werkstücks auf einer Planscheibe. Das Werkstück ist im Bereich des zylindrischen Rohteils außen und innen fertig zu bearbeiten.
Skizzieren Sie den Umriss des Werkstücks ab und deuten Sie die Einspannung an. Benennen Sie die erforderlichen Spannmittel.

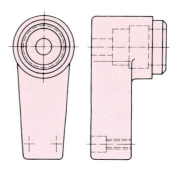

6/21
a) Beschreiben Sie die Wirkungsweise des Spannvorgangs mit Spannzangen.
b) Charakterisieren Sie die Werkstückformen, die zum Spannen mit Spannzangen besonders geeignet sind.
c) Warum muss für jedes Nennmaß der gebräuchlichen Halbzeuge eine spezielle Spannzange vorhanden sein?
d) Die Mitnahme der Werkstücke durch Spannzangen erfolgt meist kraftschlüssig. Welche Kraft verhindert, dass die Werkstücke sich während der Spanabnahme in der Spannzange drehen? Wovon ist die Größe der Kraft abhängig?

6/22 Aus dem Sortiment eines Spannzangenherstellers ist für einige Nenndurchmesser die Toleranz des Spannbereichs angegeben.

Überprüfen Sie für folgende Rundmaterialien, ob sie mit den angebotenen Spannzangen ordnungsgemäß gespannt werden können.

a) ø 8 d9   b) ø 12 x 8
c) ø 16 h11   d) ø 20 a11.

Spannzangen-Nenndurchmesser	Toleranz des Spannbereichs
bis 10 mm	+ 0,05 mm
	– 0,10 mm
12–25 mm	+ 0,10 mm
	– 0,15 mm

6/23 Die Hersteller von stirnseitigen Mitnehmern empfehlen den Einsatz von einer Zentrierspitze im Reitstock mit Spannkraftanzeige.

a) Begründen Sie, weshalb der Einsatz dieser aufwendigen Zentrierspitze notwendig ist.
b) Nach welchen Gesichtspunkten legen Sie bei verschiedenen Dreharbeiten die Größe der aufzubringenden Spannkraft fest?

Spezielle Drehverfahren

Geometrische Berechnungen zum Kegeldrehen

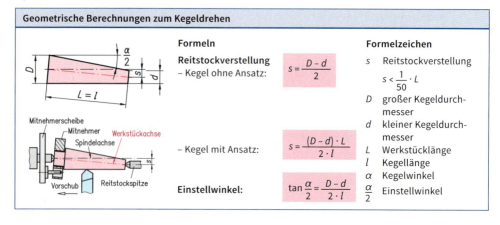

Formeln

Reitstockverstellung
– Kegel ohne Ansatz:

$$s = \frac{D - d}{2}$$

– Kegel mit Ansatz:

$$s = \frac{(D - d) \cdot L}{2 \cdot l}$$

Einstellwinkel:

$$\tan \frac{\alpha}{2} = \frac{D - d}{2 \cdot l}$$

Formelzeichen

s Reitstockverstellung

$s < \frac{1}{50} \cdot L$

D großer Kegeldurchmesser

d kleiner Kegeldurchmesser

L Werkstücklänge

l Kegellänge

α Kegelwinkel

$\frac{\alpha}{2}$ Einstellwinkel

6/24 Das dargestellte Teil ist auf einer Drehmaschine herzustellen.

a) Berechnen Sie die Kegelverjüngung.
b) Welchen Einstellwinkel muss der Zerspanungsmechaniker am Oberschlitten einstellen?

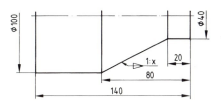

6/25 Beim Gewindeschneiden auf einer Drehmaschine mit einem Gewindedrehmeißel müssen Bedingungen eingehalten werden, um ein Gewindeprofil ohne Verzerrungen zu erzeugen. Beschreiben Sie diese Bedingungen, die bei der Geometrie des Drehmeißels und bei der Einspannung eingehalten werden müssen.

Einflussgrößen auf die Oberflächenbeschaffenheit beim Drehen

6/26 Beim Drehen hängt die erreichbare Rautiefe von den Schnittbedingungen und der Schneidengeometrie ab.

a) Geben Sie fünf Einflussgrößen auf die Rautiefe an.
b) Wie sind die fünf Einflussgrößen zu wählen, um eine möglichst geringe Rautiefe zu erreichen?
c) Erläutern Sie den Zusammenhang zwischen Aufbauschneidenbildung und Rautiefe.
d) Nennen Sie Maßnahmen, die zur Verringerung der Aufbauschneidenbildung führen.

Bestimmen von Arbeitsgrößen zum Drehen

6/27 Eine Welle aus niedriglegiertem Stahl wird in zwei Arbeitsgängen überdreht. Die Schnitttiefe beim Schruppen beträgt 5 mm, beim Schlichten 1 mm.

a) Welchen Vorschub müssen Sie einstellen, wenn Sie folgende Regel anwenden:
   – Vorschub beim Schruppen soll etwa 1/8 der Schnitttiefe sein,
   – Vorschub beim Schlichten soll etwa 1/5 der Schnitttiefe sein?
b) Welche Vorschübe und Schnittgeschwindigkeiten sind hingegen bei Anwendung der Richtwerttabelle für die Schneidstoffe P 10 oder P 25 einzustellen? Geben Sie Mittelwerte an.

6/28 Berechnen Sie die einzustellende Umdrehungsfrequenz.

	Schnittgeschwindigkeit	Durchmesser	Umdrehungsfrequenz
a)	30 m/min	150 mm	?
b)	40 m/min	90 mm	?
c)	50 m/min	50 mm	?

6/29 Eine Kolbenstange für einen Spezialzylinder soll vor dem Honen feinstgedreht werden. Die Rautiefe darf höchstens 12 µm betragen. Die Kolbenstange besteht aus hochlegiertem Stahl, hat einen Durchmesser von 120 mm und ist 950 mm lang.

a) Berechnen Sie für den letzten Schlichtvorgang den Vorschub, wenn das Schnittwerkzeug mit Hartmetall bestückt ist und der Schneidenradius 0,8 mm beträgt. (Vorschubstufungen von 0,1 mm/Umdrehung einhalten.)
b) Berechnen Sie die Hauptnutzungszeit für den Schlichtvorgang.
   Anleitung: – Schnittgeschwindigkeit nach Tabellen bestimmen,
   – Umdrehungsfrequenz berechnen,
   – Hauptnutzungszeit berechnen.

7 Fertigen durch Fräsen mit mechanisch gesteuerten Werkzeugmaschinen

Fräsmaschinen

7/1 Ermitteln Sie die Schneidenwinkel am skizzierten Walzenfräser in Punkt P.

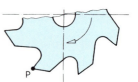

a) Zeichnen Sie die beiden Bezugsebenen zur Festlegung der Winkel am Schneidkeil ein.

b) Tragen Sie durch entsprechende Maßpfeile den Keil-, Frei- und Spanwinkel ein und benennen Sie die Winkel mit ihren Formelzeichen.

7/2 Welche Fräsmaschine, Waagrecht- oder Senkrechtfräsmaschine, würden Sie für folgende Fräsarbeiten auswählen? Begründen Sie Ihre jeweilige Antwort.

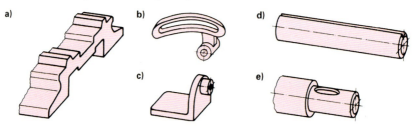

Fräsverfahren

7/3 Benennen Sie die dargestellten Fräsarbeiten nach der zu erzeugenden Fläche. Geben Sie die normgerechte Bezeichnung des Fräsverfahrens an.

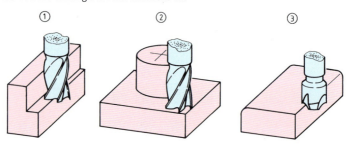

7/4 a) Erläutern Sie den Unterschied zwischen Stirn- und Umfangsplanfräsen hinsichtlich der Spanbildung.

b) Geben Sie drei Vorteile des Stirnplanfräsens gegenüber dem Umfangsplanfräsen an.

7/5 Welches Fräsverfahren liegt vor

a) entsprechend der Form der erzeugten Fläche,

b) nach der Lage der Hauptschneiden,

c) nach dem Zusammenwirken von Schnitt- und Vorschubbewegung?

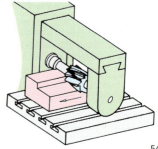

7/6 Übertragen Sie die Merksätze, und ergänzen Sie die Lücken durch die zutreffende Antwort.

a) Als Gegenlauffräsen bezeichnet man einen Fräsvorgang, bei dem die Schnittbewegung und die Vorschubbewegung in *(gleicher/entgegengesetzter)* Richtung wirken.
Der kommaförmige Span hat dabei seinen größten Querschnitt am *(Anfang/Ende)* eines jeden Schnitts.

b) Als Gleichlauffräsen bezeichnet man einen Fräsvorgang, bei dem die Schnittbewegung und die Vorschubbewegung in *(gleicher/entgegengesetzter)* Richtung wirken.

Fräswerkzeuge und ihr Einsatz

7/7 Welche Vorzüge hat ein hartmetallbestückter Fräser gegenüber einem HSS-Walzenstirnfräser?

7/8 Worin unterscheiden sich die beiden Walzenstirnfräser hinsichtlich

a) des Drallwinkels,
b) des Keilwinkels,
c) des Spanraums,
d) des zu zerspanenden Werkstoffs,
e) der Fräserkennung?

7/9 Die Unteransicht zeigt einen Fräskopf mit ungleicher Verteilung der Schneiden (Differentialteilung).

Aus welchem Grund wird diese Differentialteilung bei vielen Fräsköpfen gewählt?

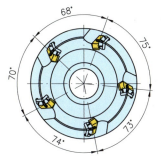

7/10 Welche Arbeiten können jeweils mit den Schaftfräsern der Form 1 und der Form 2 ausgeführt werden?

Form 1   Form 2

7/11 In der Abbildung sind ein Fräser aus HSS-Stahl und ein Fräser mit eingesetzten Schneidplatten dargestellt.
Nennen Sie die Vor- und Nachteile hartmetallbestückter Fräser.

7/12 Die gezeigte Platte aus Werkzeugstahl soll auf der Oberfläche plangefräst werden, und es sollen zwei Nuten von 8 mm Breite, 6 mm Tiefe und 90 mm Länge eingefräst werden.

a) In welcher Reihenfolge sind die Arbeiten durchzuführen?
b) Wählen Sie geeignete Fräsverfahren aus.
c) Wählen Sie geeignete Fräser aus.

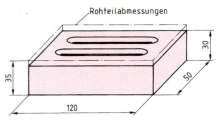

Rohteilabmessungen

7/13 Skizzieren Sie die Querschnitte, die mit den abgebildeten Fräsern auf der angegebenen Maschine in eine ebene Werkstückoberfläche gefräst werden können. Geben Sie jeweils die Bezeichnung des verwendeten Fräsers an.

auf einer Waagerecht-Fräsmaschine		auf einer Senkrecht-Fräsmaschine
① ②		③

7/14 Beim Fräsen von Halbkreisprofilen wurde zunächst mit einem größeren Radius vorgearbeitet. Danach wurde mit einem Halbrundprofilfräser die Fertigform gefertigt.

a) Warum war das Vorarbeiten sinnvoll?
b) Machen Sie einen Vorschlag, wie das Profil auf andere Art vorgearbeitet werden kann.

Werkstück

Vorgearbeitet   Fertigteil

7/15 a) Mit welchen Fräsern können die Nuten in den dargestellten Werkstücken gefertigt werden? Nennen Sie alle Möglichkeiten der Herstellung.
b) Geben Sie die Einsatzmöglichkeiten, Vorteile und Grenzen der Fräserarten an.

Spannzeuge für Werkzeuge auf Fräsmaschinen

7/16 Beschreiben Sie das Spannen eines Fräsers mit dem dargestellte Spannsystem.

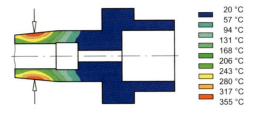

20 °C	
57 °C	
94 °C	
131 °C	
168 °C	
206 °C	
243 °C	
280 °C	
317 °C	
355 °C	

Positionieren und Spannen beim Fräsen

7/17
a) Mit welchen Hilfsmitteln und Messmitteln richten Sie den Maschinenschraubstock auf dem Tisch einer Fräsmaschine aus?
b) Beschreiben Sie ausführlich das Verfahren des Ausrichtens.

7/18 Wie können Sie überprüfen, ob die Nuten im Fräsmaschinentisch genau parallel zur Maschinenachse liegen?

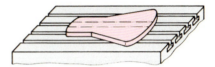

7/19 Berechnen Sie den Unterschied in den Spannkräften, der sich bei den verschiedenen Aufspannungen ergibt.

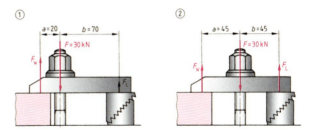

7/20 Ein Deckel wird in einer Bohrvorrichtung in der dargestellten Weise auf der Grundplatte positioniert und gespannt.
Verbessern Sie die Vorrichtung so, dass mittelbar mit einem Spannelement gespannt werden kann.

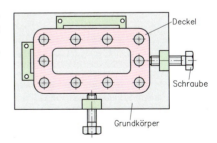

Teilen mit Teilapparaten

7/21 Nennen Sie verschiedene Werkstücke, bei denen aufgrund ihrer Form eine Fräsbearbeitung mithilfe eines Teilapparats erforderlich ist.

7/22 Ein einfacher Teilapparat für direktes Teilen ist mit einer 36er-Teilscheibe ausgestattet.
Bestimmen Sie vier regelmäßige Vielecke, die mithilfe dieser Teilscheibe gefertigt werden können.

<table>
<tr><td>7/23</td><td>

Ein Zahnrad mit 34 Zähnen soll durch indirektes Teilen gefräst werden.

a) Berechnen Sie die Anzahl der Teilkurbelumdrehungen.

b) Wählen Sie aus dem Lochscheibensatz einen Kreis mit geeigneter Lochzahl aus.

c) Wie viele Löcher sind mithilfe der Teilschere bei jeder Verstellung als Bruchteil einer vollen Umdrehung zusätzlich zu verstellen?

</td></tr>
</table>

7/24	Bestimmen Sie für die Herstellung von Lochkreisen mit

a) 15 Bohrungen,   b) 22 Bohrungen,   c) 33 Bohrungen

die Teilkurbelumdrehungen, die Lochscheiben und die einzustellenden Lochabstände.

Bestimmen von Arbeitsgrößen beim Fräsen

Berechnungen zum Fräsen

	Formeln	Formelzeichen	
Umdrehungsfrequenz:	$n = \dfrac{v_c}{d \cdot \pi}$	n	Umdrehungsfrequenz (Drehzahl)
		d	Werkzeugdurchmesser
		v_c	Schnittgeschwindigkeit
		f_z	Vorschub pro Fräserzahn
Vorschub:	$f = z \cdot f_z$	z	Zähnezahl
		f	Vorschub
		S	Spanungsquerschnitt
Vorschubgeschwindigkeit:	$v_f = z \cdot f_z \cdot n$	v_f	Vorschubgeschwindigkeit

<table>
<tr><td>7/25</td><td>

Eine Führungsleiste aus Gusseisen soll durch einen Schruppvorgang und einen anschließenden Schlichtvorgang um 5 mm mit einem Walzenfräser abgefräst werden.

a) Ermitteln Sie jeweils für das Schruppen und das Schlichten aus der entsprechenden Tabelle die Richtwerte für den Vorschub je Zahn und die Schnittgeschwindigkeit (Mittelwerte).

b) Anhand der ermittelten Daten sind Umdrehungsfrequenz und Vorschubgeschwindigkeit zu berechnen.

</td></tr>
</table>

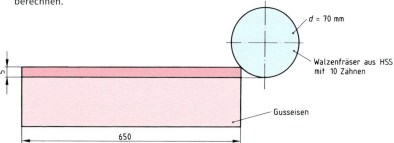

$d = 70$ mm

Walzenfräser aus HSS mit 10 Zähnen

Gusseisen

650

5

<table>
<tr><td>7/26</td><td>

In eine Welle von 450 mm Länge wird mit einem Scheibenfräser von 125 mm Durchmesser eine 6 mm breite und 8 mm tiefe Nut in einem Schnitt gefräst.

Der Fräser hat 10 Zähne. Der Vorschub je Zahn soll $f_z = 0{,}1$ mm betragen. Die Schnittgeschwindigkeit soll 30 m/min sein.

a) Berechnen Sie den Mindestanlaufweg l_a.

b) Bestimmen Sie den Fräserweg L, wenn der Fräser voll aus dem Werkstück herausfahren soll und für den An- und Überlauf ein Sicherheitsabstand von jeweils 2 mm berücksichtigt wird.

c) Berechnen Sie die Hauptnutzungszeit t_h.

</td></tr>
</table>

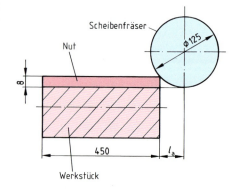

Scheibenfräser

Ø125

Nut

8

450

l_a

Werkstück

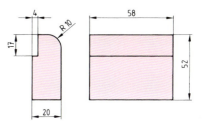

7/27 Die vorgefertigte Halterung aus S 235 (St 37) ist Bestandteil eines Schraubstocks. Durch Fräsen sollen der Absatz (17 mm x 4 mm) zur Aufnahme einer vergüteten Spannbacke und die Rundung (R = 10 mm) hergestellt werden. Beide Oberflächen sind zu schlichten.

Auszuwählen sind:
a) – Fräsmaschine,
   – Fräsverfahren,
   – Fräswerkzeug und Spannwerkzeuge.
b) Bestimmen Sie für die von Ihnen gewählten Fräswerkzeuge Schnittgeschwindigkeit v_c und Zahnvorschub f_z.
c) Berechnen Sie die Umdrehungsfrequenz n und die Vorschubgeschwindigkeit v_f.
d) Berechnen Sie die Hauptnutzungszeit t_h für beide Fräsbearbeitungen.

8 Fertigen durch Räumen

8/1 Räumwerkzeuge üben nur eine Hubbewegung aus.
Durch welche konstruktive Gestaltung der Räumwerkzeuge kommt es zu einer Spanabnahme?

8/2 Räumwerkzeuge sind aufwendige und teure Einzweckwerkzeuge. Die Spanabnahme erfolgt in den Bereichen der Schrupp- und Schlichtzähne.
a) Wodurch unterscheidet sich der Schrupp- vom Schlichtbereich?
b) Wozu haben Räumwerkzeuge einen Bereich mit Reservezähnen, die genau die gewünschte Form und Nennmaß haben?

8/3 Skizzieren Sie in mehreren Stufen das Räumen eines quadratischen Durchbruchs in eine Platte. Gehen Sie von einer Ausgangsbohrung aus.

8/4 Schildern Sie, wie eine Nut für eine Passfeder in die Nabenbohrung eines Zahnrads gefertigt wird.

8/5 Im Fahrzeugbau werden vielfältig Naben durch Räumen mit den unterschiedlichsten Profilen gefertigt, sodass mit entsprechend geformten Wellen eine sehr gute Mitnahmeverbindung entsteht. Nennen Sie drei Beispiele für Profilformen.

8/6 Geschmiedete Maulschlüssel erhalten durch Räumen die genaue Aufnahme für Schraubenköpfe. Skizzieren Sie eine Möglichkeit, wie die Einspannvorrichtung für den Räumvorgang konstruiert sein könnte.

9 Fertigen durch Schleifen

9/1 Die Schleifverfahren können nach ihrem Zweck in der Fertigung unterteilt werden.

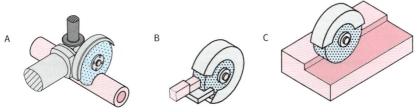

a) Benennen Sie die in den Skizzen dargestellten Verfahren.
b) Geben Sie Beispiele aus Ihrer praktischen Erfahrung zu dem jeweiligen Einsatzzweck an.

9/2 Vergleichen Sie einen Fräser mit einer Schleifscheibe nach folgenden Gesichtspunkten:
– Anzahl der Schneiden,
– Größe von Keilwinkel und Spanwinkel.

9/3 Skizzieren Sie vergrößert einen kleinen Ausschnitt aus einer Schleifscheibe. Benennen Sie die Bestandteile der Schleifscheibe.

Schleifwerkzeuge

9/4 Nennen Sie vier verschiedene Schleifmittel und ordnen Sie diese nach der zunehmenden Härte.

9/5 Welche Schleifmittel werden zum Schleifen von

a) Baustählen,   b) Hartmetallen eingesetzt?

9/6 Die Größe der Schleifkörner wird als Körnung bezeichnet.

a) Wie werden die Körnungen für Schleifmittel festgelegt?
b) Wie wird die Körnung von Diamantkörnern angegeben?

9/7 Führungsleisten aus Stahl sollen auf einer Planschleifmaschine durch Schruppschleifen vorgearbeitet und durch Feinschleifen fertig bearbeitet werden.

a) Welche Korngröße wird zum Schruppschleifen eingesetzt?
b) Welche Korngröße wird zum Feinschleifen eingesetzt?

9/8 Schleifscheiben werden zur Bearbeitung von unterschiedlichen Werkstoffen und für unterschiedliche Fertigungsverfahren durch die Wahl der Schleif- und Bindemittel angepasst.
Übernehmen Sie die Tabelle, und ermitteln Sie die fehlenden Angaben.

Einsatz der Schleifscheibe	Bindung	Kurzzeichen	Eigenschaften der Schleifscheibe
Maschinelles Schleifen für Werkstoffe mit mittlerer Festigkeit	?	?	?
Feinstschleifen harter Werkstoffe	?	?	?
Trennschleifen	?	?	?
Schleifen von Hartmetallen	?	?	?

9/9 Wählen Sie die richtige Ergänzung des begonnenen Merksatzes.
„Unter der Härte einer Schleifscheibe versteht man …

– die Widerstandskraft des Werkstückes gegenüber dem Eindringen des Schleifkorns."
– die Härte der Schleifkörner."
– die Widerstandskraft, die die Bindung dem Ausbrechen der Schleifkörner entgegensetzt."
– die Widerstandskraft, die die Schleifscheibe dem Eindringen eines Probekörpers entgegensetzt."

9/10 Schreiben Sie den folgenden Merksatz mit den richtigen Aussagen ab.
Bei der Schleifbearbeitung von harten Werkstoffen werden die Schleifkörner *(langsam/schnell)* stumpf. Die Härte der Schleifscheibe muss daher *(gering/groß)* sein, damit die stumpfen Körner *(langsam/schnell)* ausbrechen. Man bezeichnet in diesem Fall die Schleifscheibe als *(weich/hart)*. Der große Kennbuchstabe für diese Härte steht mehr am *(Anfang/Ende)* des Alphabets.

9/11 Der innere Aufbau einer Schleifscheibe wird als Gefüge bezeichnet.
Übernehmen Sie die Tabelle, und tragen Sie nur die zutreffenden Antworten ein.

	dichtes Gefüge	offenes Gefüge
Porenanteil	*(hoch/niedrig)*	*(hoch/niedrig)*
abzutragende Spanmenge	*(groß/klein)*	*(groß/klein)*
Arbeitsverfahren	*(Schruppen/Schlichten)*	*(Schruppen/Schlichten)*
Oberflächengüte	*(hoch/niedrig)*	*(hoch/niedrig)*
zu bearbeitender Werkstoff	*(hart/weich)*	*(hart/weich)*
Kennziffer	*(2/6)*	*(2/6)*

9/12 Skizzieren Sie die Tabelle ab, und tragen Sie die Benennung und den Verwendungszweck der Schleif-körper ein.

Schleifkörper			
Benennung	?	?	?
Verwendungszweck	?	?	?

9/13 Berechnen Sie die einzustellende Umdrehungsfrequenz für eine Schleifscheibe beim Außenrund-schleifen von Stahlwellen. Entnehmen Sie den niedrigsten Wert aus der Richtwerttabelle für Umfangsgeschwindigkeiten. Die Schleifscheibe hat einen Durchmesser von 200 mm.

9/14 Eine Schleifscheibe für hohe Umfangsgeschwindigkeiten ist mit einem grünen Farbstreifen gekenn-zeichnet. Ermitteln Sie aus einer Tabelle die höchstzulässige Umfangsgeschwindigkeit.

9/15 Entschlüsseln Sie die genormte Bezeichnung für eine gerade Schleifscheibe:
Schleifscheibe ISO 603-1 1 -180x15x45 ... C 90 M 6 B 50

9/16 Die Unfallgefahren sind wegen der hohen Umdrehungsfrequenzen bei Schleifscheiben sehr groß. Nennen Sie Unfallverhütungsvorschriften, die beim Einsetzen von neuen Schleifscheiben eingehal-ten werden müssen.

9/17 Beim Schleifen muss aus Sicherheitsgründen eine Schutzbrille getragen werden. Begründen Sie, warum die Berufsgenossenschaft immer wieder auf diese Unfallverhütungsvorschrift mit vielen Akti-onen aufmerksam macht.

9/18 Für kleine Schleifarbeiten von Hand steht in den Werkstätten meist ein Schleifbock zur Verfügung. Durch Verschleiß der Schleifscheibe entsteht ein breiter Spalt zwischen Auflage und Schleifstein.
a) Welche Gefahren bestehen an diesem unfallträchtigen Schleifbock?
b) Wie muss diese Gefahrenstelle beseitigt werden?

9/19 Welche Wirkungen erzielt man durch das Abrichten von Schleifscheiben für den weiteren Einsatz?

9/20 a) Mit welchen Vorrichtungen können Schleifscheiben abgerichtet werden?
b) Wie wird das Abrichten durchgeführt?

Arbeitsverfahren auf Schleifmaschinen

9/21 Unterscheiden Sie Umfangsplan- und Außenrundschleifen hinsichtlich der Schnittbewegung. Bei beiden Verfahren soll im Gegenlauf geschliffen werden.
a) Übertragen Sie die Skizzen auf Ihr Arbeitsblatt.

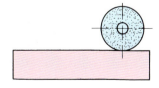 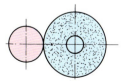

b) Ordnen Sie diesen die Bezeichnung des Schleifverfahrens zu.
c) Zeichnen Sie durch Pfeile die Bewegungen ein, welche die Schnittbewegung erzeugen.
d) Formulieren Sie einen Merksatz über die Schnittbewegung beim Rundschleifen.

9/22   Eine ebene Werkstückoberfläche kann durch zwei Schleifverfahren, die sich durch die Lage der Schleifscheibe zur Werkstückoberfläche unterscheiden, bearbeitet werden.

    a) Skizzieren Sie die möglichen Lagen der Schleifscheibe für das Schleifen ebener Oberflächen.

    b) Benennen Sie die Verfahren, und vergleichen Sie die Verfahren hinsichtlich Abtragsleistung und erreichbarer Oberflächenbeschaffenheit.

9/23   Skizzieren Sie die Bearbeitung einer Leiste auf einer Flachschleifmaschine ab. Es wird im Gleichlaufverfahren geschliffen.

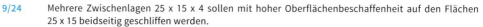

    Tragen Sie mit Pfeilen ein:
    –   Schnittbewegung,
    –   Längsvorschubbewegung,
    –   Quervorschubbewegung,
    –   Zustellbewegung.

9/24   Mehrere Zwischenlagen 25 x 15 x 4 sollen mit hoher Oberflächenbeschaffenheit auf den Flächen 25 x 15 beidseitig geschliffen werden.

    a) Welche Schleifmaschinenart werden Sie bevorzugen?

    b) Beschreiben Sie die Schleifmaschine hinsichtlich Werkstücktischausführung und der Lage der Schleifspindel zur Aufspannfläche.

9/25   Skizzieren Sie die Bearbeitung einer Welle auf einer Außenrundschleifmaschine ab. Es wird im Gegenlaufverfahren geschliffen.

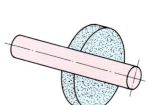

    Tragen Sie mit Pfeilen ein:
    –   Drehbewegung des Schleifsteins,
    –   Drehbewegung des Werkstücks,
    –   Längsvorschubbewegung,
    –   Zustellbewegung.

9/26   Eine Welle mit unterschiedlichen Durchmessern und Radienübergängen wird in der Elektroindustrie in sehr hohen Stückzahlen mit hoher Maßgenauigkeit und Oberfläche benötigt.
    Mit welchem Schleifverfahren lässt sich diese hohe Stückzahl rationell fertigen?

9/27   Informieren Sie sich im Internet über das „spitzenlose Außenrundschleifen"?
    Versuchen Sie mit den gefundenen Informationen, den Merksatz mit den zutreffenden Aussagen zu übernehmen.
    „Beim spitzenlosen Außenrundschleifen läuft die Schleifscheibe mit *(größerer/kleinerer)* Geschwindigkeit als die *(größere/kleinere)* Regelscheibe. Die *(härtere Schleifscheibe/weichere Regelscheibe)* bremst die Drehbewegung des Werkstücks und erteilt durch ihre Neigung dem Werkstück die *(Schnittbewegung/Vorschubbewegung)*. Dieses Schleifverfahren ist besonders für *(kurze/lange)* Werkstücke mit *(großem/kleinem)* Durchmesser geeignet."

9/28   a) Geben Sie 4 Faktoren an, welche die Oberflächenbeschaffenheit beim Schleifen beeinflussen.

    b) Wie müssen die in a) gefundenen Faktoren gewählt werden, um eine möglichst geringe Rautiefe zu erzielen? Treffen Sie Ihre Auswahl zwischen „groß" und „gering".

Einflussfaktor	Auswahl
?	?
?	?
?	?
?	?

    Zur Beantwortung der Fragen übernehmen Sie die Tabelle und tragen die gefundenen Lösungen ein.

9/29   Ordnen Sie folgenden Bewegungen an der Planschleifmaschine die entsprechenden Maschinenteile zu, von denen sie ausgeführt werden:

    a) Schnittbewegung,   b) Vorschubbewegung,   c) Zustellbewegung.

10 Fertigen durch Honen und Läppen

Honen

10/1 Nach dem Langhubhonen einer Zylinderbohrung ergibt sich das gezeigte Schliffbild.

    a) Beschreiben Sie kurz den Aufbau des Honwerkzeugs für diese Bohrung.

    b) Welche Bewegungen des Honwerkzeugs haben zu diesem Ergebnis geführt?

    c) Warum wählt man zur Bearbeitung der Zylinderflächen das Honen und nicht das Innenschleifen aus?

    d) Benennen Sie die Flüssigkeit, die die kleinen Spänchen und stumpfen Schleifkörner wegschwemmt.

10/2 Beschreiben Sie die Feinbearbeitung eines Rundkolbens durch Kurzhubhonen.

    a) Gehen Sie dabei auf die Bewegungen von Werkstück und Werkzeug ein.

    b) Beschreiben Sie, welche Spur sich auf der Oberfläche durch ein Schleifkorn abbildet.

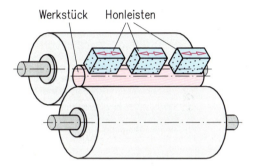

Werkstück   Honleisten

Läppen

10/3 Übertragen Sie die nachfolgenden Merksätze über Läppen, indem Sie nur die zutreffenden Aussagen übernehmen.

Beim Läppen ergibt sich die Arbeitsbewegung durch eine Überlagerung der Bewegungen des Werkstücks und eines formgleichen Gegenstücks, z. B. einer Läppscheibe. Zwischen Werkstück und Gegenstück befindet sich ein lose verteiltes Schleifmittel in *(Spiritus/Öl)* als Trägerflüssigkeit. Der Anpressdruck des Gegenstücks auf Läppgemisch und Werkstück führt zu einem Abtragen kleinster Späne.
Zur Erzielung einer geringeren Oberflächenrauheit wird der Anpressdruck *(groß/klein)* gewählt. Zum Einsatz als Gegenstück eignen sich vor allem *(porige/weniger porige)* Werkstoffe, wie z. B. *(hochlegierte Edelstähle/Aluminium/Gusseisen/Messing)*.

10/4 Worin unterscheiden sich die beiden Feinbearbeitungsverfahren Läppen und Honen hinsichtlich der Form der zu bearbeitenden Werkstücke und der Bindung des Schleifmittels?

10/5 Das planparallele Läppen wird bei Werkstücken angewandt, bei denen eine hohe Form- und Maßgenauigkeit, verbunden mit einer hohen Oberflächengüte, erforderlich ist. Nennen Sie Werkstücke, bei denen alle drei Bedingungen erfüllt sein müssen.

10/6 Es werden vorwiegend kleine Werksstücke durch planparalleles Läppen bearbeitet.

    a) Beschreiben Sie die Bewegungsabläufe der Läuferscheiben in Zweischeiben-Läppmaschinen.

    b) Welche Auswirkungen hat die damit verbundene Zwangsbewegung auf die Qualität der Werkstücke und auf die Ebenheit der Läppscheiben?

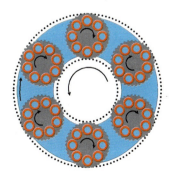

11   Kühlschmierstoffe für spanabhebende Verfahren

11/1   Die nebenstehende Zeichnung verdeutlicht die Wärmeentwicklung beim Drehen von Vergütungsstahl mit Hartmetalldrehmeißeln.
Fassen Sie die Aussagen der Zeichnung über den Temperaturverlauf an der Schnittstelle in Worte.

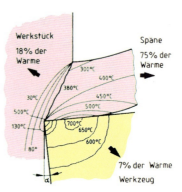

11/2   Ein Mechaniker gab als Antwort auf die Frage, in welchen Fällen man vorteilhaft Öle und in welchen man besser wassermischbare Kühlschmierstoffe verwendet, zur Antwort: „Je größer die Reibfläche zwischen Werkzeug und Werkstück ist, desto größer ist der Bedarf an Schmierung, darum sind in solchen Fällen Öle vorteilhafter."
Prüfen Sie anhand der Tabelle, ob die Aussage richtig ist.

11/3   In einer Firma wird ein Schneidöl verwendet, das nach Herstellerangaben eine Viskosität von 18 mm²/s hat. Ist dieses Öl dünnflüssig oder sehr zäh?
Welche Hinweise auf die Anwendung kann man aus den Angaben ziehen?

11/4   Für die Bohrmaschine sollen 10 l neues Kühlschmiermittel angesetzt werden. Das verbrauchte Kühlschmiermittel muss beseitigt werden. Der Fachkraft, der Sie zugeteilt sind, sagt: „Schütt' das alte Zeug in den Ausguss – ist ja sowieso 90 % Wasser. Man soll sich doch nicht so anstellen!" Sie wissen, wenn Sie seinen Anordnungen nicht folgen, „gibt's Druck".
Wie sollten Sie sich verhalten?

11/5   In einem Betrieb mit zentraler Kühlschmiermittelversorgung muss das gesamte Kühlschmiermittel ausgewechselt werden. Man macht daraus fast eine „Staatsaktion". Alle Ecken im Behälter müssen gereinigt werden, und die Anlage wird dazu noch mit Desinfektionsmittel durchspült.
Welche Verunreinigungen erfordern einen solchen Aufwand?

11/6   Sie erhalten den Auftrag, frischen Kühlschmierstoff anzusetzen. Auf dem 5-l-Kanister des Konzentrats steht: „Beste Ergebnisse beim Zerspanen von unlegierten Stählen werden mit einem 8-prozentigen Ansatz erzielt." Wie viel Liter Wasser müssen Sie dem Konzentrat zusetzen?

11/7   Fremdöl mindert die Gebrauchseigenschaften von Kühlschmiermitteln.
a) Wie gelangt dieses Öl in das Kühlschmiermittel?
b) Wie kann man den Eintrag gering halten?

11/8   Welche Schutzmaßnahmen ergreifen Sie in Ihrem Ausbildungsbetrieb, um sich vor Gesundheitsschäden durch Kühlschmierstoffe zu schützen?

11/9   Wie werden in Ihrem Ausbildungsbetrieb Kühlschmiermittel entsorgt?

11/10   Wassermischbare Kühlschmierstoffe haben eine sehr gute Reinigungswirkung. Trotzdem soll man sich darin nicht die Hände waschen. Begründen Sie die Anweisung.

12 Fertigen durch Abtragen

Autogenes Brennschneiden

12/1 Übertragen Sie die nachfolgenden Merksätze über das autogene Brennschneiden, indem Sie nur die zutreffenden Aussagen übernehmen.

Autogenes Brennschneiden ist ein *(thermisches Trennen durch Gas/chemisches Abtragen)*, bei dem die Trennstelle *(durch chemische Einwirkung aufgelöst/durch eine Heizflamme vorgewärmt)* wird, sodass unter *(dem Druck einer Schnittkante/der Einwirkung eines Sauerstoffstrahls)* eine vollständige Werkstofftrennung erfolgt. Der Werkstoff an der Trennstelle *(oxidiert/wird geätzt)*, und er wird durch den Druck *(der Heizflamme/des Sauerstoffstrahls)* aus der Trennfuge entfernt.

12/2 a) Skizzieren Sie die Untersicht eines Schneidbrennerkopfes, und benennen Sie die Düsenöffnungen nach ihrer Funktion.
     b) Beschreiben Sie, welche unterschiedlichen Aufgaben die aus den Düsen austretenden Gase beim Brennschneidvorgang haben.

12/3 Formulieren Sie einen Merksatz zur Eignung von Metallen zum autogenen Brennschneiden mit Aussagen über:
Entzündungstemperatur, Schmelztemperatur und Wärmeleitfähigkeit von Metallen.

12/4 Ein Produktionsbetrieb möchte das Ablängen von Rohteilen für die Fertigung hochbeanspruchter Werkstücke möglichst durch autogenes Brennschneiden ausführen lassen.
Die Arbeitsvorbereitung ist beauftragt, zu den aufgelisteten Werkstoffen anzugeben, ob diese zum Brennschneiden – unbegrenzt geeignet, – begrenzt geeignet, – nicht geeignet – sind.

Werkstoffe	
1. Einsatzstahl	17 CrNiMo 6
2. Einsatzstahl	20 MnCr 5
3. Vergütungsstahl	C 55
4. Federstahl	60 SiMn 5
5. Unlegierter Baustahl	E 360 (St 70)
6. Warmarbeitsstahl	X 32 CrMoV 3-3
7. Kaltarbeitsstahl	X 40 CrMnMoS 6-8
8. Nicht rostender Stahl	X 6 CrNiMoTi 17-12-2

Ordnen Sie die Werkstoffe in eine Tabelle nach dem nebenstehenden Muster ein.

Geeignet	Begrenzt geeignet (mit Vorwärmen)	Ungeeignet

12/5 Bei der Vorbereitung zur Programmerstellung für vier Brennschneidaufträge sind in der Arbeitsvorbereitung die nachfolgenden Angaben zu ermitteln und in die Arbeitskarte einzutragen:
- die Größe der Brennschneidedüsen,
- der Brennerabstand zum Werkstück,
- eine eventuelle Werkstückvorwärmung.

Übernehmen Sie die Arbeitskarte, und ergänzen Sie die fehlenden Angaben.

Brennschneidmaschine: *CNC*					Gasart: *Acetylen*			
Auftrags-nummer	Werkstoff	Rohteilmaße in mm	Schneid-dicke in mm	Düsen		Brenner-abstand in mm	Vorwärmen	
				Schneid-düse Nr.	Heiz-düse Nr.		Ja	Nein
1	S235 (St37)	520·370·15	15	?	?	?	?	?
2	E295 (St50)	□ 100·185 lg.	100	?	?	?	?	?
3	20 MoCr 4	600·600·160	160	?	?	?	?	?
4	30 CrNiMo 8	1200·480·30	30	?	?	?	?	

12/6 Auf einer CNC-Brennschneidmaschine sollen aus 10 mm dicken Blechtafeln 24 Ronden geschnitten werden. Diese sollen durch Schleifen des Randes auf 615 mm Durchmesser gebracht werden. Als Werkstoff wird S 235 (St 37) verwendet, die Größe der Blechtafeln ist 2 000 x 4 000.

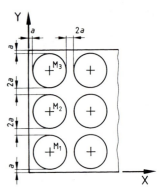

a) Entnehmen Sie den Tabellen des Lehrbuchs die nachfolgenden Einstellwerte für den Brennschnitt:
   – Brennschneiddüsen: Schneiddüsen-Nr. und Heizdüse-Nr.,
   – Brennerabstand zum Werkstück,
   – Heizflammeneinstellung: Acetylendruck und Heizsauerstoffdruck,
   – Schneidsauerstoffdruck,
   – Vorschubgeschwindigkeit.
b) Ermitteln Sie unter Berücksichtigung der Bearbeitungszugabe den Rohdurchmesser der Ronden d_{Roh} und die Schnittfugenbreite b.
c) Berechnen Sie die Brennschnittlänge für 24 Ronden.
d) Berechnen Sie die Schneidzeit für den gesamten Auftrag, wenn der Schnitt gleichzeitig mit drei Brennern ausgeführt wird.
e) Berechnen Sie den Sauerstoff- und Acetylenverbrauch in m^3 für den gesamten Auftrag.

12/7 Beurteilen Sie die abgebildeten Schnittflächen, indem Sie möglichst detailliert die Ursachen der einzelnen Schnittfehler aufzeigen.

①

②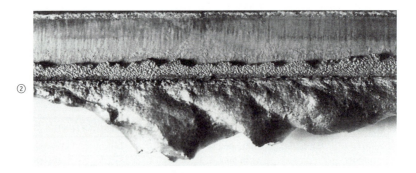

③

12/8 Die nachfolgende Auflistung enthält richtige und falsche Aussagen über die persönliche Schutzausrüstung des Bedieners und die Sicherheit beim Umgang mit der Brennschneidausrüstung.

a) Suchen Sie die richtigen Aussagen heraus.
b) Berichtigen Sie die falschen Aussagen.

1. Der Transport der Gasflaschen zum Brennschneiden darf auf dem Schrottplatz von einem Kran mit Elektromagnetgreifer durchgeführt werden.
2. Bei Brennschneidarbeiten müssen Sicherheitsschuhe getragen werden.
3. Den Schneidbrenner mit gezündeter Heizflamme hängt man vorübergehend am sichersten an die Gasflaschen.
4. Beim Brennschneiden nimmt die Geräuschbelästigung mit zunehmendem Gasdruck zu und macht Gehörschutz erforderlich.
5. Ein stark mit Fett verschmutzter Arbeitsanzug stellt beim Brennschneiden keinerlei Gefahr dar.
6. Ein Arbeitsanzug aus Perlon ist bei Brennschneidarbeiten gut geeignet, weil er Schmutz und Spritzer abweist.
7. Beim Brennschneiden mit einem Handschneidbrenner kann auf das Tragen von Schutzhandschuhen verzichtet werden.
8. Beim Transport von Gasflaschen müssen die Schutzkappen aufgeschraubt sein.
9. Eine Lederschürze, Lederärmel des Arbeitsanzuges und Gamaschen schützen besonders vor umhersprühenden Materialteilchen.
10. Erhöhte Brand- und Explosionsgefahr durch Ansammlung leicht entzündlicher Gasgemische besteht bei Brennschneidarbeiten in Behältern.

Plasmaschneiden

12/9 In der Heimwerkerabteilung eines Kaufhauses hörte ich ein Verkaufsgespräch mit. Der Verkäufer nannte die Vorteile eines angebotenen Plasmaschweißgerätes. Als der Kunde jedoch fragte, ob „die Sache mit dem Plasma so wie beim Schutzgasschweißen" sei, sagte der Verkäufer schnell: „Ja, ja", und ging schnell wieder auf Leistungsdaten ein. Wie würden Sie als Fachmann einem Laien „die Sache mit Plasmastrahl und dem Plasma" erklären?

12/10 Übertragen Sie die Prinzipskizze des Plasmaschneidens. Ordnen Sie der Skizze die unten aufgeführten Begriffe zu.

⊙ Wolframelektrode
⊙ Düse
⊙ Arbeitsgas
⊙ Kühlwasser
⊙ Pilotstromquelle
⊙ Schneidstromquelle
⊙ Plasmastrahl
⊙ Heißgasmantel

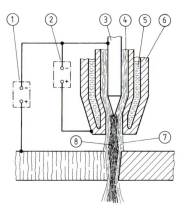

12/11 Sie erhalten den Auftrag, ein Übergangsstück für eine Rohrleitung aus nicht rostendem Stahl (X 6 CrNiTi 18-10) herzustellen.
Die Abwicklung soll mit einer Plasmaschneidanlage von Hand ausgeschnitten werden.

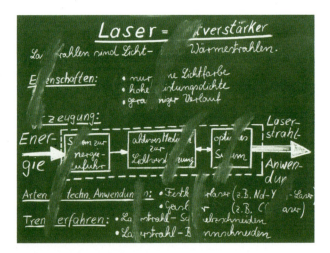

a) Geben Sie für die Verwendung einer Düse mit 1 mm Durchmesser die folgenden Einstellwerte an:
   – Druck des Plasmagases (Druckluft),
   – Stromstärke,
   – Volumenstrom des Plasmagases.

b) Welche Vorschubgeschwindigkeit wird bei der angegebenen Blechdicke etwa zu erreichen sein?
   (*Hinweis:* Die Vorschubgeschwindigkeit nimmt etwa gleichmäßig mit der Blechdicke ab.)

c) Berechnen Sie die Hauptnutzungszeit für das Ausschneiden von 8 Blechen.

12/12 Bei der Arbeit mit Plasmaschneidanlagen ergeben sich für den Bediener Belastungen, die größer sind als beim Schweißen und beim autogenen Brennschneiden.

a) Durch welche Maßnahmen können Sie sich beim Plasmaschneiden schützen
   – gegen herumsprühende, glühende Werkstoffteilchen und
   – gegen abgetrennte Werkstückteile?

b) Durch welche Belastungen werden besonders beim Plasmaschneiden Ihre – Augen und Haut, – Atemwege und Lunge und – die Gehörorgane gefährdet?
   Nennen Sie die erforderlichen Schutzmaßnahmen.

Trennen mit Laserstrahlen

12/13 In einer Unterrichtsstunde zum Thema „Trennen mit Laserstrahlen" wurde an der Tafel eine Zusammenfassung zu Laserstrahlen entwickelt.
Übernehmen Sie das „verwischte Tafelbild" und ergänzen Sie die fehlenden Stellen.

12/14 In unserem Betrieb soll eine Laserstrahl-Brennschneid-Maschine angeschafft werden. Es war auch eine Laserstrahl-Schmelzschneid-Maschine im Gespräch.
Wie würden Sie die Unterschiede in den beiden Verfahren herausstellen? Machen Sie dieses nach dem vorgegebenen Schema tabellarisch.

	Laserstrahl-Schmelzschneiden	Laserstrahl-Brennschneiden
Art des zugeführten Gases	?	?
Aufgabe des zugeführten Gases	?	?
Höhe der Werkstofferwärmung	?	?
Ausgeblasener Stoff	?	?
Trennbare Werkstoffe	?	?

a) Wählen Sie für die dargestellten Teile jeweils ein geeignetes thermisches Trennverfahren aus.

b) Begründen Sie Ihre Wahl, indem Sie die Eignung des Verfahrens bzw. die Vorzüge für die jeweilige Fertigungsaufgabe darlegen.

Ablängen eines Stranggussbarrens	Ausschneiden eines Rohres	Beschneiden von 1 000 Verkleidungsblechen

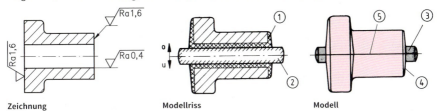

13 Fertigungsverfahren des Urformens

13/1 Nennen Sie drei Gussteile, die Bestandteile eines Motorrads sind. Geben Sie auch das Grundmetall der für die Bauteile verwendeten Legierungen an.

13/2 Nennen Sie zwei Verfahren des Urformens und erklären Sie daran die Wesensmerkmale des Urformens.

Urformen von Metallen durch Gießen

13/3 **a)** Welche Formen bezeichnet man
- als verlorene Formen,
- als Dauerformen?

b) Aus welchen Werkstoffen werden diese Formen hergestellt?

13/4 Vergleichen Sie die Zeichnung, den Modellriss und das Modell eines Werkstücks.

Zeichnung   Modellriss   Modell

a) Welche gießtechnischen Merkmale sind in den Zeichnungen mit Zahlen gekennzeichnet? Schreiben Sie die Merkmale hinter die Zahlen auf Ihr Lösungsblatt.

b) Wodurch werden Hohlräume in einem Gussstück erzeugt?

c) Welche Aufgabe haben die Kernmarken am Modell?

d) Wozu sind Formschrägen an diesem Modell erforderlich?

e) Wie groß ist das Schwindmaß für Gusseisen?

f) Welchen Durchmesser hat das Modell, wenn der Werkstückdurchmesser 250 mm werden soll?

g) Aus welchen Werkstoffen könnte das Modell gefertigt werden, wenn es für mehrere Abgüsse verwendet wird?

13/5 Die Darstellung zeigt den Entwurf für ein Gehäuse, das durch Gießen hergestellt werden soll.
Skizzieren Sie den Entwurf für ein form- und gießgerechtes Modell im Schnitt unter Berücksichtigung folgender Gesichtspunkte:

- Bearbeitungszugabe,
- Formschräge,
- abgerundete Übergänge.

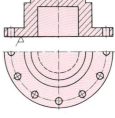

13/6 Beschreiben Sie die Herstellung der Form für den dargestellten Rohrbogen in Sandguss. Ordnen Sie dazu die untenstehenden Aussagen zu einem Fachbericht.

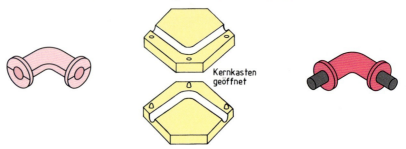

Aussagen:

- Das Unterkastenmodell wird auf den Aufstampfboden gelegt, Formsand in den Kasten gefüllt und der Sand festgestampft.
- Die aufgestampften Formhälften werden getrennt, die Modellhälften werden aus der Form gehoben.
- Lauf und Anschnitt werden hergestellt. Der Kern, der im Kernkasten hergestellt wurde, wird in den Formhohlraum gelegt.
- Das Oberkastenmodell und das Modell für den Einguss werden auf die Unterkastenhälfte aufgesetzt. Der Oberkasten wird aufgesetzt und aufgestampft.
- Oberkasten und Unterkasten werden zusammengelegt und beschwert. Die Form wird abgegossen.
- Der Unterkasten wird gewendet.

13/7 Das Bild zeigt ein Gussstück, wie es der Form entnommen wurde.

a) Bezeichnen Sie die Teile ① bis ②.
b) Welche Nacharbeiten am Gussstück sind noch im Gießereibetrieb nach dem Gießen vorzunehmen?

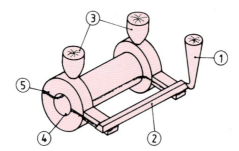

13/8 Schreiben Sie aus der folgenden Aufstellung diejenigen form- und gießtechnischen Maßnahmen heraus, die bei der Verwendung eines Modells aus Styropor im Vollformverfahren entfallen können. Ein Modell aus Styropor bleibt im Vollformverfahren in der Form und vergast beim Gießen.

- Formschräge
- Bearbeitungszugabe
- Schwindmaß
- Formteilung
- Abrundungen

13/9 Worin unterscheiden sich das Maskenform- und das Wachsausschmelzverfahren hinsichtlich:
- des Modellwerkstoffes und der Wiederverwendbarkeit des Modells,
- des Herstellungsverfahrens der Form,
- der Anzahl der gleichzeitig hergestellten Gussteile?

Urformverfahren für Kunststoffe

13/10 Vergleichen Sie in Tabellenform Spritzgießen und Extrudieren hinsichtlich:
- Verfahrensablauf,
- herzustellenden Werkstücken,
- verarbeitbaren Kunststoffen.

13/11 Wie werden Steckdosen aus duroplastischen Kunststoffen gefertigt?

Additiv Fertigen

13/12 Angesichts eines Zeitungsartikels über 3D-Druck schwärmt ein Kollege: „Nun drucken wir alle Ersatzteile selbst. Das ist ganz einfach."
Wie werden Sie dem Kollegen erklären, dass es doch nicht so ganz einfach mit dem Selbstherstellen der Ersatzteile sein wird?

13/13 Wie ist die Form eines Körpers im STL-Format gespeichert?
Was ergibt sich daraus für gekrümmte Flächen und insbesondere für Bohrungen?

13/14 Laden Sie das kostenlose Slice-Programm „Cura 4.4" des niederländischen Druckerherstellers Ultimaker aus dem Internet.

Laden Sie in „Cura 4.4" das auf der Internetseite
„https://www.westermann.de/artikel/978-3-427-55413-4"
erreichbare Werkstück.
Prüfen Sie, in welcher Baulage sich das Werkstück am günstigsten fertigen lässt.

13/15 Vielfach wird die Bezeichnung „Selektives Lasersintern" auch für das Laserschmelzen verwendet. Erklären Sie den Unterschied zwischen beiden Verfahren.

13/16 Im Schmelzschichtverfahren können im gefügten Zustand Bauteile, wie z. B. Scharniere, gedruckt werden.
Beurteilen Sie die voraussichtliche Qualität einer solchen Verbindung.

13/17 Wie hätte das im Beispiel dargestellte Turbinengehäuse gefertigt werden können? (siehe Lehrbuch)
Nennen Sie Alternative und geben Sie die dabei auftretenden Probleme an.

14 Fertigungsverfahren des Umformens

14/1 Etwa 70 % der Stahlproduktion werden zu Halbzeugen umgeformt.
Nennen Sie mindestens zwei Umformverfahren zur Herstellung von U-Profil, Rundmaterial und Sechskantmaterial.

14/2 Mit welchen Umformverfahren werden nahtlose Rohre aus NE-Metallen hergestellt?

14/3 Formulieren Sie einen Merksatz über den Begriff Umformen, der folgende Gesichtspunkte enthält:
Art der Verformung, Werkstoffvolumen und Zusammenhalt der Werkstoffteilchen.

14/4 In einer Zerreißmaschine wird eine Zugprobe durch eine Zugkraft belastet.
Vergleichen Sie die Probenlänge nach Entlastung mit der Ausgangslänge

a) bei einer elastischen Formänderung,
b) bei einer plastischen Formänderung.

14/5 Was geschieht im kristallinen Bereich des Werkstoffes durch Zugkräfte?

a) bei elastischer Formänderung,
b) bei plastischer Formänderung?

14/6 a) Begründen Sie, warum Gummi und Gusseisen zum Umformen nicht geeignet sind.
b) Ordnen Sie folgende Werkstoffe nach ihrer Eignung zum Umformen: Kupfer, S235.
c) In welcher Weise beeinflussen Festigkeit und Dehnbarkeit die Eignung eines Werkstoffes zum Umformen?

14/7 Eine Schiffskurbelwelle soll aus einem Block geschmiedet werden.
Nennen Sie Gründe, warum sie warm umgeformt wird.

14/8 Ein Draht von 4 mm Durchmesser wird durch Kaltziehen auf 3,5 mm Durchmesser gebracht.
Wie ändern sich dabei die Eigenschaften Festigkeit und Dehnbarkeit des Drahtes?

14/9 Warum tritt beim Kaltumformen eine Werkstoffverfestigung ein?

14/10 Schreiben Sie aus der folgenden Aufstellung die Umformvorgänge heraus, bei denen eine Kaltumformung zweckmäßig ist:
– Wickeln einer Zugfeder,   – Walzen eines T-Trägers,
– Schmieden einer Kurbelwelle,   – Biegen eines Kastens aus 1-mm-Blech.
– Ausbeulen eines Autokotflügels,

14/11 a) Was versteht man bei Metallen unter Rekristallisationstemperatur?
b) Aluminium und Stahl werden bei 420 °C umgeformt.
Stellen Sie fest, ob es sich um ein Umformen oberhalb oder unterhalb der Rekristallisationstemperatur handelt.
Welche Auswirkungen hat dies auf das Gefüge?

Biegen von Blechen und Rohren

14/12 Ein Flachmaterial soll rechtwinklig gebogen werden.
Die aufzubringende Kraft beträgt F_1 = 150 N bei einem Hebelarm von 200 mm.

Wie groß ist die Biegekraft, wenn die Hebellänge 375 mm beträgt?

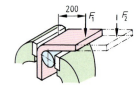

14/13 Skizzieren Sie das gebogene Werkstück ab.
Tragen Sie mit unterschiedlichen Farben in das Werkstück ein

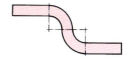

a) den Verlauf der neutralen Faser,
b) den Bereich der Werkstoffstreckung,
c) den Bereich der Werkstoffstauchung.

14/14 Erklären Sie den Begriff der neutralen Faser. Gehen Sie dabei auf Längenänderung und Spannungs-verteilung im Biegeteil ein.

14/15 Ein Vierkantmaterial mit der Kantenlänge l = 40 mm wird rechtwinklig mit dem Biegeradius r = 35 mm gebogen.
Skizzieren Sie das gebogene Teil im Maßstab 1:5, und tragen Sie den Biegeradius ein.

14/16 a) Weshalb darf beim Biegen der Mindestbiegeradius nicht unterschritten werden?
b) Aus welchem Grund kann bei weichen Werkstoffen ein kleinerer Biegeradius gewählt werden als bei harten Werkstoffen?

14/17 Ein Flachmaterial aus Stahl □ 30 x 8 wird

a) flachkantig und
b) hochkantig gebogen.
Welche Mindestbiegeradien sind einzuhalten?

14/18 Beim Biegen von Werkstücken im kalten Zustand tritt immer eine Rückfederung auf.
Welche Art der Formänderung ist die Ursache

a) für die bleibende Formänderung und
b) für die Rückfederung?
c) Wie können Sie ermitteln, welcher Biegewinkel eingehalten werden muss, wenn am Biegeteil der Winkel 90° betragen soll?

14/19 a) Biegen Sie Bleche aus gleichem Werkstoff mit 0,8 mm, 1,0 mm und 2,0 mm Dicke um eine gerundete 90°-Ecke (Radius R3). Ermitteln Sie jeweils den Winkel der Rückfe-derung.
b) Legen Sie ein Diagramm an, in das Sie die Rückfederung in Abhängigkeit von der Blechdicke eintragen.
c) Bestimmen Sie aus Ihrem Diagramm den Rückfederungswinkel für eine Blechdicke von 3 mm.
d) Welchen Winkel müssen Sie etwa biegen, damit ein 2 mm dickes Blech nach der Rück-federung einen Winkel von 90° bei dem vor-gegebenen Biegeradius erhält?

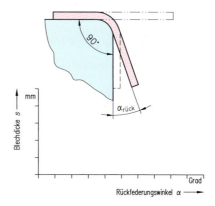

14/20 Berechnen Sie den Verschnitt in % für die folgenden Werkstücke.

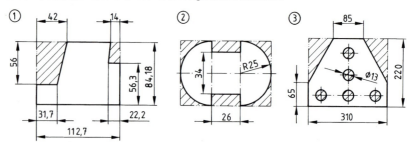

14/21 Aus einer Blechtafel von 1 000 mm x 2 000 mm x 1 mm werden zwei kreisrunde Deckel mit 860 mm Durchmesser geschnitten.
Berechnen Sie den Verschnitt in %.

14/22 Der skizzierte Trichter ist oben und unten offen. Er soll aus 0,5 mm dickem Zinkblech hergestellt werden. Die Kanten werden weichgelötet.

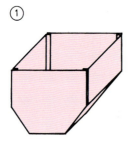

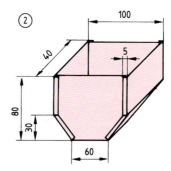

a) Es werden die Lösungen ① und ② vorgeschlagen.
   Entscheiden Sie sich für eine von ihnen, und begründen Sie Ihre Antwort.
b) Berechnen Sie für den gewählten Trichter
   – die Abwicklungsfläche (skizzieren und bemaßen Sie die Abwicklung),
   – den Verschnitt in % für die kleinstmögliche rechteckige Rohteilfläche.
c) Fertigen Sie das Teil entsprechend der Abwicklung aus Zeichenkarton an.

14/23 Mit welchen Hilfsmitteln wird beim freien Biegen von Rohren eine Querschnittsveränderung an der Biegestelle verhindert?

14/24 Weshalb bleibt beim Biegen von Rohren in Biegevorrichtungen der Querschnitt weitgehend erhalten?

14/25 Beim Biegen geschweißter Rohre legt man nach Möglichkeit die Schweißnaht so, dass sie keinen Zug- oder Druckspannungen ausgesetzt ist.
Skizzieren Sie das gebogene Rohr, und zeichnen Sie die Lage der Schweißnaht ein.

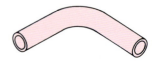

Rohlängen von Biegeteilen

Die Rohlänge von Biegeteilen entspricht ungefähr der Länge der neutralen Faser. Die neutrale Faser verläuft durch den Schwerpunkt des Profilquerschnitts.

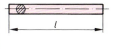 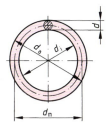 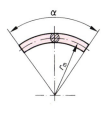

Formelzeichen

l gestreckte Länge
d_m mittlerer Durchmesser
r_m mittlerer Radius
d_a Außendurchmesser
d_i Innendurchmesser

Formeln:

$$d_m = d_a - d \qquad r_m = r_a \frac{d}{2}$$

$$d_m = d_i + d \qquad r_m = r_i + \frac{d}{2}$$

$$l = d_m \cdot \pi$$

$$l = \frac{d_m \cdot \pi \cdot \alpha}{360°}$$

Merke: Zur Ermittlung der gestreckten Länge L wird das Werkstück in einfach zu errechnende Teillängen l_1, l_2, ... zerlegt. Diese Teillängen bestehen meist aus Geraden, Kreisen oder Kreisbögen.

$$L = l_1 + l_2 + ...$$

14/26   Berechnen Sie die fehlenden Werte in den folgenden Aufgaben.

1. Die nachfolgenden Angaben gelten für das Biegen vollständiger Ringe.

			a)	b)	c)	d)	e)	f)
Außen-ø des Ringes	d_a	mm	320	?	800	?	?	600
Innen-ø des Ringes	d_i	mm	?	420	776	?	?	?
Material-ø	d	mm	16	20	?	12	30	8
Mittlerer ø (neutrale Faser)	d_m	mm	?	?	?	520	?	?
Rohlänge (gestreckte Länge)	l	mm	?	?	?	?	2 890,3	?

2. Bestimmen Sie die fehlenden Werte der Tabelle.

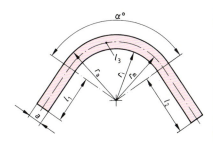

		a)	b)	c)	d)	e)
r_a	mm	250	?	420	?	?
r_i	mm	230	?	?	?	100
α	°	90	135	110	100	?
d_m	mm	?	400	?	280	?
a	mm	?	30	16	12	20
l_1	mm	90	200	120	65	100
l_3	mm	?	?	?	?	182,39
l_2	mm	110	80	50	95	150
$L = l_1 + l_2 + l_3$		?	?	?	?	?

1. Auf welche Länge ist das Rundmaterial zuzu-schneiden?

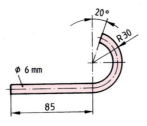

2. Eine Lasche aus Flachstahl 30 x 8 soll gemäß Zeichnung angefertigt werden.

   a) Zeichnen Sie das Teil im Maßstab 1:1, und tragen Sie die Linie für die neutrale Faser ein.
   b) Berechnen Sie die gestreckte Länge des Rohteiles.

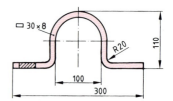

Sicken, Bördeln, Falzen

14/28   Eine Außentür besteht aus einem Metallrahmen mit einseitiger Verkleidung aus 1 mm dickem Blech. Das Blech ist 850 mm breit und 2 000 mm hoch.
Die Verkleidung soll durch Sicken versteift und gefälliger gestaltet werden.
Zeichnen Sie die Verkleidung im Maßstab 1:10, und entwerfen Sie die Gestaltung durch Sicken.

14/29   a) Was versteht man unter Bördeln?
         b) Bestimmen Sie die maximale Bördelhöhe für 1,5 mm dickes Blech.

14/30   a) Schildern Sie Zweck und Herstellung eines ebenen Falzes.
         b) Ermitteln Sie die Blechzugaben für einen Falz, wenn dieser eine Breite von 15 mm haben soll und die Blechdicke 0,8 mm beträgt.

Tiefziehen

14/31   Warum zählt das Tiefziehen zu den Zug-Druck-Umformverfahren, obwohl in der Benennung nur das Ziehen genannt wird?

14/32   Berechnen Sie für die dargestellten Werkstücke die erforderlichen Rondendurchmesser und das jeweilige Zielverhältnis.

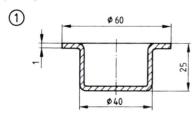

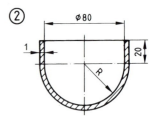

14/33   Ermitteln Sie für folgende Werkstoffe das maximale Ziehverhältnis für den Erstzug und den 1. Weiter-zug ohne Zwischenglühen FE PO3 (St 13), EN CW-CuZn 28 F 28, EN CW-CuNi 12 Zn 24.

14/34 Die dargestellte Rohrkappe aus Kupfer soll durch Tiefziehen hergestellt werden.

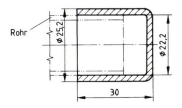

a) Berechnen Sie den Rondendurchmesser.
b) Prüfen Sie, ob die Rohrkappe in einem Zug hergestellt werden kann. Das Ziehverhältnis für den Erstzug soll den Betrag von 2,5 nicht überschreiten.

14/35 Es sollen schalenförmige Verkleidungen aus nicht rostendem Stahl X 8 Cr 17 hergestellt werden.

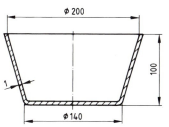

a) Berechnen Sie den Rondendurchmesser.
b) Bestimmen Sie die Zahl der Züge. Prüfen Sie dabei,
ob Zwischenglühen sinnvoll ist.
c) Welcher Schmierstoff ist zu wählen?

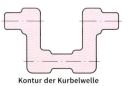

Schmieden

14/36 a) Nennen Sie Werkzeuge bzw. Maschinenteile, welche durch Schmieden ihre Form erhalten.
b) Wie wirken beim Schmieden die Umformkräfte auf das Rohteil?

14/37 Skizzieren Sie die Kurbelwelle zweimal ab.
Das erste Bild soll eine aus dem Vollen gearbeitete Kurbelwelle und
das zweite eine geschmiedete Kurbelwelle darstellen.

a) Zeichnen Sie jeweils den Faserverlauf ein.
b) Welche Vorzüge hinsichtlich Festigkeit und Gefügeaufbau hat die
geschmiedete Kurbelwelle?

Kontur der Kurbelwelle

14/38 Ermitteln Sie aus dem Schaubild „Schmiedetemperaturbereich bei unlegierten Stählen" die Anfangs-
und Endtemperaturen für das Schmieden eines unlegierten Baustahls mit 0,2 % Kohlenstoff und
eines unlegierten Werkzeugstahls mit 0,8 % Kohlenstoff.

14/39 a) Worin besteht der Unterschied zwischen Freiform- und Gesenkschmieden?
b) Für welche Schmiedearbeiten wird heute noch das Freiformschmieden angewandt?

14/40 Wie heißen in der Fachsprache beim Gesenkschmieden

a) die Schmiedeformen und
b) die Hohlräume für die Werkstücke in diesen Formen?

14/41 Welche Eigenschaften muss der Werkstoff für die Gesenke haben, damit das Gesenk beim Schmieden
der hohen Temperatur und der schlagartigen Belastung gewachsen ist?

14/42 Beim Gesenkschmieden muss der Schmiederohling ein größeres Volumen als das Schmiedefertigteil
haben.

a) Wo verbleibt der überschüssige Werkstoff?
b) Was soll durch den überschüssigen Werkstoff erreicht werden?

14/43 Nennen Sie schmiedetechnische Gründe, aus denen Übergangsradien am Werkstück erforderlich
sind.

14/44 Das Gesenkschmieden ist wegen seiner Vorzüge gegenüber dem Freiformschmieden ein Fertigungsverfahren der Massenproduktion. Nennen Sie mindestens drei Vorzüge.

Rohlängenberechnung von Schmiedeteilen

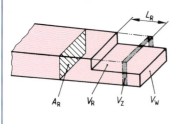

Formeln

$V_R = V_W$ (ohne Verlust)

$V_R = V_W + V_Z$ (mit Verlust) $L_R = \dfrac{V_W + V_Z}{A_R}$

$A_R \cdot L_R = V_W + V_Z$

Formelzeichen

V_W	Volumen des Fertigteils	A_R	Stirnfläche des Rohlings
V_R	Volumen des Rohlings	L_R	Länge des Rohlings
V_Z	Volumenzugabe für Verlust		

14/45   Berechnen Sie für die folgenden Aufgaben die Rohlängen.

1.

	Rohling Form	Maße	wird umgeformt zu Form	Maße in mm	Abbrand	Länge des Rohlings
a)	ø	$d = 25$ mm	Vierkantzapfen	18 x 18 x 60	6 %	$L_R = ?$
b)	ø	$d = 12$ mm	zylindrischer Kopf	ø 20 x 10	5 %	$L_R = ?$
c)	□	$a = 30$ mm	Vierkantzapfen	□ 20 x 100	7 %	$L_R = ?$
d)	□	$a = 27$ mm	zylindrischer Kopf	ø 36 x 25	7 %	$L_R = ?$
e)	□	60 x 20	zylindrischer Zapfen	ø 18 x 120	5 %	$L_R = ?$
f)	ø	$d = 15$ m	Sechskantkopf	SW 24 x 12 hoch	4 %	$L_R = ?$

2. An einen Rundstab mit $d = 25$ mm soll eine kegelförmige Spitze von 72 mm Länge angeschmiedet werden. Der Stab soll mit Spitze 150 mm lang sein.

   a) Ermitteln Sie die Rohlänge des Rundstabes.

   b) Wie lang muss die Rohlänge des Stabes mit 15 % Abbrand sein?

3. Berechnen Sie die Rohlänge L_R für das Werkstück gemäß Zeichnung. Für den Abbrand werden 8 mm zugegeben.

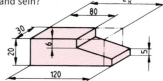

Fließpressen

14/46   Das dargestellte Teil soll durch Kaltfließpressen hergestellt werden.

Berechnen Sie die Dicke des Rohlings, der einen Durchmesser von 34 mm haben soll.

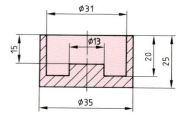

14/47   a) Benennen Sie die Teile ① – ④ des Fließpresswerkzeugs und das Werkstück.

      b) Benennen Sie das Fließpressverfahren nach der Wirkrichtung des Stempels.

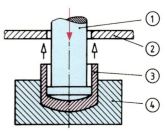

14/48 Entwerfen Sie entsprechend den Darstellungen im Lehrbuch in vereinfachter Form ein Werkzeug zum Fließpressen von Tuben.
Geben Sie auch das gewählte Fließpressverfahren an.

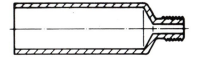

14/49 Worin sehen Sie Unterscheidungsmerkmale zwischen dem Fließpressen und dem Tiefziehen?

14/50 Das Fließpressen dient zur Fertigung dünnwandiger, tiefer Hohlkörper, die kalt umgeformt werden.
a) Welche Eigenschaften muss der umzuformende Werkstoff haben?
b) Nennen Sie Beispiele von Teilen, die durch Fließpressen hergestellt sein könnten.

Richten

14/51 a) Beschreiben Sie das Richten des Flachstabes durch äußere Krafteinwirkung.
b) Wie müssen sich beim Richten die Längen der Fasern verändern?

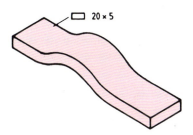

20 × 5

14/52 Große Profile lassen sich oft nur mithilfe der Wärmewirkung richten.
Erklären Sie, weshalb die Wärmekeile an der nach außen gewölbten Werkstückseite aufgebracht werden.
Skizzieren Sie das gekrümmte Profil, und tragen Sie die erforderlichen Wärmekeile ein.

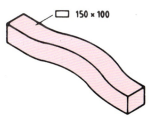

150 × 100

14/53 Die verbogenen Profile sollen durch Wärmewirkung gerichtet werden.
Skizzieren Sie erst die verborgenen Teile. Zeichnen Sie dann die Wärmekeile so ein, dass die Bauteile gerichtet werden.

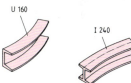

U 160

I 240

15 Fertigungsverfahren des Fügens

Grundbegriffe

15/1 Das Fügen von Bauelementen kann durch verschiedene Hilfsmittel erfolgen.
Zeichnen Sie die nebenstehende Tabelle ab, und ordnen Sie die Fügeverfahren Schrauben, Löten, Aufschrumpfen, Kleben, Nieten, Verstiften, Schweißen und Verkeilen in die Tabelle ein.

Fügen mit formlosem Stoff	Fügen mit Hilfsteilen	Fügen ohne Hilfsteile und ohne Stoffe
?	?	?
?	?	?
?	?	?
?	?	?

15/2   Die gezeichneten Einzelteile eines Hebelsystems werden entsprechend dem Bild gefügt.

    a) Wie nennt man die Fügehilfsteile ①, ②, ③?

    b) Welche Fügeverfahren kommen hier zur Anwendung?

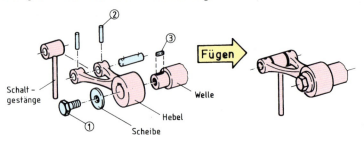

15/3   Übernehmen Sie die folgende Tabelle und geben Sie die Art des Fügens durch Ankreuzen an.

Fügen durch	Kraftschluss	Formschluss	Stoffschluss
Kleben	?	?	?
Schweißen	?	?	?
Löten	?	?	?
Passschrauben	?	?	?
Schrumpfen	?	?	?

15/4   Der Kraftfluss in einer Bohrmaschine erfolgt über folgende Bauteile in der angegebenen Reihenfolge:

    – Riemenscheibe des Motors/Riemen/Riemenscheibe der Bohrspindel,

    – Passfeder zwischen Riemenscheibe und Bohrspindel,

    – Bohrspindel mit kegeliger Hülse/Bohrer mit Kegelschaft.

    Welche Art der Kraftübertragung besteht jeweils zwischen den gefügten Bauteilen?

15/5   Vergleichen Sie die folgenden Kraftübertragungen.

    – Die Fahrradkette überträgt die Muskelkraft auf das Hinterrad.

    – Ein Flachriemen überträgt die Kraft des E-Motors auf die Riemenscheibe einer Kreissäge.

    a) Welche Kraftübertragung ist formschlüssig, welche kraftschlüssig?

    b) Welche Vorteile bietet eine formschlüssige, welche Vorteile bietet eine kraftschlüssige Bewegungsübertragung?

15/6   Die Einzelteile eines Schraubstockes sind

    • *lösbar* oder *unlösbar*,

    • *beweglich* oder *fest* miteinander verbunden.

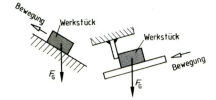

    Ordnen Sie den Verbindungen die obigen Merkmale zu.

    – Mutter und Spindel,   – Knebel und Spindel,   – Werkbank und Schraubstock.

15/7   Nennen Sie je zwei Beispiele aus dem Bereich „Fahrradfahren" für

    a) erwünschte Reibung,   **b)** unerwünschte Reibung.

15/8   **a)** Übertragen Sie die Abbildungen, und tragen Sie die Richtung der Normalkraft und die Richtung der Reibungskraft auf das Werkstück ein.

    b) Bilden Sie einen Merksatz, in dem Sie die Richtung der Normalkraft im Hinblick auf die Berührungsfläche festlegen.

Reibungskraft

Reibungskräfte müssen überwunden werden, wenn Körper aus der Ruhe bewegt bzw. wenn deren Geschwindigkeit beibehalten werden soll. Jede Reibungskraft wirkt der angestrebten Bewegung entgegen.

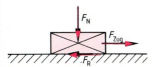

Formel

$$F_R = \mu \cdot F_N$$

Formelzeichen

F_R Reibungskraft
μ Reibungszahl
F_N Normalkraft

Die Größe der Reibungskraft ist von folgenden Einflussgrößen direkt abhängig:
– Normalkraft F_N, sie wirkt senkrecht auf die Gleitebene,
– Werkstoffpaarung der aufeinander gleitenden Flächen,
– Oberflächenbeschaffenheit und Art der Schmierung,
– Art der Reibung (Haftreibung, Gleitreibung, Rollreibung).

Diese Einflussgrößen sind in den entsprechenden Reibungszahlen μ* erfasst.

*(griech. Buchstabe μ, lies: mü)

15/9 Ein Werkzeugschlitten mit der Gewichtskraft von 5 000 N wurde nacheinander mit unterschiedlichen Werkstoffen für die Gleitschienen ausgerüstet und auf einer Gleitbahn aus Stahl horizontal verschoben. Man stellte jeweils folgende Reibungskräfte fest:

Werkzeugschlitten mit Gleitschiene aus

a) Stahl F_{R1} = 750 N,   **b)** Gusseisen F_{R2} = 900 N,   **c)** Bronze F_{R3} = 800 N.

Berechnen Sie jeweils die Reibungszahlen für die Gleitbewegung.

15/10 Eine Stahlplatte hat folgende Maße:
Länge l = 400 mm, Breite b = 250 mm, Höhe h = 50 mm.

a) Welche Gewichtskraft hat die Platte (ϱ_{Stahl} = 7,85 kg/dm³)?
b) Mit welcher Kraft kann die Platte auf einer Anreißplatte aus Stahl verschoben werden?
c) Schiebt man die Platte besser flach oder hochkant, wenn man den Kraftaufwand betrachtet? (Reibungszahlen siehe Lehrbuch)

15/11 Untersuchen Sie Reibungskräfte im Hinblick auf Werkstoffpaarung und Reibungsart.
Übernehmen Sie dazu die folgende Tabelle und füllen Sie diese sinngemäß aus.

Fall	Werkstoff-paarung	Reibungsart	Reibungszahl μ
Bremswirkung einer Scheibenbremse	?	?	?
Kraftübertragung : Riemenscheibe – Riemen	?	?	?
Bremsen mit blockierenden Reifen	?	?	0,8
Kraftübertragung : Reifen – Straße	?	?	?
Sitz eines Kugellagers auf einer Welle	?	?	?
Spannen eines Bohrers im Bohrfutter	?	?	?
Kraftübertragung : Spindel-Bohrer mit kegeligem Schaft	?	?	?

15/12 Die Spannbacke eines geöffneten Schraubstockes soll verstellt werden. Die notwendige Kraft wird am Hebel mit einem Kraftmesser gemessen. Wann zeigt der Kraftmesser einen größeren Betrag an? Begründen Sie Ihre Antwort.

a) Beim Übergang aus dem Ruhezustand in die Bewegung.
b) Während der gleichbleibenden Bewegung.

15/13 Warum soll in einem Gleitlager möglichst immer ein durchgehender Schmierfilm vorhanden sein?

15/14 Ein Werkstücktisch einer Produktionsmaschine läuft auf den Wälzkörpern einer Wälzführung. Der Tisch hat mit aufgespanntem Werkstück die Gewichtskraft von 8 500 N.

a) Welche Reibungskraft F_R ist während der Verstellung des Tisches wirksam, wenn der Hersteller der Wälzführungen die Rollreibungszahl $\mu_r = 0{,}0012$ angibt?

b) Wie groß ist die Reibungskraft, wenn der gleiche Werkstücktisch in geschmierten Gleitführungsbahnen geführt würde bei einer Gleitreibungszahl von $\mu = 0{,}08$?

c) Um wie viel Prozent vergrößert sich die Reibungskraft bei einer Führung mit Gleitreibung gegenüber der Wälzführung?

Fügen mit Gewinden

15/15 Schreiben Sie den folgenden Text ab, und bringen Sie ihn dabei durch die Auswahl der in Klammern stehenden Satzteile in die richtig Form.

Das Schrauben ist ein Fügeverfahren, das zum *(lösbaren/unlösbaren)* Fügen von Bauteilen eingesetzt wird. Dabei erfolgt die Kraftübertragung zwischen den gefügten Teilen *(kraftschlüssig/formschlüssig/ stoffschlüssig)*. Der Zusammenhalt zwischen den Bauteilen wird mit *(Hilfsteilen/formlosem Stoff)* bewirkt.

15/16 Ordnen Sie die folgenden Beispiele von Schraubenverbindungen nach ihrem Einsatz als
• Befestigungsschraube, • Bewegungsschraube, • Schraube mit besonderen Aufgaben.

Übernehmen Sie dazu die folgende Tabelle und vervollständigen Sie diese durch Ankreuzen.

	Befestigungs- schraube	Bewegungs- schraube	Schraube mit besonderen Aufgaben
Gewinde an Fahrradachse	?	?	?
Gewinde einer Messspindel	?	?	?
Gewinde an der Schraubstockspindel	?	?	?
Gewinde an einem Wagenheber	?	?	?
Gewinde an einer Lampenfassung	?	?	?

15/17 Wodurch bringt man in einer Schraubverbindung die notwendigen Kräfte auf?

15/18 In welcher Hinsicht kann man eine Schraubverbindung mit einer Keilverbindung vergleichen?

15/19 Berechnen Sie die Umfangkraft F_u in einer Schraube mit dem Gewinde M 20 (Flankendurchmesser $d_2 = 18{,}38$ mm), die mit einer Handkraft $F = 180$ N angezogen wird. Der wirksame Hebel am Schraubenschlüssel hat eine Länge $l = 300$ mm.

15/20 Untersuchen Sie die Kraftzerlegung am Schrauben-Keil-Modell.
Zeichnen Sie dazu die vorgegebene Abbildung des Keiles ab, und zerlegen Sie zeichnerisch die Umfangskraft F_u in die Normalkraft F_N und die Spannkraft F_v.

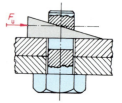

$F_u = 1200$ N

Kräftemaßstab:
1 cm ≙ 1 000 N

15/21 Welchen Einfluss hat der Steigungswinkel des Gewindes auf die Normalkraft und auf die Spannkraft?

15/22 Der Gewindegang einer Schraube ist mit der geneigten Ebene vergleichbar.

    a) Welche Wirkung hat die Hangabtriebskraft im Gewindegang einer Schraubenverbindung?

    b) Welche Wirkung hat die Reibungskraft im Gewindegang einer Schraubenverbindung?

    c) Welche Beziehungen bestehen zwischen Hangabtriebskraft und Normalkraft bei

       • Befestigungsgewinden bzw.   • Bewegungsgewinden ohne Selbsthemmung?

15/23 **a)** Warum benutzt man mehrgängige Gewinde?

    b) Woran erkennt man ein dreigängiges Gewinde?

    c) Ein mehrgängiges Gewinde hat eine Steigung von 11 mm, die Teilung beträgt 2,75 mm. Ermitteln Sie die Zahl der Gänge.

15/24 **a)** In welche Richtung müssen Schrauben in Normalausführung zum Anziehen gedreht werden?

    b) Wie kann man die Gewinderichtung bei Schrauben und Muttern erkennen?

    c) Zu welchem Zweck werden Linksgewinde eingesetzt?

15/25 Die Schleifscheiben auf dem dargestellten Schleifbock sollen gewechselt werden. Die ausgebauten Scheiben sollen später wieder verwendet werden, sie müssen darum sorgfältig ausgebaut werden.

    a) Welche Gangrichtung haben die Gewinde auf jeder Seite?

    b) In welche Drehrichtung muss jeweils gelöst werden?

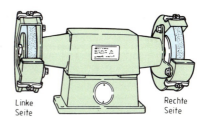

Linke Seite   Rechte Seite

15/26 Warum verwendet man für Befestigungsschrauben Spitzgewinde?

15/27 Wodurch unterscheidet sich das metrische ISO-Regelgewinde vor allem vom Whitworth-Gewinde? Geben Sie die unterschiedlichen Werte an.

15/28 Die nebenstehende Abbildung zeigt den Ausschnitt einer Stückliste.
Welche Aussagen werden über die verschiedenen Gewinde in der Stückliste gemacht?

7	4	Mutter	
8	1	Spindel	M 10 × 0,75
9	1	Spindel	M 12 f
10	3	Gewindebuchse	M 8 × 0,75 – LH
11	2	Schraube	M 12 – LH

15/29 Für ein Rohr ist ein Gewinde G 1/2 vorgesehen. Welche Aussagen werden hiermit gemacht?

15/30 Bestimmen Sie die fehlenden Werte und berechnen Sie die Steigungswinkel.

Gewinde	Steigung	Flanken-ø	Steigungswinkel
M 10	1,5 mm	9,026 mm	?
M 10 × 0,75	?	9,513 mm	?
M 16	2,0 mm	14,701 mm	?
M 16 × 1	?	15,350 mm	?

15/31 **a)** Warum setzt man Trapezgewinde als Bewegungsgewinde ein?

    b) Wann verwendet man Rundgewinde? Begründen Sie Ihre Antwort.

15/32   Untersuchen Sie das vorgegebene Gewindeprofil. Zeichnen Sie dazu das nebenstehende Gewindeprofil ab.

   a) Wie bezeichnet man dieses Gewindeprofil?
   b) Tragen Sie mit einem Kraftpfeil die Hauptbelastungsrichtung ein.
   c) Zu welchem Zweck kann dieses Gewinde eingesetzt werden?

15/33   In einer Zeichnung stehen folgende Maßangaben über Gewinde:

   a) Tr 32 x Ph 12 P 4 m   **b)** M 30-LH   **c)** Rd 16 x $^1/_8$ **d)** S 36 x 6-LH
   Entschlüsseln Sie diese Angaben.

15/34   Zur Befestigung eines Deckels auf einem Gussgehäuse hat ein Konstrukteur zwischen den dargestellten Möglichkeiten A und B zu wählen.

   a) Benennen Sie die beiden Schraubenarten.
   b) Wie sollte sich der Konstrukteur entscheiden? Listen Sie die Vor- und Nachteile beider Verschlussmöglichkeiten für die Herstellung und Montage auf.

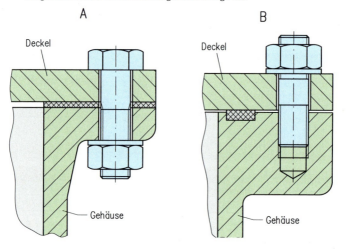

15/35   **a)** Warum findet die Innensechskantschraube im Werkzeugbau bevorzugt Anwendung?
   b) Welchen Vorteil bieten Linsenkopfschrauben mit Kreuzschlitz gegenüber Senkkopfschrauben mit einem Schlitz?

15/36   **a)** Nennen Sie ein Beispiel, bei dem Hutmuttern verwendet werden.
   b) Welche Vorteile hat die Verwendung von Hutmuttern?
   c) Woran erkennt man Muttern mit Linksgewinde?

15/37   Um die Zuverlässigkeit einer Schraubenverbindung zu gewährleisten, wurde die Berechnung der Vorspannkraft durchgeführt. Das Resultat der Berechnung zeigte, dass eine Schraubensicherung konstruktiv erforderlich ist.

   a) Nennen Sie konstruktive Maßnahmen bei der Sicherung der Verbindung gegen Lockern.
   b) Welche Maßnahmen sind bei dynamischer Belastung als Sicherung gegen selbsttätiges Losdrehen denkbar?

15/38   Welche Schraubensicherungen sollten verwendet werden, wenn starke Erschütterungen auftreten?

15/39   **a)** Auf dem Kopf einer Sechskantschraube steht folgendes Kennzeichen: 8.8
            Entschlüsseln Sie diese Angabe.
   b) Auf einer Innensechskantschraube ist folgendes Sinnbild zu finden: ◁
            Nennen Sie die Festigkeitskennzahl, und entschlüsseln Sie diese Angabe.

15/40 Auf zwei Schrauben sind die Kennzahlen 6.6 und 5.8 angegeben.
- **a)** Nennen Sie die Kennwerte der beiden Schraubenwerkstoffe.
- **b)** Bei welcher der beiden Schrauben tritt eher eine bleibende Formänderung bei Überlast ein? Begründen Sie Ihre Antwort.

15/41 Für eine Schraubenverbindung ist ein Schraubenbolzen mit dem Kennzeichen 10.9 vorgesehen. Welche Festigkeitskennzahl sollte die Mutter aufweisen? Begründen Sie die Auswahl.

15/42 Die Befestigungsschraube am Rad eines Pkws hat eine Gewindesteigung $P = 1,25$ mm. Das Anzugsdrehmoment beträgt 150 Nm.
Mit welcher Spannkraft F_v wirkt die Schraube, wenn der Wirkungsgrad 0,1 beträgt?

15/43 Warum sind für Schrauben mit kleinem Durchmesser die Schraubenschlüssel kurz und für Schrauben mit großem Durchmesser die Schraubenschlüssel lang?

15/44 Eine Schraube M 24 (Flankendurchmesser 22,05 mm) wird mit einer Handkraft von 410 N angezogen.

Berechnen Sie die wirksame Schraubenschlüssellänge, wenn die Umfangkraft am Gewindegang 12 kN beträgt.

15/45 Mit welcher Kraft werden die Backen eines Schraubstockes gegeneinander gepresst, wenn folgende Daten gegeben sind?
Handkraft = 180 N, Länge des Knebels 40 cm, Steigung des Gewindes 6 mm, Wirkungsgrad 0,15.

15/46
- **a)** Welche Spannkraft darf eine Schraube aus 5.8 mit M12-Gewinde maximal aufnehmen, wenn 2-fache Sicherheit gegen Erreichen der Streckgrenze verlangt wird?
- **b)** Welche wirksame Schlüssellänge darf höchstens vorliegen, wenn die zulässige Spannkraft durch eine Handkraft von höchstens 250 N erreicht werden soll? Der Wirkungsgrad ist mit 0,12 einzusetzen.

15/47
- **a)** Bei welcher Spannkraft wird bei einer Schraube M 20 aus 5.6 die Zugfestigkeit erreicht und die Schraube zerstört?
- **b)** Bei welcher Handkraft ist dies bei einer wirksamen Schlüssellänge von 300 mm und einem Wirkungsgrad von 0,12 der Fall?

Fügen mit Stiften und Bolzen

15/48
- **a)** Wie werden Stifte nach dem Verwendungszweck unterschieden?
- **b)** Nennen Sie zu jeder Stiftart ein Anwendungsbeispiel.

15/49
- **a)** Wie müssen die Bohrungen für Zylinderstifte vorbereitet werden?
- **b)** Welchen genormten Zylinderstift muss man verwenden, wenn in eine Bohrung ø 5H7 der Stift leicht eingetrieben werden soll?
- **c)** Warum tragen Zylinderstifte mit dem Toleranzfeld m6 für Sacklöcher eine Längsrille oder eine durchgehende Bohrung?

15/50 Warum sind Kegelstifte vor allem als Befestigungsstifte geeignet?

15/51 Ein Hebel soll durch eine Feder in eine bestimmte Lage gestellt werden. Die Feder soll über einen Stift mit dem Gehäuse verbunden werden.
Wählen Sie einen geeigneten Stift aus.

15/52 In einer Druckmaschine soll ein gegossener Schalthebel mit einer Welle verbunden werden. Es wird nur ein geringes Drehmoment übertragen.
Schlagen Sie eine einfach herzustellende und preiswerte Verbindung mit einem Stift vor, die wiederholt gelöst werden kann. Begründen Sie Ihre Antwort.

15/53 An einem Schneidwerkzeug müssen Führungsplatte und Schneidplatte in ihrer Lage gesichert werden.

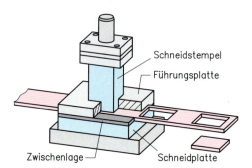

Schneidstempel
Führungsplatte

   a) Wo sind die Stifte zu setzen? Begründen Sie Ihre Antwort.
   b) Wählen Sie eine geeignete Stiftform aus, und geben Sie die Vorbereitungsarbeiten zur Herstellung der Verbindung an.
   c) Schlagen Sie eine Verbindung zwischen Führungsplatte, Zwischenlage und Schneidplatte vor.

Zwischenlage — — Schneidplatte

15/54 a) Skizzieren Sie je einen Zylinderstift, Kegelstift, Kerbstift und Spannstift. Geben Sie jeweils ein typisches Anwendungsbeispiel an.
   b) Welchen Vorteil haben Kerbstiftverbindungen gegenüber Zylinder- oder Kegelstiftverbindungen?
   c) Welche Vorzüge haben Spannstifte gegenüber Kerbstiften?

15/55 Die dargestellte Seilrolle soll durch einen Bolzen in der Halterung befestigt werden.

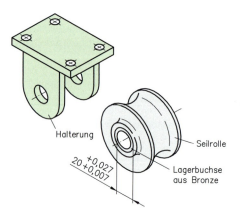

   a) Wählen Sie eine geeignete Bolzenform.
   b) Entnehmen Sie für den Bolzen die Grenzabmaße für Durchmesser 20 h11 dem Tabellenbuch.
      Ermitteln Sie das Höchst- und Mindestspiel.
   c) Machen Sie Vorschläge für die Schmierung der Seilrolle.

Halterung
Seilrolle
$20 \, {}^{+0,027}_{+0,007}$
Lagerbuchse aus Bronze

Fügen mit Passfedern, Keilen und Profilformen

15/56 a) Beschreiben Sie die Art der Kraftübertragung in einer Passfederverbindung mit der Kraftübertragung in einer Keilverbindung.
   b) Begründen Sie, warum eine Passfederverbindung gegenüber einer Keilverbindung Vorteile hat.

15/57 Wie können Passfedern in der Nut zusätzlich gesichert werden?

15/58 Ein Zahnrad eines Schaltgetriebes soll auf der Welle verschoben werden.
Geben Sie eine einfache Konstruktion für eine Verbindung von Nabe und Welle an.

15/59   **a)** Welcher Unterschied besteht beim Lösen einer Einlegekeilverbindung und einer Treibkeilverbindung?

b) Warum können durch Einlegekeile größere Kräfte als durch Hohlkeile übertragen werden?

c) Skizzieren Sie einen Nasenkeil, und erläutern Sie die Aufgabe der Nase.

15/60   **a)** Welchen Einfluss hätte es auf die Konstruktion der Hinterradwelle eines Pkws, wenn statt eines Vielnutprofiles eine Passfederverbindung gewählt wird?

b) Im allgemeinen Maschinenbau wird die Passfederverbindung häufiger eingesetzt als die Verbindung durch Profilformen. Im Automobilbau wird vor allem das Keilwellenprofil eingesetzt. Begründen Sie diese Anwendungshäufigkeit in den einzelnen Branchen.

15/61   Welle und Nabe können auf unterschiedlichste Weise miteinander verbunden werden.

a) Geben Sie je zwei Beispiele für eine kraftschlüssige und eine formschlüssige Wellen-Naben-Verbindung an.

b) Ein Zahnrad soll mit einem zylindrischen Wellenende verbunden werden. Von der Verbindung wird eine hohe Laufgenauigkeit erwartet. Wählen Sie eine entsprechende Wellen-Naben-Verbindung aus und begründen Sie Ihre Auswahl.

c) Ein Zahnrad soll mit einem kegelstumpfförmigen Wellenende verbunden werden. Wählen Sie eine entsprechende Wellen-Naben-Verbindung und skizzieren Sie diese.

Fügen mit Nieten

15/62   Bis zu welchem Durchmesser können Stahlniete kalt genietet werden?

15/63   **a)** Beschreiben Sie, wie eine Warmnietung durchgeführt wird.

b) Welche Vorteile hat die Warmnietung gegenüber der Kaltnietung?

15/64   Durch Warmnietung entsteht eine kraftschlüssige Verbindung.
Wodurch halten in der skizzierten warmgenieteten Verbindung die Bleche zusammen?
Geben Sie eine ausführliche Erläuterung.

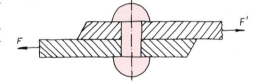

15/65   Wie wird der Nietwerkstoff in einem genieteten Bauteil vorwiegend beansprucht, wenn

a) eine Kaltnietung bzw.

b) eine Warmnietung vorgenommen wurde?

15/66   **a)** Skizzieren Sie mindestens drei verschiedene Nietformen.

b) Nennen Sie dazu jeweils ein Anwendungsbeispiel.

15/67   **a)** Welche Niete bezeichnet man als „Blindniete"?

b) Wie kann bei Blindnieten der Schließkopf gebildet werden?

c) Nennen Sie Arbeitsbereiche, bei denen Blindnieten besonders häufig vorkommen.

15/68   **a)** Nennen Sie jeweils eine technologische und eine mechanische Eigenschaft, die ein Nietwerkstoff haben muss.

b) Welcher Nietwerkstoff sollte möglichst gewählt werden, um elektrochemische Korrosion auszuschließen?

Fügen durch Schweißen

15/69 Übertragen Sie die beiden Merksätze über Schweißen und ergänzen Sie diese durch die zutreffenden Aussagen aus den Klammern.

- Durch Schweißen werden *(gleichartige/völlig verschiedene)* Werkstoffe in *(flüssigem oder plastischem/in festem)* Zustand zu einem gemeinsamen Gefüge vereinigt.
- Schweißen ist ein *(lösbares/unlösbares)* Fügen durch *(Formschluss/Stoffschluss)*.

15/70 Die Schweißverfahren werden nach verschiedenen Gesichtspunkten unterteilt.
Schreiben Sie die Gliederung ab und ergänzen Sie diese durch die folgenden Eintragungen:

- Art der Fertigung,
- Ablauf des Schweißvorganges,
- Art des Energieträgers,
- Kunststoffschweißen, • Metallschweißen,
- Verbindungsschweißen.

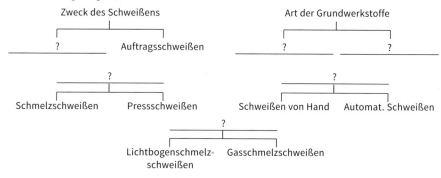

15/71 Die skizzierte Konsole aus 6 mm dicken Blechen aus S 235 soll wie dargestellt geschweißt werden. Sie dient zur Befestigung eines Motors.

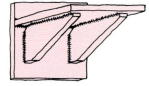

a) Durch welche anderen Fertigungsverfahren könnte eine solche Konsole hergestellt werden? Nennen Sie mindestens eine andere Herstellungsart.
b) Vergleichen Sie diese Herstellung mit dem Arbeitsaufwand für die Schweißkonstruktion.
c) Zeigen Sie anhand des Beispiels Vorteile einer Schweißkonstruktion auf.

15/72 Skizzieren Sie, wie Bleche bei folgenden Schweißstößen zusammentreffen:

- bei einem Stumpfstoß, • bei einem Mehrfachstoß, • bei einem Überlappstoß.

Benennen Sie die Skizzen.

15/73 Skizzieren Sie den Nahtquerschnitt

- einer X-Naht, • einer V-Naht, • einer U-Naht, • einer Doppelkehlnaht.

Schreiben Sie zu jeder Skizze die Benennung und das Sinnbild der Naht.

15/74 Skizzieren Sie die dargestellten Schweißpositionen ab.
Schreiben Sie zu jeder Skizze die normgerechte Bezeichnung der Schweißposition; geben Sie dazu das Kurzzeichen für die Schweißposition an.

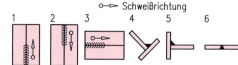

15/75 Für das Dünnblechschweißen war das Gasschmelzschweißen lange Zeit das bevorzugte Schweißverfahren; im Rohrleitungsbau kommt das Verfahren auch heute noch zum Einsatz.
Nennen Sie die Vorzüge dieses Verfahrens für die genannten Einsatzbereiche.

15/76 Neben dem Gasschmelzschweißen kommt gerade im Handwerk auch noch häufiger das Fertigungsverfahren Löten zum Einsatz.
Welcher wesentliche Unterschied besteht zwischen den beiden Verfahren hinsichtlich des Zustandekommens der Verbindung?

15/77 Für die Fertigung steht Sauerstoff in Stahlflaschen zur Verfügung.
a) Übertragen Sie die Tabelle, und geben Sie die verlangten Werte zu den beiden Flaschenarten an.
b) Wie sind Sauerstoffflaschen gekennzeichnet?

	Flaschen-volumen in dm³	Höchster Überdruck in bar	Entnahme-volumen in Liter
Flasche ①	50	?	10 000
Flasche ②	?	300	?

15/78 a) Wie wird Sauerstoff und wie wird Acetylen in Stahlflaschen gespeichert?
b) Begründen Sie kurz, warum Acetylen nicht in gleicher Weise wie Sauerstoff in Stahlflaschen gespeichert werden kann.

15/79 Welche Sauerstoffmenge befindet sich in einer Stahlflasche von 50 dm³ Volumen, wenn das Überdruckanzeigegerät auf 0 bar steht?

15/80 Das zur Acetylenspeicherung verwendete Lösungsmittel darf nicht in die Schweißflamme gelangen. Welche Maßnahmen sind bei der Acetylenentnahme zu beachten, damit das Lösungsmittel in der Stahlflasche verbleibt?

15/81 a) Ordnen Sie unter der Überschrift „Bestandteile des Schweißbrennens" den Kennbuchstaben Ⓐ bis Ⓕ die folgenden Begriffe zu:
– Griffstück,   – Schweißeinsatz,
– Ventile für Brenn-   – Mischrohr,
  gas und Sauerstoff, – Schweißdüse.
– Mischdüse,
b) Erklären Sie, auf welche Art im Injektionsbrenner Brenngas und Sauerstoff miteinander gemischt werden.
c) In welcher Reihenfolge sollen beim Injektionsbrenner das Brenngasventil und das Sauerstoffventil zum Anzünden der Schweißflamme geöffnet werden?

15/82 a) Skizzieren Sie die Schweißflamme nach Vorlage ab; beschriften Sie die Skizze an den angegebenen Stellen mit
– Bereich der vollständigen Verbrennung,
– Bereich der unvollständigen Verbrennung.
b) Markieren Sie durch farbiges Ausmalen die eigentliche Schweißzone innerhalb der Schweißflamme. Geben Sie die Temperatur in der Schweißzone an.

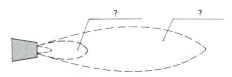

15/83 a) Was versteht man bei einer Schweißflamme unter neutraler Einstellung?
b) Für welche Arbeiten ist Acetylenüberschuss erforderlich?
Wie ist die richtige Einstellung der Flamme in einem solchen Fall zu erkennen?

15/84   Ein geschweißtes Rohr nach DIN 1626 aus S 235 einer Versorgungsleitung soll durch Einsetzen eines Zwischenstückes ausgebessert werden. Der Außendurchmesser des Rohres beträgt 60 mm und die Wanddicke 2,5 mm. Die Reparatur muss an dem waagerecht liegenden Rohr mithilfe des Gasschmelz- schweißverfahrens ausgeführt werden.
Schreiben Sie eine Arbeitsanweisung zur Durchführung der Schweißarbeiten, die folgende Punkte beinhaltet:

– geeignete Nahtvorbereitung,   – Schweißbrennereinsatz,
– Schweißmethode,   – Flammeneinstellung und
– erforderliche Schweißpositionen,   – Arbeitsdrücke für Acetylen
– geeigneter Schweißstab,   und Sauerstoff.

15/85   Zwei Bleche aus 13 CrMo 4-4 sollen durch Gasschmelzschweißen verbunden werden. Die im Betrieb verwendeten Schweißstäbe der Klassen G III, G IV und G V sind nach mehreren Schweißarbeiten durcheinander geraten.

a) Welche Schweißstabklasse benötigen Sie zum Schweißen des 13 CrMo 4-4?
b) Wie finden Sie den erforderlichen Schweißstab aus der Vielzahl der ungeordneten Schweißstäbe heraus?

15/86   Kurt ist Linkshänder und hält den Brenner in der linken Hand. Er soll die skizzierten Bleche verschweißen.
Zeichnen Sie die Bleche ab und zeigen Sie, an welcher Seite er beginnen muss und in welche Richtung geschweißt werden muss.

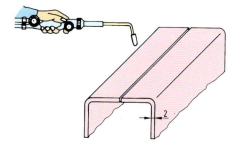

15/87   Schreiben Sie den folgenden Merksatz ab, und ergänzen Sie ihn durch die zutreffenden Aussagen aus den Klammern.
Dünnwandige Werkstücke werden beim Gasschmelzschweißen durch *(Nachlinks-/Nachrechts-)* Schweißen verbunden, dickwandige Werkstücke ab etwa 3 mm werden durch *(Nachlinks-/Nachrechts-)* Schweißen verbunden.

15/88   Übernehmen Sie das Schema, und setzen Sie die fehlenden Begriffe so ein, dass der geschlossene Stromkreis beim Lichtbogenschweißen deutlich wird;
– Klemme, – Massekabel, – Stromschweißkabel, – Elektrode, – Lichtbogen, – Elektrodenhalter.

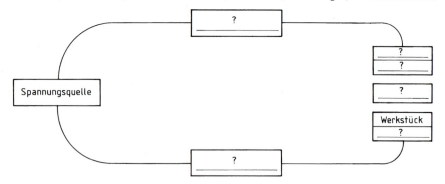

15/89   Erklären Sie die unterschiedliche Eignung von Gleichstrom und Wechselstrom zum Schweißen. Berücksichtigen Sie dabei

- Temperaturen im Lichtbogen,   – Eigenschaften des Lichtbogens,   – Führung des Lichtbogens.

15/90 **a)** Ein Lichtbogen hat bei dem Elektrodenabstand Ⓐ einen Widerstand von 0,2 Ω. Übertragen Sie das Koordinatensystem (Bild ①) und zeichnen Sie für diesen Lichtbogen die Lichtbogenkennlinie im Bereich von 50 A bis 300 A ein.

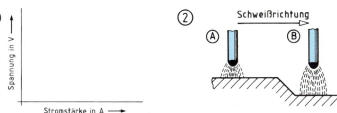

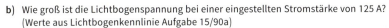

      b) Wie groß ist die Lichtbogenspannung bei einer eingestellten Stromstärke von 125 A? (Werte aus Lichtbogenkennlinie Aufgabe 15/90a)

      c) Wie verschiebt sich die Lichtbogenkennlinie bei Durchführung der in Bild ② gezeigten Schweißarbeit bei dem Elektrodenabstand Ⓑ? Begründen Sie Ihre Antwort.

15/91 **a)** Erläutern Sie kurz den Aufbau und das Prinzip der Schweißstromquelle mit Inverter-Technologie

      b) Ordnen Sie folgende Eigenschaften den Zusatzfunktionen „Arc-Force-Steuerung", „Hot-Start" und „Anti-Stick" zu:

perfektes Zünden, kein Abreißen bei zu kurzem Lichtbogen, verhindert das Ausglühen der Elektrode beim Zünden, Nachregeln der Elektrode, ruhiger und gleichmäßiger Lichtbogen, Lichtbogenlänge wird beinahe konstant gehalten, schnelleres Aufwärmen bei Schweißbeginn.

15/92 **a)** Übernehmen Sie die nebenstehende Darstellung und tragen Sie die folgenden Begriffe ein:

      – Stromquellenkennlinie,
      – Lichtbogenkennlinie,
      – Arbeitspunkt.

      b) Wie verändert sich der Arbeitspunkt bei länger werdendem Lichtbogen (graphisch darstellen)?

      c) Begründen Sie den Einsatz von Stromquellen mit steil fallender Kennlinie für das Lichtbogenhandschweißen und das Wolfram-Schutzgasschweißen.

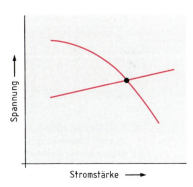

15/93 **a)** Welche Schweißstromquellen-Kennlinie wählen Sie für das MAG-Schweißen aus (Begründung!)?

      b) Weisen Sie die o. g. Begründung durch das Ohmsche Gesetz nach.

15/94 **a)** Warum werden Elektroden mit unterschiedlichen Kernstabdurchmessern benutzt?

      b) Ermitteln Sie die Kernstabdurchmesser für das Lichtbogenhandschweißen von 2 mm, 4 mm und 10 mm Blechen.

      c) Nennen Sie mindestens drei Aufgaben, die die Zusatzwerkstoffe in der Umhüllung von Schweißelektroden erfüllen.

15/95   Welche Auswirkungen hinsichtlich Werkstoffübergang, Spaltüberbrückbarkeit, Nahtaussehen und Einbrandtiefe hat eine abnehmende Umhüllungsdicke?

15/96 Nach der Zusammensetzung der Umhüllung werden vier Umhüllungstypen unterschieden:

a) Nachfolgend sind die Analysen der wichtigsten Umhüllungstypen abgebildet. Ordnen Sie ihnen die Bezeichnungen A, B und R zu.

Bestandteile	%
Fe_3O_4	50
FeMn	20
SiO_2	20
$CaCO_3$	10

Bestandteile	%
CaF_2	45
$CaCO_3$	40
SiO_2	10
FeMn	5

Bestandteile	%
TiO_2	45
SiO_2	20
FeMn	15
Fe_3O_4	10
$CaCO_3$	10

b) Welche besondere Eigenschaft besitzt der Umhüllungstyp C und welcher Einsatzbereich ergibt sich daraus?

15/97 Verschiedene Umhüllungstypen führen zu unterschiedlichen Schweißeigenschaften.

a) Begründen Sie, warum der Umhüllungstyp A (sauer) schlecht für Zwangslagenschweißungen geeignet ist.

b) Welchen Umhüllungstyp wählen Sie aus, wenn eine Schweißverbindung hohe mechanische Gütewerte aufweisen soll?

15/98 Die nachfolgend dargestellten Bauteile sollen durch Schweißen gefügt werden. Wählen Sie geeignete Stabelektrodentypen aus, und begründen Sie Ihre Auswahl.

① Träger   ② Rohr

③ Zugstange

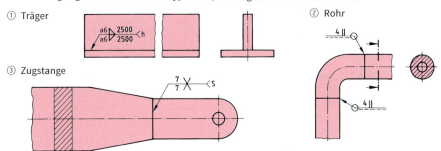

15/99
a) Erklären Sie, warum es beim Lichtbogenschweißen mit Gleichstrom zu einer Blaswirkung kommt.

b) Skizzieren Sie die Abbildung auf Ihr Lösungsblatt. Deuten Sie an, an welcher Stelle Sie die Kabelklemme befestigen. Begründen Sie Ihre Entscheidung.

c) Das Schweißgut für die Kehlnaht soll vor allem hohe mechanische Gütewerte gewährleisten. Folgende Stabelektroden stehen zur Auswahl:
- E 46 4 B 42 H5,   • E 38 0 RC 11,   • E 42 2 RB 12.

Entschlüsseln Sie zunächst die drei Bezeichnungen nach DIN ISO 2560-A und wählen Sie anschließend für das Schweißen eine geeignete Stabelektrode aus.

15/100 Beim Schutzgasschweißen können Lichtbogen und Schweißstelle durch verschiedene Gasarten geschützt werden.

Wie unterscheidet sich die Gruppe der inerten Gase von den aktiven Gasen hinsichtlich
- ihrer Zusammensetzung und
- des Verhaltens auf die Schweißstelle?

15/101 Vergleichen Sie die Schutzgasschweißver-
fahren.
Übertragen Sie dazu die Tabelle und ergänzen Sie diese durch Ankreuzen der zutreffenden Art des Schutzgases und der Elektrode.

	Schutzgas		Elektrode	
	inert	aktiv	nicht ab-schmelzend	abschmel-zend
MIG	?	?	?	?
MAG	?	?	?	?
WIG	?	?	?	?

15/102 Die folgenden Darstellungen zeigen drei
Metall-Schutzgasschweißgeräte mit verschiedenen
Drahtfördersystemen.

a) Ordnen Sie den Geräten die Begriffe
– Kleinspulengerät, – Universalgerät und
– Kabinengerät zu.
b) Was befindet sich im Innern des Schlauchpaketes?
c) Begründen Sie die unterschiedlichen Längen der
Schlauchpakete.

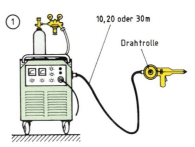

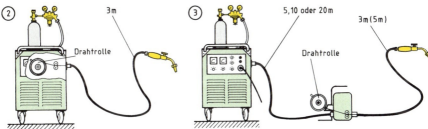

15/103 Beim Metall-Schutzgasschweißen wird meist die innere Regelung der Lichtbogenlänge mit nahezu
konstanter Stromquellenkennlinie vorgenommen.
Bei der inneren Regelung (ΔI-Regelung) bewirkt eine Stromänderung eine Beeinflussung der
Abschmelzleistung.
Beschreiben Sie mithilfe des dargestellten Schaltschemas und der Kennliniendarstellung die Regel-
vorgänge bei der inneren Regelung, wenn der Lichtbogen länger wird.

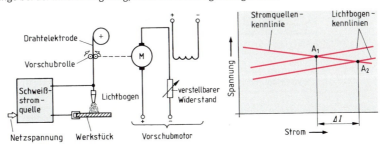

15/104 Zum Metall-Schutzgasschweißen werden u. A. auch Gleichrichter und Impuls-Schweißstromquellen
eingesetzt.

a) Stellen Sie für beide Schweißstromquellen den Stromverlauf über der Zeit dar.
b) Erläutern Sie die Auswirkung des Stromverlaufes auf den Tropfenübergang.
c) Wodurch lässt sich die Abschmelzleistung beim Schweißen mit einer Impuls-Schweißstrom-
quelle vergrößern?

15/105 Die folgende Abbildung zeigt einen Verpackungsaufkleber von Drahtelektroden zum Metall-Schutzgasschweißen.

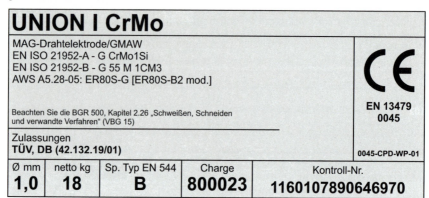

a) Wie lauten die Firmenbenennung und die Normbenennung des Schweißzusatztyps?
b) Entschlüsseln Sie die Normbenennung des Schweißzusatztyps?
c) Ordnen Sie dieser Drahtelektrode einen zu verschweißenden Grundwerkstoff zu.
d) Mit welchem Schutzgas wird die Drahtelektrode verschweißt?
e) Was bedeutet das Symbol „CE"?
f) Welche Werkstückdicken können mit dieser Drahtelektrode geschweißt werden?

15/106 Beim Metall-Schutzgasschweißen unterscheidet man:
– inerte Gase,   – aktive Gase   und   – Mischgase.

a) Welche allgemeinen Aufgaben haben Schutzgase?
b) Wodurch unterscheiden sich inerte und aktive Gase?
c) Ordnen Sie folgende Schutzgase den drei Schutzgasarten zu:
   – Schutzgas 92 % Argon und 8 % Kohlendioxid;
   – Schutzgas 30 % Argon und 70 % Helium;
   – Schutzgas 99,996 % Argon;
   – Schutzgas 99,5 % CO_2.

15/107 Zeichnen Sie folgendes Schema ab. Wählen Sie für die angegebenen Werkstoffe geeignete Schutzgase aus. Tragen Sie diese in das Schema ein und geben Sie das jeweilige Schweißverfahren an.

Werkstoff	Schutzgas	Gruppe	Schweißverfahren
13 CrMo 4-5	?	?	?
S235	?	?	?
X 20 CrMoV 12-1	?	?	?
EN AW-AlMg 3	?	?	?
15 Mo 3	?	?	?
E295	?	?	?
X 5 CrNi 18-9	?	?	?
EN CW-CuSn 6	?	?	?

15/108 In die Rohrböden von Wärmetauschern aus chemisch beständigem Chrom-Nickel-Stahl sollen Rohre eingeschweißt werden.
Begründen Sie für diese Aufgabe den Einsatz des WIG-Verfahrens.

15/109 **a)** Welche Schweißstromquelle würden Sie zum WIG-Schweißen von Stahl bzw. Aluminium einsetzen?

b) In unserer Schweißerei erzählte mir ein Schweißer, dass er für das Schweißen von Aluminiumblechen eine Schweißstromquelle einsetzt, die Wechselstrom (Transformator) abgibt. Erklären Sie warum? *(Hinweis:* Aluminium besitzt eine hochschmelzende Oxidschicht.)

15/110 Eine Verpackung für WIG-Schweißstäbe weist u. a. die folgenden Informationen aus:

- Schweißstab Wst.-Nr.: 1.4316
- Abmessung in mm: 2,4 x 1000
- Stromart: $\boxed{=\ -}$
- EN ISO 14343-A: W 19 9 L
- Gewicht: 10 kg
- Schutzgas: I1

a) Für welche Stahlsorten wird dieser Schweißstab eingesetzt (vgl. Hersteller-Datenblatt, z. B. Böhler).

b) Welche beiden Informationen entnehmen Sie dem Symbol hinter „Stromart"?

c) Mit welchem Schutzgas lässt sich dieser Schweißstab verarbeiten?

15/111 An eine Rohrleitung aus warmfestem Stahl 13 CrMo 4-5 soll ein aufgesetzter Stutzen mit dem WIG-Verfahren angeschweißt werden.

a) Entschlüsseln Sie den Kurznamen des zu verschweißenden Stahles.

b) Das Schweißen des 13 CrMo 4-5 erfolgt mit artgleichem Schweißzusatzwerkstoff. Wählen Sie aus der nachfolgenden Tabelle den geeigneten Schweißstab aus, und geben Sie den Kurznamen an.
(Hinweis: Im Kurzzeichen werden Legierungsanteile in abgerundeten Zahlen angegeben.)

Legierungskurzzeichen für Schweißstäbe gemäß DIN EN ISO 21952-A sowie die Richtanalyse des Schweißstabs (Herstellerangabe)

Legierungs-kurzbezeichnung	Chemische Zusammensetzung in %				
	C	Si	Mn	Cr	Mo
W MoSi	0,10	0,60	1,10	–	0,50
W CrMo1Si	0,10	0,60	0,60	1,20	0,50
W CrMo2Si	0,05	0,60	1,00	2,70	1,00
W CrMo5Si	0,07	0,50	0,50	5,70	0,60

15/112 Sie sollen am Bodenblech eines Kessels eine Reparaturschweißung durchführen. Die Betriebstemperatur liegt bei ca. 480 °C. Der Grundwerkstoff ist ein warmfester Stahl (10 CrMo 9-10), der auch bei höheren Temperaturen nur geringfügig an Festigkeit verliert.

a) Wählen Sie anhand der nachstehenden Diagramme den Gasdüsendurchmesser und den Argonverbrauch für eine Werkstückdicke von 2,5 mm aus.

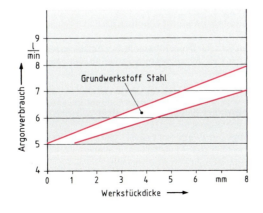

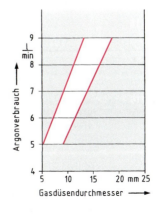

b) In Ihrer Firma befinden sich Inverter, Gleichrichter und Transformatoren zum Schweißen. Welche Schweißstromquelle wählen Sie für diesen Auftrag aus?

c) Machen Sie zur Schweißstromquelle folgende Angaben:
- Schweißstromart,
- Polung,
- Stromquellenkennlinie,
- Stromstärke.

d) Suchen Sie einen geeigneten Schweißstabwerkstoff aus. (Siehe Tabelle in Aufgabe 15/111).

e) Wählen Sie für eine große Standzeit eine geeignete Elektrode aus, und geben Sie die Kurzbezeichnung an.

f) Aus werkstoffspezifischen Gründen ist beim Schweißen des 10 CrCo 9-10 einiges zu beachten. Schreiben Sie den nachfolgenden Text ab, und ordnen Sie folgende Begriffe ein:

Vorwärmtemperatur, Chrom, höheren, Vorwärmen, langsam, Aufhärtung, Molybdän.

Ein Stahl ist warmfest, wenn er auch bei .....?..... Temperaturen noch eine ausreichende Festigkeit besitzt. Diese Eigenschaft wird durch Zulegieren von z. B. .....?..... und .....?..... erreicht. Nachteilig ist jedoch die Neigung warmfester Stähle zur .....?......
Zur Vermeidung der Aufhärtung durch das Schweißen und nachfolgender Abkühlung sind folgende Maßnahmen einzuhalten:
- .....?..... des Werkstückes zum Heften und Schweißen auf ca. 300 °C,
- die .....?..... ist während der gesamten Schweißzeit einzuhalten.
- das Werkstück ist nach dem Schweißen .....?..... abzukühlen.

15/113 **a)** Durch welches Wärmebehandlungsverfahren kann ein durch Schweißen verändertes Stahlgefüge in der Schweißzone wieder in ein einheitliches und feinkörniges Gefüge überführt werden?

b) Wie verhalten sich Metalle hinsichtlich ihres Volumens
– beim Erwärmen,   – beim Abkühlen?

c) Wie verzieht sich das geschweißte Werkstück nach dem vollständigen Abkühlen?

Naht noch glühend

15/114 **a)** Wie unterscheiden sich beim Metallschweißen die Schweißfehler: – Poren und – Bindefehler?

b) Welche Schweißnahtfehler zeigen die Darstellungen A und B?

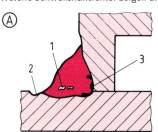

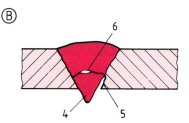

15/115 **a)** Beim Gasschmelzschweißen wurden Schweißstäbe benutzt, die durch längere Lagerung in einem feuchten Raum korrodiert sind.
Mit welchem Schweißnahtfehler ist beim Einsatz dieser Schweißstäbe zu rechnen?

b) Durch welche Prüfverfahren lässt sich der auftretende Fehler an den geschweißten Bauteilen nachweisen?

15/116 **a)** Zwei Bleche wurden mit dem Lichtbogenhandschweißverfahren verbunden (Position „fallend"). Bei der Durchstrahlungsprüfung wurden Bindefehler festgestellt.
Geben Sie die wahrscheinliche Fehlerursache an.

b) Rohre mit einer Wandstärke von 5 mm wurden mit einer 1 mm dicken Drahtelektrode im MAG-Verfahren verschweißt. Der Schweißer stellte eine Schutzgasmenge von 14 l/min ein.
Begründen Sie, warum in der Schweißnaht Poren entstanden.

15/117 Die Wurzellage einer V-Naht ist, wie nebenstehend dargestellt, MAG-geschweißt.

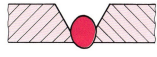

a) Welcher Schweißnahtfehler kann beim Schweißen der nachfolgenden Lage (Zwischen- oder Decklage) auftreten?

b) Welche Maßnahme muss der Schweißer vor dem Schweißen der folgenden Lage durchführen, um den Fehler zu vermeiden?

15/118 Nennen Sie einen Schweißnahtfehler, der ausschließlich beim WIG-Schweißen auftreten kann.

a) Wodurch entsteht dieser Schweißnahtfehler?

b) Wie wirkt sich dieser Fehler unter Belastung des Bauteiles aus?

15/119 Schweißaufgaben digital unterstützt durchführen

a) Eine Schweißanweisung (WPS) ist z. B. bei abnahmepflichtigen Bauteilen die Grundlage für die Einstellungen der Schweißparameter. Mit den in der WPS eingetragenen Parametern stellt der Fachmann die Schweißmaschine ein.
Beschreiben Sie den Unterschied zur digitalisierten Vorgehensweise.

b) Welche Voraussetzung für die Nutzung einer dWPS muss die Schweißmaschine erfüllen?

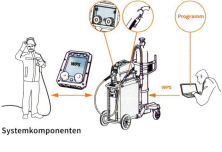

Systemkomponenten

c) Welche Schweißparameter sind z. B. beim MAG-Schweißen für die hohe und gleichbleibende Qualität der Schweißnähte verantwortlich?

d) Hersteller dieser Systeme bezeichnen die Stromquellen auch als „intelligente Systeme". Auf welche zusätzlichen Möglichkeiten im Schweißmanagement zielt diese Bezeichnung ab?

15/120 Die Arbeitsschutzvorschriften verlangen vom Schweißer das Tragen einer „*Persönlichen Schutzausrüstung (PSA)*".

a) Nach dem „STOP-Prinzip" sind aber auch weitere Schutzmaßnahmen erforderlich.
Nennen Sie für die Buchstaben „S, T und O" jeweils eine mögliche Maßnahme, die im Bereich der Schweißtechnik zur Anwendung kommen könnte.

b) Welche sichtbaren Maßnahmen hat der MAG-Schweißer auf der nebenstehenden Darstellung im Bereich der PSA durchgeführt?

c) Neben der unter b) genannten PSA trägt der Schweißer auch Schutzschuhe.
Welche spezielle Bedeutung haben die Schutzschuhe für den Lichtbogenschweißer?

15/121 Für Schweißarbeiten in dem nebenstehenden Kastenträger aus Stahl steht Ihnen ein Schweißgerät zur Verfügung, bei dem die Kennzeichnung $\boxed{\text{S}}$ fehlt.

a) Was bedeutet das Fehlen des Kennzeichens für die anstehenden Schweißarbeiten?

b) Ein „enger Raum" ist laut Berufsgenossenschaft ein Raum mit
- einem Luftvolumen von ca. 100 m³,
- einer Abmessung unter 2 m.

Das trifft für den Kastenträger zu.
Beschreiben Sie, warum in diesem Fall durch den elektrischen Strom eine Gefährdung ausgeht.

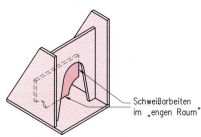

Schweißarbeiten im „engen Raum"

Kastenträger aus Stahl

Gehen Sie dabei von der Wirkung des Stroms auf den menschlichen Körper aus.

c) Welche weiteren Maßnahmen würden Sie in Kenntnis der Wirkung des elektrischen Stroms ergreifen?

15/122 Aus 4 mm dicken PVC-Platten soll die skizzierte Abdeckung durch Zuschnitt, Biegen und Verschweißen hergestellt werden. Erstellen Sie einen Vorschlag zur Fertigung.

a) Skizzieren und bemaßen Sie die Einzelteile, die gefertigt werden müssen.

b) Beschreiben Sie die Schweißnahtvorbereitung.

c) Welche Schweißtemperatur ist einzustellen?

d) Geben Sie die Reihenfolge der Schweißungen an.

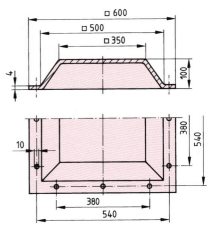

15/123 Zum Einbau von Messgeräten wird vom Betriebslabor ein PVC-Gehäuse gewünscht. Es wird der folgende Auftrag in die Werkstatt gegeben.

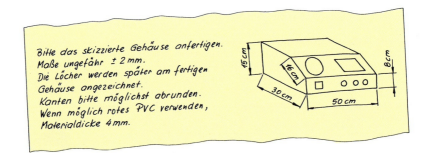

Bitte das skizzierte Gehäuse anfertigen.
Maße ungefähr ± 2 mm.
Die Löcher werden später am fertigen Gehäuse angezeichnet.
Kanten bitte möglichst abrunden.
Wenn möglich rotes PVC verwenden,
Materialdicke 4 mm.

a) Zeichnen Sie eine Abwicklung, nach der ein Gehäuse gebaut werden kann, das möglichst weitgehend den Wünschen des Labors entgegenkommt. Das Gehäuse erhält keinen Boden. Es sollen möglichst wenig Kanten geschweißt werden.

b) Beschreiben Sie in Stichworten den Ablauf der Fertigung. Geben Sie dort, wo es möglich ist, Daten an.

15/124 Bei Instandsetzungsarbeiten müssen zwei PE-Rohre (80 mm Durchmesser, 5 mm Wanddicke) verschweißt werden. Es steht ein Rohrschweißgerät entsprechend der Abbildung im Lehrbuch zur Verfügung.
Erstellen Sie einen Plan über die Arbeitsschritte.

15/125 Zwei Polyethylen-Rohre sollen miteinander verschweißt werden.

a) Beschreiben Sie die Schweißnahtvorbereitung.

b) Geben Sie die Schweißtemperatur an.

c) Berechnen Sie die Schweißkraft.

d) Schildern Sie den Schweißvorgang.

e) Ermitteln Sie die Abkühlzeit.

f) Welche Fehler können Ursache von ungenügender Bindung an der Fügestelle sein?

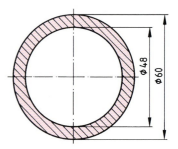

Fügen durch Löten

15/126 Vergleichen Sie Löten und Schweißen im Hinblick auf folgende Gesichtspunkte:
- Temperatur an der Fügestelle,
- Art von Grundwerkstoff und Zusatzwerkstoff,
- Kraftübertragung in der Fügestelle.

15/127 Welche besonderen Vorteile haben Lötverbindungen gegenüber Schweißverbindungen?

15/128 Wie entsteht beim Löten an den Grenzen zwischen Lot und Grundwerkstoff der Zusammenhang?

15/129 a) Wie werden die Werkstückoberflächen an der Lötstelle zum Löten vorbereitet?
b) Welche Aufgaben haben Flussmittel beim Lötvorgang?

15/130 Wie wird das Lot bei folgenden Beispielen an die Lötstelle gebracht:
- Verlöten von Kabelenden,
- Verlöten einer überlappenden Eckverbindung,
- Einlöten eines Kupferrohrs in einen Flansch,
- Einlöten eines Widerstands in eine Leiterplatte?

15/131 Warum soll der Spalt zwischen den Bauteilen an der Lötstelle möglichst eng sein?
Geben Sie die günstige Breite an.

15/132 a) Wovon ist die niedrigste und höchste Löttemperatur abhängig?
b) Wie ist die Arbeitstemperatur beim Löten festgelegt worden?
c) Warum muss nach dem Fließen des Lotes in der Lötstelle die Löttemperatur ungefähr 1 min lang beibehalten werden?

15/133 a) Wie unterscheidet man die Lötverfahren nach der Höhe der Arbeitstemperatur?
b) Worauf ist bei der Auswahl eines Flussmittels für einen Lötvorgang besonders zu achten?

15/134 a) Warum verwendet man beim Weichlöten als Lötkolbenwerkstoff Kupfer?
b) Warum kann man mit einem Lötkolben keine Hartlötungen durchführen?

15/135 Zwei Rohre sollen gelötet werden.
Untersuchen Sie die vorgelegten Vorschläge zur Gestaltung der Verbindung im Hinblick auf löttechnische Probleme und mögliche Kraftübertragung.

A   B   C   D

15/136 a) Entschlüsseln Sie die Zusammensetzung folgender Lote:
S-Pb50Sn50;   S-Sn60Pb38Cu2;   AG 207;   Cu 301;   NI 105.
b) Ordnen Sie die oben aufgeführten Lote den Lötverfahren zu.
- Weichlöten,   - Hartlöten und   - Hochtemperaturlöten zu.
c) Finden Sie heraus, zu welchen Werkstoffen und zu welchem Anwendungsbereich der Einsatz der Lote geeignet ist.

15/137 Welche Gesichtspunkte sind bei der Auswahl eines Flussmittels von Bedeutung?

15/138 Eine Zinkblechwanne zum Auffangen von Kondenswasser ist in einer Biegekante angerissen.
Die Reparatur soll durch Weichlöten erfolgen.
Stellen Sie einen Arbeitsplan auf, und geben Sie die erforderlichen Hilfsmittel an.

15/139 Ein Kupferrohr soll in einer Düse enden. Die Düse aus Messing soll durch Drehen hergestellt werden. Düse und Rohr sollen durch Weichlöten verbunden werden.
Zur Gestaltung der Verbindung werden folgende Vorschläge gemacht:

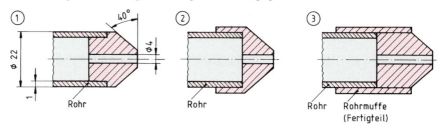

a) Entscheiden Sie sich für einen der Vorschläge, und begründen Sie Ihre Entscheidung.

b) Zeichnen und bemaßen Sie die Düse entsprechend Ihrem Vorschlag. Es sind nur der Durchmesser der Bohrung mit 4 mm und die Abschrägung mit 40° verbindlich. Die übrigen Maße müssen Sie selbst bestimmen.

c) Wählen Sie Lot und Flussmittel aus.

Einstecktiefen für Kupferrohre beim Löten

Außen-ø in mm	Einstecktiefe in mm
12	7
15	8
18	9
22	11
28	13

Fügen durch Kleben

15/140 Welche Vorteile hat das Kleben gegenüber dem Löten hinsichtlich
– der Fügetemperatur,
– der Werkstoffe der zu fügenden Bauelemente,
– der elektrischen Eigenschaft der Klebestelle,
– der Spannungsverteilung gegenüber genieteten Verbindungen?

15/141 Warum wird in der Luft- und Raumfahrtindustrie das Metallkleben besonders häufig eingesetzt?

15/142 Die Festigkeit einer Klebeverbindung ist von zwei unterschiedlichen Kräften abhängig, die in dem Schemabild mit ① und ② gekennzeichnet sind.

a) Wie heißen die Kräfte ① und ②?

b) Beschreiben Sie diese physikalischen Größen.

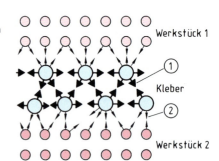

15/143 Warum dürfen beim Kleben keine Fett- oder Schmutzteilchen an der Klebestelle sein?

15/144 Warum sollen in einer Klebeverbindung möglichst nur Scherspannungen auftreten?

15/145 In Klebeverbindungen sollen möglichst nur Scherspannungen auftreten.
Durch welche konstruktiven Maßnahmen erreicht man eine günstige Gestaltung von Klebeverbindungen für folgende Klebeprobleme:

① Treibriemen

(Treibriemen ist zu lang)

② Rohrverbindungen

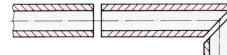

③ Blechverbindungen für Schaltkästen

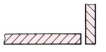

(Bleche sind zugeschnitten)

15/146 Zwei Platten aus Stahl sollen durch verschiedene Fügeverfahren gefügt werden.
Zeichnen Sie die Tabelle ab und füllen Sie diese aus.

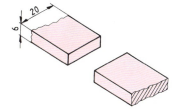

	Fügen durch Schweißen	Fügen durch Löten	Fügen durch Kleben	Fügen durch Schrauben	Fügen durch Nieten
Gestaltung der Fügestelle (Skizze für je ein Beispiel)	?	?	?	?	?
Fügeverfahren (Lösbarkeit)	?	?	?	?	?
Art der Kraftübertragung (Schluss)	?	?	?	?	?
Verzug der Bauelemente (stark, gering, nicht vorhanden)	?	?	?	?	?
Mögliche Betriebstemperatur über bzw. unter 200 °C oder 700 °C	?	?	?	?	?

15/147 Nach welchen Abbindemechanismen können Klebstoffe erhärten?

15/148 Bestimmen Sie für folgende Beispiele die Abbindemechanismen der Kleber:
a) Ein Fahrradschlauch wird mithilfe von Gummilösung geflickt.
b) Holz-, Metall-, Glasteile werden mit „Alleskleber" einseitig bestrichen, Klebeteile angedrückt und evtl. nachkorrigiert.
c) Mit einer Klebepistole wird ein Klebestift geschmolzen. Der Kleber wird auf die Fügestelle eines Stuhlbeins aufgetragen und dann einige Minuten mit dem Stuhl in der richtigen Lage zusammengefügt.
d) Ein Metallgriff wird auf eine Glasplatte geklebt. Dazu wird der pastenförmige Binder mit Härter-Pulver verrührt. Das Kunststoffgemisch wird auf beide Klebeflächen dünn aufgetragen. Die Teile werden ohne Druck zusammengefügt und ca. 15 min fixiert.

16   Arbeitssicherheit und Unfallschutz

16/1   Auf einer Flasche mit einem Entfettungsmittel sind die
dargestellten Warnzeichen aufgebracht.

    a) Was ist über diesen Stoff auszusagen?
    b) Was ist beim Gebrauch zu beachten?

16/2   Nennen Sie Betriebsbereiche, in denen das nebenstehende Verbotszeichen angebracht sein muss.

16/3   **a)** Geben Sie bei folgenden Sicherheitszeichen an, ob es sich um – Verbotszeichen, – Warnzeichen,
       – Gebotszeichen handelt.

    b) Geben Sie bei jedem Sicherheitskennzeichen die Bedeutung an.

16/4   Auf Dosen für Lösungsmittel und für Kle-   **1**   **2**   **3**
ber können Sie die dargestellten Warnhin-
weise finden.

    a) Erklären Sie die Bedeutung dieser
        Warnhinweise.
    b) Welche Vorsichtsmaßnahmen müssen
        Sie beim Gebrauch einhalten?

Warnzeichen

16/5   Ein Facharbeiter bzw. eine Facharbeiterin beobachtet, wie ein Hobbyhandwerker mit einem Meißel
arbeitet, der einen Bart am Meißelkopf hat.
    a) Welchen Ratschlag wird der Fachmann geben, damit das Unfallrisiko verringert wird?
    b) Auf welche Gefährdungen beim Meißeln muss man noch achten?

16/6   In welchem Augenblick besteht beim Bohren die größte Gefahr, dass das Werkstück mitgerissen
wird? Welche Gefährdung besteht in diesem Fall bei nicht fachgerechter Handhabung?

16/7   „Spannschlüssel und Austreibkeile gehören grundsätzlich an die Kette, damit sie nicht ‚verklüngelt‘
werden", sagt ein älterer Mechaniker.
Was halten Sie davon?

16/8   Beim Drehen einer Welle hatte der Zerspanungsmechaniker den Endschalter zur Vorschubbegren-
zung richtig eingestellt. Nach einigen Verstellarbeiten von Hand fuhr dennoch plötzlich der Support
in das Dreibackenfutter.
Welcher Fehler ist wahrscheinlich gemacht worden?

16/9   An einer Drehmaschine hat der dort tätige Mechaniker versehentlich die NOT-AUS-Taste gedrückt.
    a) Wie ist der Ablauf zur erneuten Inbetriebnahme?
    b) Warum kann man nicht durch erneutes Drücken der NOT-AUS-Taste die Maschine wieder in
        Betrieb setzen?

16/10 An einer Schleifmaschine ist das Zeichen für „Augenschutz tragen" angebracht. Darf der Träger einer normalen Brille ohne weitere Schutzmaßnahmen hier arbeiten? Begründen Sie Ihre Antwort.

16/11 An einer sehr lauten Maschine trägt der Maschinenbediener keinen Gehörschutz. Er begründet dies damit, dass er so die Maschine akustisch besser überwachen könne, und zudem schade der Lärm auch nicht. Äußern Sie sich zu dieser Einstellung.

16/12 Auf einer Schleifscheibe steht „... v_{max} = 25 m/s ...". Darf die Schleifscheibe von 400 mm Durchmesser auf einem Schleifbock mit n = 3 000 1/min betrieben werden?

16/13 Wie schleifen Sie eine Reißnadel am Schleifstein an, um Unfallgefahren auszuschließen?

16/14 Welche Sicherheitsregeln sind beim Wechseln einer Schleifscheibe zu beachten?

16/15 „Wegen der paar Spritzer beim E-Schweißen ziehe ich mir doch keine Schweißhandschuhe an", verkündet ein Auszubildender oder eine Auszubildende furchtlos. Welchen Gefahren setzt er sich aus?

16/16 Begründen Sie folgende Sicherheitsregeln zum Gasschmelzschweißen:
– nur aus stehenden Acetylenflaschen Gas entnehmen,
– angeschlossene Brenner nie in Behältern liegen lassen.

16/17 a) Welcher Druck darf bei Acetylen nicht überschritten werden?
b) Wie kann eine Acetylenzersetzung in der Flasche festgestellt werden?
c) Wie muss eine Acetylenflasche behandelt werden, wenn sie durch Acetylenzerfall mehr als handwarm geworden ist?
d) Wodurch wird die Erstickungsgefahr beim Gasschmelzschweißen in engen Räumen hervorgerufen?
e) Warum darf Sauerstoff nicht zum Belüften von Räumen oder zum Ausblasen der Kleidung verwendet werden?
f) Warum soll das Flaschenventil der Sauerstoffflasche langsam geöffnet werden?

16/18 Nennen Sie zwei Gefahren beim Umgang mit Kühlschmierstoffen.

16/19 a) Geben Sie fünf Möglichkeiten an, wie das Gesundheitsrisiko beim Umgang mit Kühlschmierstoffen gemindert werden kann.
b) Ein Kollege bekommt einen Kühlschmiermittelspritzer ins Auge. Welche Maßnahmen ergreifen Sie?

16/20 Beim Bohren eines Blechstreifens löst sich die Aufspannung und der Auszubildende wird durch das herumschleudernde Blech an der linken Hand verletzt. Schildern Sie die Sofortmaßnahmen, die Sie als erste Hilfe vornehmen.

17 Umweltschutz

17/1 In Ihrem Betrieb hat sich eine beachtliche Menge unbrauchbarer Schmier- und Kühlschmiermittel angesammelt. Ihr Kollege macht den Vorschlag, die gefüllten Fässer bei der nächsten Mülldeponie abzugeben. Was antworten Sie Ihrem Kollegen?

17/2 a) Welche Belastungen der Umwelt treten durch den Gebrauch von Autos auf?
b) Welche Möglichkeiten sehen Sie, die Umweltbelastung durch das Auto zu verringern?

1 Eigenschaften der Werkstoffe

Physikalische Eigenschaften

1/1 Ein Werkstück mit einer Masse $m = 0{,}54$ kg hat ein Volumen $V = 0{,}2$ dm³.

    a) Berechnen Sie die Dichte ϱ des Werkstoffes.

    b) Welcher metallische Werkstoff liegt vor?

1/2 Ein Stahlprofil an einem Lkw ist 1,2 m lang und hat den folgenden Querschnitt. Es wird durch ein Aluminiumprofil ersetzt, das wegen der geringeren Festigkeit des Aluminiums einen größeren Querschnitt hat.

    a) Welche Masse hat das Stahlprofil?

    b) Welche Masse hat das Aluminiumprofil?

    c) Wie viel % der Masse wird durch das Aluminiumprofil eingespart?

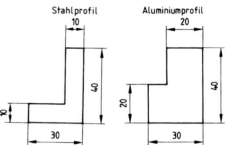

1/3 Aus Rundstahl, 50 mm Durchmesser, sollen Wägestücke von 500 g Masse abgeschnitten werden. Welche Länge muss jeder Abschnitt haben?

1/4 **a)** Ermitteln Sie die Zugfestigkeit eines Kupferdrahtes. Gehen Sie dabei wie folgt vor:

      – Befestigen Sie den Kupferdraht (0,5 mm bis 1 mm Durchmesser) an einem Ende.

      – Befestigen Sie an dem anderen Ende einen Federkraftmesser.

      – Dehnen Sie den Draht bis zum Bruch. Lesen Sie die größte Kraft am Federkraftmesser ab, und berechnen Sie die Zugfestigkeit.

    b) Wie könnte man vorgehen, wenn der Kraftbereich des Federkraftmessers nicht ausreicht, um den Draht zu zerreißen? Machen Sie dazu Vorschläge.

1/5 Ein Stab aus Kupfer hat einen Querschnitt von 4 mm². Er reißt bei einer Zugkraft von 400 N. Ein Stab aus Aluminium hat einen Querschnitt von 5 mm². Er reißt bei einer Zugkraft von 480 N. Welcher Stab hat die höhere Festigkeit?

1/6 Zeichnen Sie eine Tabelle nach dargestelltem Schema:

    a) Ordnen Sie folgende Werkstoffe in diese Tabelle richtig ein: Gummi, Plastilin, Beton, Blei, Federstahl, Porzellan, Leder.

    b) Suchen Sie noch je ein weiteres Beispiel, und ordnen Sie es ein.

elastisch	plastisch	spröde
?	?	?

1/7 In einer Kiste liegen gehärtete und ungehärtete Stahlbolzen. Sie sind äußerlich nicht zu unterscheiden.

Wie kann man auf einfache Weise die Bolzen sortieren?

1/8 Ein Bimetall besteht aus zwei verschiedenen Metallstreifen, die fest miteinander verbunden sind. Beide Metalle haben sehr unterschiedliche Wärmedehnung, sodass sich der Streifen bei Erwärmung verbiegt.

Einem Auszubildenden kam die Idee, eine Zigarettenablage am Aschenbecher mit einem Bimetall so zu gestalten, dass eine vergessene und bis zum Ende glühende Zigarette nicht auf die Tischdecke fällt, sondern automatisch in den Ascher geschoben wird.

Machen Sie einen Vorschlag zur Verwirklichung der Idee, und geben Sie mögliche Werkstoffe für das Bimetall an.

1/9   Ein Holzgriff und ein Griff aus Stahl haben die gleiche Temperatur von –10 °C. Trotzdem „fühlt sich der Holzgriff nicht so kalt an".
Erklären Sie dies.

1/10   In Rohren von Heizkesseln und Durchlauferhitzern lagert sich häufig im Inneren ein Belag aus Kesselstein ab.
Welche wirtschaftlichen und betriebstechnischen Auswirkungen hat diese Ablagerung?

1/11   Im Unterricht wird folgender Versuch gezeigt:
Vier Blechstreifen mit gleichen Abmessungen aus unterschiedlichen Werkstoffen sind in der Mitte zusammengenietet. Am Ende eines jeden Bleches steht ein Streichholz mit dem Kopf nach unten.
In welcher Reihenfolge werden die Streichhölzer zünden, wenn in der Mitte erwärmt wird?

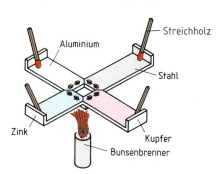

Chemische Eigenschaften

1/12   Schreiben Sie jeweils die nachfolgenden Sätze ab, und tragen Sie die Werkstoffe ein, aus denen die angegebenen Bauteile gefertigt werden.
     a)   Dachrinnen und Fallrohre sollen witterungsbeständig sein, darum fertigt man sie aus ___?___ .
     b)   Waschlaugen greifen z. B. Baustahl und Zink an und zerstören sie. Darum fertigt man die Trommeln von Waschmaschinen aus ___?___ .
     c)   Wasserrohre aus Stahl werden durch eine Metallschicht geschützt. Diese Schicht ist aus ___?___ .

1/13   Einem Kollegen ist ein Quecksilberthermometer zerbrochen. Er sammelt die Scherben auf. Die kleinen Kügelchen vom Quecksilber lässt er in den Fußbodenritzen verschwinden. „So kann sie keiner mehr berühren und sich daran vergiften", sagt er.
Äußern Sie sich dazu.

Technologische Eigenschaften

1/14   In einem Lexikon steht über Gusseisen:

„Gusseisen hat eine Dichte von $\varrho = 7{,}2$ kg/dm^3 und lässt sich gut in Formen vergießen. Sein Schmelzpunkt liegt bei etwa 1 200 °C. Gusseisen ist spröde und schlecht schweißbar. Gegenüber vielen Stahlsorten ist Gusseisen korrosionsbeständiger und leichter spanend zu bearbeiten."
Schreiben Sie auf, welche technologischen Eigenschaften des Gusseisens in diesem Bericht erwähnt werden.

1/15   Welche physikalischen, chemischen und technologischen Eigenschaften fordert man von einem Werkstoff für die Felgen eines Rennrades?

Projektaufgabe zum Prüfen von Werkstoffeigenschaften

1/16   Untersuchen Sie die drei folgenden verschiedenen Werkstoffe hinsichtlich ihrer Eigenschaften. Verwenden Sie dazu Draht beziehungsweise Schnur aus folgendem Werkstoff:
     –   **Unlegierter Stahl** (Bindedraht) ca. 0,6 mm Durchmesser,
     –   **Kupferdraht** (Spulendraht) ca. 0,6 mm Durchmesser,
     –   **Polyamid** (Angelschnur) ca. 0,6 mm Durchmesser.

     1.   **Ermittlung der Dichte**
         a)   Bestimmen Sie mit einer Waage die Masse von jeweils 5 m Draht bzw. Schnur.
         b)   Berechnen Sie das jeweilige Volumen dieser 5 m.
         c)   Berechnen Sie die Dichte der verschiedenen Werkstoffe aus der Masse und dem Volumen.

d) Geben Sie alle Daten in einer Tabelle nach folgendem Muster an.

Werkstoff	Probe				Dichte
	Durchmesser mm	Länge m	Gewicht g	Volumen mm³	g/cm³
Stahl	?	?	?	?	?
Kupfer	?	?	?	?	?
Polyamid	?	?	?	?	?

e) Vergleichen Sie Ihre Ergebnisse mit Werten aus einem Tabellenbuch. Äußern Sie sich zu Abweichungen.

2. Ermittlung der Zugfestigkeit

a) Belasten Sie über eine Federwaage jeweils eine ca. 300 mm lange Probe. Lesen Sie die Kraft im Augenblick des Zerreißens ab.

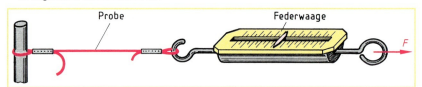

b) Bestimmen Sie die Zugfestigkeit. Geben Sie alle Daten tabellarisch an.

Werkstoff	Probe			Zugfestigkeit
	Durchmesser mm	Querschnitt mm²	höchste Zugkraft N	N/mm²
Stahl	?	?	?	?
Kupfer	?	?	?	?
Polyamid	?	?	?	?

3. Untersuchung des elastischen Verhaltens

Die verschiedenen Werkstoffe sind elastisch. Die Beträge, um welche die Werkstoffe durch Zugkraft elastisch verlängert werden können, sind jedoch klein und mit einfachen Mitteln schwer messbar. Darum können Sie das elastische Verhalten nur ungefähr beobachten.

a) Ziehen Sie jeweils eine 4 m lange Probe ein wenig länger, und beobachten Sie die Längenänderung beim Entlasten.

b) Berichten Sie über Ihre Beobachtung.

4. Ermittlung der Bruchdehnung

Die Bruchdehnung ist ein Kennwert für das plastische Verhalten eines Werkstoffes.

a) Ziehen Sie jeweils eine 4 m lange Probe so lang, bis sie zerreißt.

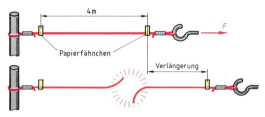

b) Berechnen Sie, um wie viel Prozent sich der Werkstoff gegenüber der Anfangslänge plastisch verlängert hat. Geben Sie alle Daten tabellarisch an:

Werkstoff	Probe		Bruchdehnung
	Anfangslänge mm	Verlängerung mm	%
Stahl	?	?	?
Kupfer	?	?	?
Polyamid	?	?	?

5. **Beurteilung der Wärmeleitfähigkeit**

   a) Halten Sie zwei ca. 40 mm lange Drahtstücke aus Stahl und Kupfer gleichzeitig in eine Flamme. Prüfen Sie, welcher Draht zuerst heiß wird.

   b) Beurteilen Sie die Wärmeleitfähigkeit der Proben.

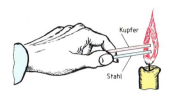

6. **Prüfung der Beständigkeit gegen Säuren, Basen und Lösungsmittel[1]**

   Die Prüfung der Korrosionsbeständigkeit geschieht mit stark ätzenden Säuren und Basen. Es können sich dabei giftige Dämpfe entwickeln. Führen Sie deshalb diese Versuche nur nach entsprechender Einweisung in den Umgang mit diesen Stoffen aus.

   a) Legen Sie jeweils eine gut entfettete Probe von ca. 150 mm Länge in Reagenzgläser, die jeweils zur Hälfte mit Salzsäure, Salpetersäure, Natronlauge oder Aceton gefüllt sind.

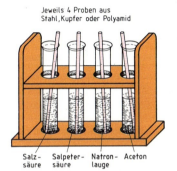

Jeweils 4 Proben aus Stahl, Kupfer oder Polyamid

Salz- Salpeter- Natron- Aceton
säure säure lauge

 Aceton ist feuergefährlich.

 Salpetersäure, Salzsäure und Natronlauge sind ätzend.

 Bei Reaktionen mit Salpetersäure können giftige Dämpfe auftreten.

   b) Schreiben Sie Ihre Beobachtungen tabellarisch auf.

Werkstoff	Verhalten gegen			
	Salzsäure	Salpetersäure	Natronlauge	Aceton
Stahl	?	?	?	
Kupfer	?	?	?	
Polyamid	?	?	?	

[1] **Achtung:** Dieser Teil des Versuchs sollte nur dann durchgeführt werden, wenn eine sachgerechte Einweisung und eine ordnungsgemäße Entsorgung durch einen Fachlehrer gewährleistet sind.

2 Aufbau metallischer Werkstoffe

Chemische Elemente

2/1 Zeichnen Sie das nebenstehende Schema ab, und ordnen Sie die Elemente in das Schema ein. In der Klammer nach dem chemischen Element steht die zugehörige Dichte in kg/dm^3.
Eisen (7,86), Schwefel (2,06), Kohlenstoff (2,25), Magnesium (1,74), Vanadium (5,96), Phosphor (1,82), Zink (7,13), Zinn (7,30), Blei (11,35), Aluminium (2,70), Kupfer (8,93), Titan (4,50).

Elemente

Metalle — Nichtmetalle

Leichtmetalle — Schwermetalle

Leichtmetalle	Schwermetalle	Nichtmetalle
?	?	?
?	?	?

2/2 Schreiben Sie die Namen folgender chemischer Elemente ab, und tragen Sie hinter jeden Namen das chemische Symbol ein.
Wasserstoff, Kupfer, Zinn, Zink, Schwefel, Kohlenstoff, Eisen, Blei, Stickstoff, Mangan, Magnesium, Sauerstoff, Chrom.

2/3 Metallische Werkstoffe werden durch Kurzzeichen erfasst. Im Kurzzeichen der Werkstoffe stehen unter anderem die chemischen Symbole der Elemente, die der Werkstoff enthält.
Schreiben Sie die Kurzzeichen ab, und bestimmen Sie die Namen der chemischen Elemente, die in diesen metallischen Werkstoffen enthalten sind:

– C45   – NiCu14FeMo   – CuAl12Ni5
– MgAl6Zn   – 16MnCr4   – CuZn40Pb2

2/4 Zeichnen Sie folgendes Schema ab, und füllen Sie es vollständig aus.

	Name des Atombausteins	elektrische Ladung	Massevergleich
Atomkern	?	?	?
	?	?	?
Elektronenhülle	?	?	?

2/5 Wodurch unterscheiden sich die Atome zweier verschiedener Elemente in ihrem Aufbau?

2/6 In der Tabelle „Atomaufbau der Elemente 1 bis 18" im Lehrbuch stehen links die metallischen Elemente, z. B. Natrium, Magnesium, Aluminium.
Auf der rechten Seite dieser Tabelle stehen die nichtmetallischen Elemente, z. B. Sauerstoff, Schwefel, Fluor, Chlor.
a) Welche Gemeinsamkeit in der Atomhülle haben die metallischen Elemente?
b) Welche Gemeinsamkeit in der Atomhülle haben die nichtmetallischen Elemente?

Aufbau von reinen Metallen

2/7 Ein Stück Aluminium besteht aus vielen Aluminiumionen.
Wie werden diese Aluminiumionen zusammengehalten?

2/8 Ein Kochsalzkristall (chemische Formel: NaCl) besteht aus positiv geladenen Natriumionen ⊕ und negativ geladenen Chlorionen ⊖.
Wie wird sich dieser Kristall im Gegensatz zu einem Metallkristall verhalten, wenn man die Schichten um einen Atomabstand gegeneinander zu verschieben versucht?

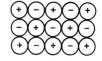

2/9 Metalle werden als elektrische Leiter, z. B. in Elektrokabeln, verwendet.
Warum leiten Metalle den elektrischen Strom?

2/10 Wie verhalten sich die kleinsten Teilchen eines Metallstückes

a) beim Erwärmen des Metallstückes,
b) beim Aufschmelzen des Metallstückes,
c) in der Metallschmelze?

2/11 Um den Erstarrungspunkt von Kupfer zu ermitteln, wurden in einem Versuch nebenstehende Werte ermittelt.

Zeit in min	0	5	15	30	40	45	60
Temperatur °C	1 300	1 190	1 083	1 083	1 083	1 020	860

a) Stellen Sie aus den gegebenen Messwerten ein Diagramm auf, in dem die waagerechte Achse die Zeit in Minuten und die senkrechte Achse die Temperatur von 900 bis 1 400 °C enthält. Zeichnen Sie einen Kurvenzug.
b) Bestimmen Sie aus dem Diagramm die Erstarrungstemperatur von Kupfer.

2/12 Die Abbildung stellt ein stark vergrößertes Schema eines Gefügebildes dar.

    a) Skizzieren Sie das Gefügebild so ab, dass lediglich die Korngrenzen gezeichnet werden.

    b) Beschreiben Sie, unter Berücksichtigung des Erstarrungsvorganges, die Begriffe Korn und Korngrenze.

2/13 Stahlteile werden feuerverzinkt, indem man sie nach der Reinigung in flüssiges Zink eintaucht. Man sieht dann oft auf der Oberfläche ein interessantes Muster.

Wie ist dieses Muster aus der Erstarrung der Zinkschicht zu erklären?

2/14 Rundmaterial aus Messing soll grobkorngeglüht werden.

    a) Welche Eigenschaft soll damit verbessert werden?

    b) Welche Eigenschaft wird mit Sicherheit verschlechtert?

2/15 Zeichnen Sie die Tabelle ab, und ordnen Sie die aufgeführten Metalle nach ihrer Um-formbarkeit in die Tabelle ein:

zufriedenstellend umformbar	gut umformbar	sehr gut umformbar
?	?	?

Chrom	Magnesium	Zink	Eisen (erwärmt)	Aluminium	Kupfer
(krz)	(hex)	(hex)	(kfz)	(kfz)	(kfz)

2/16 In einem Metall sind die Metallionen gemäß der nebenstehenden Zeichnung angeordnet.

Fertigen Sie eine Skizze entsprechend der Vorlage an, und geben Sie den Gittertyp an.

Verbinden Sie zur besseren Übersicht die Mitte eines Ions mit den Mitten seiner Nachbarionen.

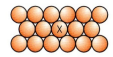

Draufsicht auf den Kristall

Legierungen

2/17 Warum legiert man Werkstoffe?

2/18 Wie nennt man folgende Legierungen:

    a) Eine Legierung, die aus etwa 99 % Eisen und 1 % Kohlenstoff besteht.

    b) Eine Legierung, die aus etwa 97 % Eisen und 3 % Kohlenstoff besteht.

    c) Eine Legierung, die aus etwa 65 % Kupfer und 35 % Zink besteht.

2/19 Übernehmen Sie das Schema und ergänzen Sie die vorgegebenen Lücken.

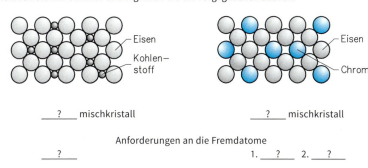

____?____ mischkristall   ____?____ mischkristall

Anforderungen an die Fremdatome

____?____   1. ___?___ 2. ___?___

2/20   Welche Eigenschaften haben Legierungen mit Mischkristallen?

2/21   Das Diagramm zeigt die Aufheizkurve einer Kupfer-Nickel-Legierung mit 50 % Nickel. Übernehmen Sie das Diagramm, und tragen Sie die Worte
– Ende des Schmelzvorganges,
– Beginn des Schmelzvorganges
richtig in das Diagramm ein.

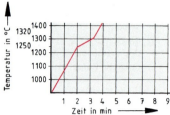

2/22   Es sind nebeneinander Abkühlungskurven ermittelt worden.

a) Übernehmen Sie diese Kurven, und zeichnen Sie das dazugehörige Zustandsdiagramm.

b) Beschriften Sie die einzelnen Felder des Diagramms.

c) Bestimmen Sie für eine Legierung mit 40 % Ni den Beginn und das Ende der Erstarrung.

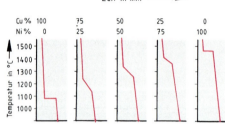

2/23   Die Darstellung stellt ein Gefügebild von Gusseisen mit Lamellengraphit dar.

a) Skizzieren Sie das Gefügebild ab, und beschriften Sie die Gefügebestandteile.

b) Erklären Sie, warum es sich um ein Kristallgemenge handelt.

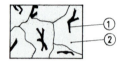

2/24   Gusseisen eignet sich gut als Werkstoff für Gleitlager, für Führungsbahnen sowie für Kolbenringe in Kraftfahrzeugmotoren. Erklären Sie dies anhand des Gefüges.

2/25   Die Abbildung zeigt schematisch ein Gefügebild einer Messingsorte, die sich sehr gut auf Zerspanungsautomaten bearbeiten lässt. Man nennt sie Automatenmessing. Automatenmessing enthält unter anderem 2 % Blei.

a) Skizzieren Sie das Gefügebild ab, und kennzeichnen Sie den Gefügeanteil Blei.

b) Welche Bedeutung hat das Zulegieren von Blei im Automatenmessing?

2/26   Von den Blei-Zinn-Legierungen hat die eutektische Legierung die Zusammensetzung von 62 % Zinn und 38 % Blei. Im Folgenden ist eine Legierung mit 60 % Blei und 40 % Zinn zu untersuchen.

a) Welcher Bestandteil ist in dieser Legierung gegenüber der eutektischen Legierung im Überschuss?

b) Welcher Bestandteil der Legierung beginnt zuerst zu erstarren?

c) Zeichnen Sie die vorgegebene Abkühlungskurve dieser Legierung ab, und beschriften Sie die angegebenen Stellen.

d) Beschreiben Sie den Erstarrungsvorgang dieser Legierung. Die Erstarrung beginnt bei 250 °C und endet bei 184 °C.

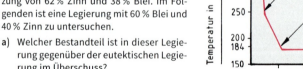

2/27 Legierungen aus Aluminium und Silizium bilden Kristallgemenge. Unter diesen Al-Si-Legierungen weist die
Legierung mit 11,7 % Si ein besonders feines Kristallgemenge auf.

EN AC-AlSi 12
veredeltes Gefüge

    a) Wie nennt man dieses besonders feine Kristallge-
    menge?
    b) Welche Eigenschaften hinsichtlich
       – Abkühlungsverhalten,   – Erstarrungsverlauf,   – Erstarrungstemperatur
    hat diese Legierung?

2/28 Es liegt eine Legierung mit Kristallgemenge vor.

    a) Woran erkennt man im Schliffbild, dass ein Kristallgemenge vorliegt?
    b) Woran erkennt man im Schliffbild, dass eine nicht eutektische Legierung vorliegt?

2/29 Bei einer Untersuchung von Blei-Zinn-Legierungen wurden folgende Abkühlungskurven aufgenommen:

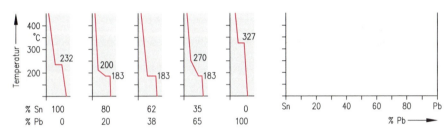

    a) Übernehmen Sie diese Abkühlungskurven, und zeichnen Sie das zugehörige Zustandsdiagramm
    mit allen Beschriftungen.
    b) Beim Löten in der Elektro- und Elektronikindustrie benötigt man möglichst niedrig schmelzende
    Lote, die schnell erstarren.
    Welche Pb-Sn-Legierung empfehlen Sie nach dem Zustandsdiagramm?
    c) Zum Löten von Kabelmänteln benötigt man Lote, die sich im breiigen Zustand „schmieren" las-
    sen. Zwischen Beginn und Ende der Erstarrung soll ein Temperaturunterschied von 70 °C liegen.
    Welche Zusammensetzung muss das Lot haben?

3   Eisen und Stahl

Roheisen- und Stahlerzeugung

3/1 Die Metallgewinnung erfolgt in Stufen.

    a) Nennen Sie die Stufen der Metallgewinnung.
    b) Geben Sie die Aufgaben jeder Stufe an.

3/2 Das in Schweden geförderte Eisenerz Magneteisenstein enthält etwa 70 % Fe_3O_4.

    a) Wie viel Tonnen Fe_3O_4 sind in 5 000 t Magneteisenstein enthalten?
    b) Wie viel Tonnen reines Eisen kann man daraus gewinnen, wenn die chemische Verbindung Fe_3O_4
    78 % reines Eisen enthält?

3/3 Im Hochofen wird aus den aufbereiteten Eisenerzen Roheisen gewonnen.
Durch welchen chemischen Vorgang wird aus den chemischen Verbindungen des Eisens Roheisen
gewonnen?

3/4   Im folgenden sind Einzelvorgänge vom Hochofenprozess aufgeführt. Schreiben Sie diese Sätze in anderer Reihenfolge so ab, dass ein sinnvoller Bericht über den Hochofenprozess daraus wird.
  – Die dünnflüssige Schlacke schwimmt auf dem Roheisen und wird gesondert abgezogen.
  – Bei der Verbrennung des Kokses entstehen Kohlenmonoxid und Kohlendioxid.
  – Heiße Luft wird durch Düsen von unten in den Hochofen geblasen.
  – Koks, Erz und Zuschläge werden über einen Schrägaufzug von oben schichtweise in den Hochofen geschüttet.
  – Das flüssige Roheisen sammelt sich im untersten Teil des Hochofens.
  – Das reduzierte Eisen nimmt Kohlenstoff auf; dabei sinkt die Schmelztemperatur des Roheisens um 300 °C.
  – Die Reduktion der oxidischen Eisenerze erfolgt mit den Reduktionsmitteln Kohlenstoff und Kohlenmonoxid.
  – Im obersten Teil des Hochofens wird das Erz auf etwa 200 °C vorgewärmt; Wasser entweicht als Dampf.

3/5   Erläutern Sie den Unterschied zwischen Roheisen und Stahl
  a) in der Zusammensetzung und
  b) in den Eigenschaften Schmiedbarkeit und Schweißbarkeit.

3/6   Die Verunreinigungen im Roheisen haben ein höheres Verbindungsbestreben mit Sauerstoff als Eisen.
  Wie kann man diese Verunreinigungen im Roheisen beseitigen, wenn man das höhere Verbindungsbestreben zu Sauerstoff ausnutzt?

3/7   Die folgenden Aussagen beschreiben Teilvorgänge bei der Stahlgewinnung durch das LD-Verfahren. Schreiben Sie diese Sätze in richtiger Reihenfolge so ab, dass ein sinnvoller Fachbericht über das LD-Verfahren entsteht.
  – die Oxide der Verunreinigungen entweichen zum Teil als Gas, und zum Teil schwimmen sie als Schlacke auf der Schmelze.
  – Durch diese Lanze wird Sauerstoff auf die Schmelze geblasen.
  – Dieser chemische Vorgang, den man als Oxidation bezeichnet, bewirkt eine beträchtliche Temperatursteigerung in der Schmelze.
  – Eine wassergekühlte Lanze wird in den Tiegel geführt.
  – Die Roheisenschmelze wird in einen schwenkbaren Tiegel gegeben.
  – Da die Verunreinigungen des Roheisens höheres Verbindungsbestreben mit Sauerstoff haben als Eisen, verbinden sich diese mit dem eingeblasenen Sauerstoff.
  – Am Ende des Blasvorganges werden je nach Bedarf Legierungselemente zugegeben.
  – Die Temperaturerhöhung in der Schmelze ist so groß, dass Kühlschrott hinzugegeben werden muss.
  – Der flüssige Stahl wird abgegossen und weiterverarbeitet.

3/8   Die Roheisenschmelze wird bei LD-Verfahren mit etwa 1 300 °C in den Tiegel gegeben. Warum wird die Schmelze im Tiegel bei der Umwandlung zu Stahl nicht fest, obwohl Stahl einen Schmelzpunkt von etwa 1 500 °C hat?

3/9   Welche Vorteile bietet das Stahlgewinnungsverfahren im Lichtbogenofen gegenüber dem LD-Verfahren im Hinblick auf:
  a) Verunreinigung durch den Energieträger,
  b) Zusammensetzung des Endproduktes,
  c) die Möglichkeit zu legieren?

3/10   Suchen Sie aus der Tabelle „Übersicht über die Wirkungen von Begleit- und Legierungselemente" diejenigen Elemente heraus, welche bei Eisen und Stahl
  – die Warmfestigkeit,   – die Korrosionsbeständigkeit erhöhen.

Gefüge und Eigenschaften von Stahl

3/11 Ein unlegierter Stahl mit 0,65 % C ist auf 1 000 °C erwärmt worden.
- **a)** Liegt bei dieser Temperatur ein Kristallgemenge oder ein Mischkristallgefüge vor?
- **b)** Welche Bezeichnung trägt dieses Gefüge?
- **c)** Wie ist der Gitteraufbau?
- **d)** Wie liegt der Kohlenstoff im Gefüge vor?
- **e)** Wie verhält sich das Gefüge beim Umformen?

3/12 Die folgenden Aussagen beschreiben Gefügebestandteile von Stahl.
Nennen Sie die Gefügebezeichnung des jeweils beschriebenen Gefügebestandteils:
- **a)** chemische Verbindungen aus Fe und C. Es ist ein harter und spröder Gefügebestandteil;
- **b)** Kristallgemenge aus Fe und Fe_3C;
- **c)** Mischkristall aus Fe und C. Dieser Gefügebestandteil liegt bei höheren Temperaturen vor;
- **d)** nahezu kohlenstofffreies Eisen mit krz-Gitter.

3/13 In einem Untersuchungsbericht eines Metalllabors über eine Metallprobe heißt es u. a.: „... das Gefüge weist zu etwa gleichen Teilen Ferrit und Perlit auf."
- **a)** Welchen Kohlenstoffgehalt hat der Stahl?
- **b)** Welchen Gitteraufbau hat Ferrit?

3/14 Das nebenstehende Gefügebild zeigt das Gefüge eines Stahles mit 0,8 % Kohlenstoffgehalt.
- **a)** Wie bezeichnet man dieses Gefüge?
- **b)** Das streifenförmige Aussehen kommt dadurch zustande, dass zwei einzelne Bestandteile fein verteilt nebeneinander liegen.
  Wie nennt man diese beiden Bestandteile?
- **c)** Welche chemische Formel hat der kohlenstoffreichere Bestandteil?
- **d)** Welche Eigenschaften haben die einzelnen Bestandteile?

3/15 Die nebenstehenden Darstellungen sind Gefügebilder von Stählen mit 0,2 %, 0,45 %, 0,8 % und 1,5 % Kohlenstoffgehalt.

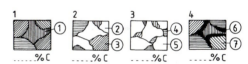

- **a)** Skizzieren Sie die Bilder geordnet nach dem Kohlenstoffgehalt ab.
- **b)** Benennen Sie die gekennzeichneten Gefügebestandteile.

Stoffeigenschaftändern von Stählen

3/16
- **a)** Wie ändert sich beim Weichglühen das Gefüge eines unlegierten Stahles?
- **b)** Welchen Zweck hat das Weichglühen von unlegiertem Stahl?

3/17
- **a)** Bei welcher Temperatur ist ein Stahl mit 0,6 % C weichzuglühen?
- **b)** Bei welcher Temperatur wird ein Stahl mit 1 % C weichgeglüht?

3/18 Eine Schweißkonstruktion aus Stahl ist spannungsarm zu glühen.
Schreiben Sie eine Glühanweisung.

3/19 Ein Stahlgussgehäuse mit 20 mm Wanddicke mit 0,45 % C wurde falsch vergütet. Es soll deswegen normalisiert werden.
Schreiben Sie eine Glühanweisung.

3/20 Ein Stahldraht wurde kalt gezogen.
- **a)** Beschreiben Sie, wie sich folgende Eigenschaften verändert haben:
  - – Härte,   – Festigkeit,   – Dehnbarkeit.
- **b)** Schreiben Sie eine Glühanweisung für das Rekristallisieren.

3/21 Übernehmen Sie die folgende Beschreibung über das Härten einer Meißelschneide. Setzen Sie dabei die in den Klammern zur Auswahl stehenden Begriffe richtig ein:

Die Meißelschneide aus C70 wird auf 800 °C erwärmt. Es entsteht *(das Kristallgemenge/das Mischkristallgefüge)* Austenit mit *(krz/kfz)*-Gitter. Der Kohlenstoff ist dabei in das Gitter *(eingebaut/nicht eingebaut)*. Anschließend wird die Meißelschneide *(schnell/langsam)* abgekühlt. Aus dem *(krz/kfz)*-Gitter des Austenits wird ein *(krz/kfz)*-Gitter. Durch die *(schnelle/langsame)* Abkühlung werden die Kohlenstoffatome *(im Gitter eingeschlossen/aus dem Gitter herausgehalten)*. Dies bewirkt *(eine Verzerrung des Gitters/einen regelmäßigen Gitteraufbau)*. Dadurch wird die Meißelschneide wesentlich härter.

3/22 Prüfen Sie einen „Stahlnagel" (ca. 0,5 % C) und einen etwa gleich großen „normalen" Nagel (ca. 0,1 % C) bei unterschiedlichen Wärmebehandlungszuständen.

a) Erhitzen Sie beide Nägel in der Flamme eines Bunsenbrenners bis zur Weißglut, und halten Sie diese Temperatur etwa 1 Minute lang. Lassen Sie dann die Nägel an der Luft langsam abkühlen.
Beurteilen Sie die Härte der Nägel durch Befeilen.
Wie sind die Gefüge beider Nägel nach der langsamen Abkühlung aufgebaut?

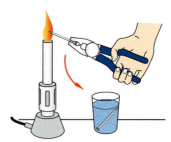

b) Erhitzen Sie beide Nägel erneut bis zur Weißglut, und schrecken Sie die Nägel anschließend sofort in Wasser ab.
Beurteilen Sie wieder die Härte durch Befeilen. Welche Gefüge liegen jetzt in den Nägeln vor?

3/23 Eine Reißnadel aus Stahl soll an der Spitze gehärtet werden. Der Stahl hat die Kurzbezeichnung C60. Von welcher Temperatur ist die Nadel abzuschrecken?
Ermitteln Sie die Temperatur aus dem Fe-Fe$_3$C-Diagramm.

3/24 Auf einem Meißel steht Lufthärter. Welche Bedeutung hat diese Aufschrift?

3/25 Warum härten dickwandige Werkstücke aus unlegierten Stählen nicht durch?

3/26 Eine Schneidplatte aus unlegiertem Werkzeugstahl mit 1 % C soll gehärtet werden. Das Aufheizen soll in zwei Stufen erfolgen.
Erstellen Sie eine Glühanweisung mit Temperaturen, Zeiten und Abschreckmitteln.

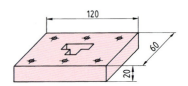

3/27 Nach dem Härten wird die Schneidplatte aus Aufgabe 3/26 angelassen. Bestimmen Sie die Anlasstemperatur.
Was geschieht im Werkstoff bei diesem Anlassen?

3/28
a) Bei welcher Temperatur ist eine Welle aus C60 (Stahl mit 0,6 % C) zu vergüten, damit 900 N/mm² Zugfestigkeit erreicht werden?
b) Ein Schalthebel aus C35 soll entsprechend der Glühanweisung bei 500 °C vergütet werden. Welche Zugfestigkeit ist zu erwarten?
c) Um wie viel % ist die Zugfestigkeit eines C45 wahrscheinlich abgefallen, wenn er statt bei 450 °C versehentlich bei 500 °C angelassen wurde?

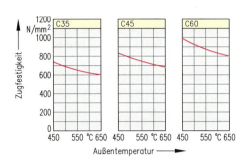

Vergütungsschaubilder

3/29 Eine Achse von ⌀ 35 mm aus C45 soll vergütet werden. Der Werkstoff liegt im normal geglühten Zustand vor.
Geben Sie eine genaue Glühanweisung für das Härten und das anschließende Anlassen. Es soll eine Zugfestigkeit von 750 N/mm² erreicht werden.

3/30 Welche Vorteile bietet das Randschichthärten von Werkstücken gegenüber dem Durchhärten?

3/31 Skizzieren Sie eine Einrichtung zum Flammhärten von Bolzen.
Die Skizze „Induktionshärten eines Bolzens" im Lehrbuch soll als Hilfe für Ihren Entwurf dienen.

3/32 Vergleichen Sie die Randschichthärteverfahren Flammhärten und Induktionshärten hinsichtlich
– Anlagekosten,
– Einhärtetiefe und
– möglichen Formen der zu härtenden Werkstücke.

	Flamm-härten	Induktions-härten
Anlagekosten	?	?
Einhärtetiefe	?	?
Form der zu här-tenden Werkstücke	?	?

Zeichnen Sie dazu obenstehende Tabelle ab und ergänzen Sie diese, indem Sie aus den vorgegebenen Aussagen entsprechend einsetzen:
hoch, niedrig, beliebig, mindestens 1 mm, ab etwa 0,1 mm, gleichmäßig, ungleichmäßig, abhängig von der Form der Spule.

3/33 Beschreiben Sie das Einsatzhärten eines Werkstückes aus C15. Gehen Sie dabei auf Einsatz- und Härtetemperaturen sowie auf Gefügeänderungen ein.

3/34 Stäbe aus C20 für Sicherheitsgitter werden einsatzgehärtet.
a) Bestimmen Sie die Einsatztemperatur.
b) Der Stahl soll in der Randschicht 0,6 % C erreichen.
Bestimmen Sie den notwendigen CO-Gehalt der Glühatmosphäre.
c) Von welcher Temperatur soll abgeschreckt werden?

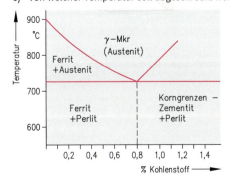

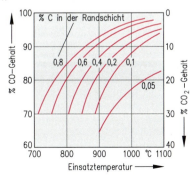

3/35 Wodurch entsteht die hohe Härte beim Nitrieren?

3/36 Nennen Sie Vor- und Nachteile des Randschichthärtens durch Nitrieren gegenüber dem Ab-schreck-härten.

3/37 Mit welchen Legierungselementen sind in der Regel Nitrierstähle legiert?

3/38 Nennen Sie ein stickstoffabgebendes Mittel, das zum Nitrieren verwendet wird?

Einteilung, Normung und Verwendung von Stählen

3/39 Leiten Sie aus den Kurznamen die Eigenschaften folgender Stähle ab:

a) S490Q,   b) P355K6N,   c) H420,   d) L355M,   e) E335.

3/40 Bei niedrig legierten Stählen werden im Kurznamen die Prozent-Angaben der Legierungselemente durch die Faktoren 4, 10 und 100 verschlüsselt angegeben.

a) Zum leichteren Merken der Legierungselemente, die mit dem Faktor 4 verschlüsselt werden, gibt es den Spruch:
„**Si**eh, **Co**nrad **Cr**amer **W**usste **Ni**e **Man**gan. "
Welche Elemente werden in diesem Merkspruch angegeben?
Lernen Sie den oben angegebenen Merkspruch auswendig.

b) Nennen Sie die vier Elemente, die durch den Faktor 100 verschlüsselt angegeben werden.
Merkspruch: „**Ca**esar **P**utzte **S**eine **N**ase. "

c) Nennen Sie die Elemente, die durch den Faktor 10 verschlüsselt angegeben werden.
Versuchen Sie selbst, ein Merkwort oder einen Merksatz zu finden.

3/41 Zeichnen Sie die Tabelle ab, und vervollständigen Sie die Tabelle, indem Sie die Zusammensetzung der Stähle bestimmen.

	C %	Mn %	S %	Cr %	Al %	Ni %	Mo %	V %	Pb %
38Cr2	?	?	?	?	?	?	?	?	?
16MnCr5	?	?	?	?	?	?	?	?	?
34CrAlNi7	?	?	?	?	?	?	?	?	?
40CrMoV6-7	?	?	?	?	?	?	?	?	?
9SMnPb3-6	?	?	?	?	?	?	?	?	?

3/42 a) Woran erkennt man im Kurznamen hoch legierte Stähle?

b) Durch welchen Faktor wird bei hoch legierten Stählen der Prozentanteil von Kohlenstoff und der übrigen Legierungselemente verschlüsselt angegeben?

3/43 Entschlüsseln Sie die folgenden Kurznamen hoch legierter Stähle:
X22 CrNi17, X6 CrNiMo18-10, X10 CrMoWV12-1.

3/44 Geben Sie die Zusammensetzung der Stähle für folgende Bauteile an:

a) Einlassventil aus X45 SiCr6-3,

b) Ablaufblech einer Haushaltsspüle X6 CrNi18-9,

c) Auslassventil für einen Rennmotor X45 CrNiMo22-6-3.

3/45 Wie viel Prozent Eisen enthält etwa der nicht rostende Stahl, der mit dem Kurznamen X10 CrNi18-8 gekennzeichnet ist?

3/46 Schreiben Sie die Kurznamen der für die folgenden Bauteile verlangten Werkstoffe auf.

a) Ein Hebel im Maschinenbau soll aus unlegiertem Stahl mit einer Streckgrenze von 355 N/mm² hergestellt werden.

b) Eine Druckfeder soll aus einem Stahl mit 0,7 % Kohlenstoffgehalt und 1,75 % Siliziumgehalt gewickelt werden.

c) Ein Achsgehäuse soll aus Gusseisen mit Kugelgraphit gegossen werden und eine Mindestzugfestigkeit von 400 N/mm² haben.

3/47 Werkstoffnummern kann man nur mithilfe von Tabellen näher entschlüsseln. Es gibt jedoch einige einfach zu erkennende Regeln.
Übernehmen Sie die folgenden Sätze und ergänzen Sie diese:

a) Eine Werkstoffnummer für Stahl erkennt man ____?____

b) In den Werkstoffnummern für Grundstähle beginnt die Sortennummer stets mit ____?____, es folgt ____?____ .

c) Nicht rostende, hoch mit Chrom legierte Stähle beginnen in der Werkstoffnummer mit ____?____ .

3/48 In einer Konstruktion soll eine Zugstange aus E360 durch eine Stange aus S235 ersetzt werden.

a) Welche mechanischen Werte muss man miteinander vergleichen, um auf die notwendige Querschnittvergrößerung zu schließen?

b) Um wie viel Prozent muss der Querschnitt vergrößert werden?

3/49 Welcher Zusammenhang besteht bei Stählen zwischen Zugfestigkeit und Bruchdehnung?
Ergänzen Sie dazu den folgenden Satz:
Mit steigender Zugfestigkeit nimmt ____?____ .

3/50 Wie ändert sich bei schweißgeeigneten Feinkornbaustählen die Streckgrenze mit der Probenstärke?

3/51 Schreiben Sie aus den folgenden Kurznamen von Stählen diejenigen heraus, die Einsatzstähle kennzeichnen.

C60, C15, C10, 34CrNiMo6, E360, 16MnCr5.

3/52 Die Darstellung ist das Gefügebild der Randzone eines Einsatzstahles C15.
Geben Sie an, in welchem Stadium der Behandlung sich dieser Einsatzstahl befindet. Begründen Sie Ihre Antwort.

3/53 Welche Legierungselemente müssen in Nitrierstählen vorhanden sein, damit durch das Warmbehandlungsverfahren Nitrieren eine harte und verschleißfeste Oberfläche entsteht?

3/54 Durch welche Maßnahme bewirkt man in Automatenstählen die Spanbrüchigkeit?

3/55 Welche Elemente in Federstählen bewirken die hohe Elastizität dieser Stähle?

3/56 Welche Information ist der Bezeichnung HS 8-3-3-2 zu entnehmen?

Eisen-Kohlenstoff-Gusswerkstoffe

3/57 Welche Unterschiede bestehen zwischen Stahl und Gusseisen hinsichtlich

- Kohlenstoffgehalt des Werkstoffes,
- Ausbildung des Kohlenstoffs im Gefüge,
- Zerspanbarkeit,
- Festigkeit.

3/58 Bestimmen Sie die Schmelztemperaturen für
- einen Stahlguss mit 0,5 % Kohlenstoff,
- ein Gusseisen mit 4,2 % Kohlenstoff.
Benutzen Sie dazu Diagramme.

3/59 Zeichnen Sie die folgende Tabelle ab und vervollständigen Sie diese.

	Gusseisen mit Lamellengraphit	Stahlguss
Kohlenstoffgehalt	?	?
Schmelztemperatur	?	?
Zugfestigkeit	?	?
Volumenverminderung beim Erkalten	?	?

3/60 Warum ist Stahlguss viel schwieriger zu gießen als Gusseisen?

3/61 Die nebenstehenden Darstellungen sind Gefügebilder von zwei verschiedenen Guss-eisen-
sorten.
Zeichnen Sie die Gefügebilder ab, und benennen Sie jeweils Grundgefüge und Graphitform.

3/62 Der Graphit im Gusseisen kann lamellenförmig oder kugelförmig vorliegen.
Erklären Sie, warum bei gleichem Graphitanteil das Gusseisengefüge mit kugelförmigem Graphit
höhere Festigkeit aufweist als Gusseisengefüge mit Lamellengraphit.

3/63 Die Festigkeit von Gusseisen hängt sowohl vom Grundgefüge als auch von der Graphitform ab.
Die folgenden Aussagen sind Beschreibungen verschiedener Gusseisengefüge.
- Gusseisen mit Kugelgraphit in perlitischem Grundgefüge,
- Gusseisen mit Lamellengraphit in ferritischem Grundgefüge,
- Gusseisen mit Lamellengraphit in perlitischem Grundgefüge.
Ordnen Sie die beschriebenen Gefüge nach steigender Festigkeit.

3/64 Werkzeugmaschinenständer werden häufig aus Gusseisen mit Lamellengraphit gegossen.
a) Welche Eigenschaften des Gusseisens mit Lamellengraphit begünstigen die Herstellung dieser
Bauteile durch Gießen?
b) Welchen Einfluss haben die Graphitlamellen im Gusseisen auf die fertigen Werkzeugmaschinen?

3/65 Worin unterscheiden sich Gusseisen mit Lamellengraphit und Gusseisen mit Kugelgraphit hinsichtlich
- Gefügeaufbau,   - Zugfestigkeit,   - Dehnbarkeit.

3/66 Übernehmen Sie die Bezeichnung folgender Bauteile und bestimmen Sie, aus welchen Eisen-Kohlen-
stoff-Gusswerkstoffen diese Bauteile hergestellt werden sollen.
a) Hinterachsgehäuse für Lastkraftwagen,   b) Turbinenschaufeln,   c) Kanaldeckel.

3/67 Für die folgenden Bauelemente werden die angegebenen Werkstoffe verwendet.
Entschlüsseln Sie die Normbezeichnungen.
a) Nietmaschinenrahmen GE300
b) Schachtdeckel EN-GJL-200
c) Drehmaschinenbett EN-GJL-350
d) Pkw-Lenkgehäuse EN-GJS-500

4　Nichteisenmetalle

Aluminium und Aluminiumlegierungen

4/1 In einer Rahmenkonstruktion für ein Fahrzeug werden Stäbe mit einer Zugkraft von 10 000 N belastet. Man steht vor der Wahl, entweder für diese Stäbe eine Aluminiumlegierung oder Stahl zu verwenden.

    a) Welchen Querschnitt muss ein Stab haben, wenn eine Aluminium-Legierung mit einer zulässigen Belastung von $\sigma_{zul} = 60$ N/mm² verwendet wird?

    b) Welchen Querschnitt muss ein Stab bei der Verwendung von Stahl haben, wenn der vorgesehene Stahl mit $\sigma_{zul} = 110$ N/mm² belastet werden darf?

    c) Die Stäbe sind 1 300 mm lang. Berechnen Sie die Massen der Stäbe ($\varrho_{Al} = 2{,}7$ kg/dm³ und $\varrho_{Stahl} = 7{,}8$ kg/dm³).

4/2 Warum ist Aluminium in der Luft trotz seines höheren Verbindungsbestrebens mit Sauerstoff korrosionsbeständiger als Stahl?

4/3 Wie ändern sich die Zugfestigkeit, die Dehnbarkeit und die Härte von Reinstaluminium durch Zulegieren anderer Elemente?

4/4 Folgende Bauteile werden aus Aluminiumlegierungen gefertigt:
- Motorgehäuse für Moped,   – Kolben für Verbrennungsmotor,
- Profilstab für Rolladen,   – Fensterrahmenprofil.
- Felge für Rennrad,

    Ordnen Sie diese Beispiele den folgenden Gruppen zu:
- Aluminium-Knetlegierung,   – Aluminium-Gusslegierung.

4/5 Ein Profil aus EN AW-AlCuMg 1 soll warm ausgehärtet werden.

    a) Welche Daten müssen Sie aus Datenblättern entnehmen, damit Sie eine Glühanweisung geben können?

    b) Geben Sie den Ablauf der Wärmebehandlung an.

4/6 Bei Normbezeichnungen für Aluminiumlegierungen unterteilt man das Kurzzeichen in mehrere Teile. Nennen Sie die Teile, und kennzeichnen Sie diese im folgenden Kurzzeichen: EN AC-AlMgSi 0,5 O

4/7 Schlüsseln Sie folgende Kurzzeichen auf.

    a) EN AC-AlSi10Mg,   **b)** EN AW-AlCu4SiMg1,   **c)** EN AW-AlCuPbMgMn.

Kupfer und Kupferlegierungen

4/8 Kupfer wird wegen seiner besonderen Eigenschaften auch als reines Metall häufig verwendet.
Zeichnen Sie das nebenstehende Schema ab, und ergänzen Sie die besonderen Eigenschaften in den vorgegebenen Beispielen.

Verwendung	maßgebende Eigenschaft
Lötkolbenspitze	?
Heizungsrohr	?
Elektrokabel	?
Dichtung für Heißdampfleitung	?
getriebene Haustürverzierung	?

4/9 Man unterscheidet zwei Messingsorten. Die eine Sorte wird für Umformarbeiten, die andere Sorte zum Zerspanen und Gießen verwendet.
Zeichnen Sie das Schema richtig ab, und ordnen Sie folgende Begriffe richtig ein.
Hülsen und Federn, Ventile und Uhrenteile, Kristallgemenge, Mischkristalle Zinkgehalt unter 38 %, Zinkgehalt über 38 %.

	Gefüge	Zinkgehalt	Beispiele für Verwendung
Messing zum Umformen	?	?	?
Messing zum Gießen und Zerspanen	?	?	?

4/10 Aus welchen Elementen bestehen folgende Legierungen?

a) Messing   b) Zinn-Bronze   c) Rotguss   d) Neusilber

4/11 Entschlüsseln Sie die folgenden Kurzzeichen:

a) GD-CuZn28,   b) G-CuSn12,   c) GK-CuZn37Al1,   d) GZ-CuPb10Sn8.

4/12 In einer Zeichnung ist laut Stückliste für ein Schneckenrad eine gegossene Zinnbronze vorgesehen. Die Normbezeichnung ist jedoch nicht genau zu erkennen. Es kann G-CuSn16 oder G-CuSn6 heißen. Welche Bezeichnung muss aus Ihrer Kenntnis über Kupfer-Zinn-Legierungen richtig sein?

5 Sinterwerkstoffe

5/1 Geben Sie jeweils den Grund für die Fertigung der folgenden Bauteile durch Sintern an:

a) Schneidplatte aus Hartmetall,
b) Lagerbuchse für einen Kleinstmotor,
c) Filter aus Messing für das Filtern von Lösungsmitteln,
d) Zahnräder für einen Handrasenmäher.

5/2 Schlüsseln Sie folgende Normbezeichnungen für Sinterteile auf:

a) SINT-B 20 isostatisch gepresst,   b) SINT-G 40,
c) SINT-D 10 sintergeschmiedet.

Hartmetalle

5/3 Unterscheiden Sie tabellarisch Hartmetalle HW und HTC.

5/4 Welche Auswirkungen hat ein höherer Co-Anteil auf die Biegefestigkeit von Hartmetall-Wendeschneidplatten?

5/5 Wählen Sie ein Hartmetall zum Zerspanen von Gehäusen aus Stahlguss GS-X6CrNiMo18-10 aus. Es soll wegen teilweise unterbrochenen Schnitts besonders zäh sein.

Keramische Werkstoffe

5/6 Begründen Sie die Verwendung von Keramiken bei folgenden Bauteilen:

a) Zündkerzenkopf,
b) Schneidplatte aus Aluminiumoxid,
c) Pumpenkolben einer Hochdruckpumpe aus Aluminiumoxid,
d) Rotor eines Turboladers,
e) Fadenführung an einer Textilmaschine.

5/7 Heißisostatisches Pressen gilt als eines der besten Verfahren zur Erzeugung hochfester Keramik. Erklären Sie die Durchführung des Verfahrens, und zeigen Sie dabei die Unterschiede zum kalt-isostatischen Pressen auf.

5/8 Eine Lagerbuchse aus Keramik muss eingepasst werden. Welche Werkstoffe sind für die Werkzeuge zur spanenden Bearbeitung der Buchse geeignet?

5/9 Ein Pumpenkolben aus Al_2O_3 hat einen Durchmesser von 29,887 mm. Der Kolben bewegt sich in einem Stahlzylinder mit 30,008 mm Innendurchmesser. Die Maße wurden bei 20 °C gemessen. Berechnen Sie das Spiel für eine Betriebstemperatur von 80 °C (α_{Stahl} = 0,000 012 1/K, $\alpha_{Aluminium}$ = 0,000008 1/K).

An der Einführung des Metallstreifens in ein Werkzeug entsteht starker Verschleiß. Der Verschleiß soll durch Einsetzen einer Keramikleiste vermindert werden.
Planen Sie die Durchführung dieses Auftrages.

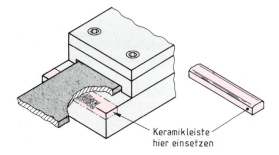

Keramikleiste
hier einsetzen

6 Verbundwerkstoffe

6/1 Übernehmen Sie die Tabelle, und ordnen Sie den Bauteilen die zutreffende Art des Verbundwerkstoffes zu:

Bauteile	Art des Verbundwerkstoffes
Stahlbeton	?
Verbundglasscheibe	?
Drahtglas	?
Sinterlager	?
Angelrute	?
Schleifscheibe	?

6/2 In Stahlgürtelreifen sind Stahldrähte in Gummi eingebettet.
a) Um welche Art von Verbundwerkstoff handelt es sich hier?
b) Ist die Kombination von Stahldraht und Gummi für einen Verbundwerkstoff ideal? Begründen Sie Ihre Antwort.

7 Kunststoffe

7/1 Die folgenden Abbildungen zeigen zwei Handbandschleifmaschinen. Ein Modell hat ein Aluminiumgehäuse, das andere ein Gehäuse aus Kunststoff.

Maschine mit Kunststoffgehäuse   Maschine mit Aluminiumgehäuse

a) Vergleichen Sie beide Gehäuse hinsichtlich Gewicht, elektrischer Isolierfähigkeit und mechanischer Festigkeit.
b) Welche Maschine würden Sie bei häufigem Arbeiten im Freien – auch im Winter – vorziehen? Geben Sie eine kurze Begründung.
c) Worin unterscheiden sich die beiden Werkstoffe in ihrem inneren Aufbau?

7/2 Vergleichen Sie die Dichten von Kunststoffen mit den Dichten von Metallen in einem Schaubild. Zeichnen Sie dazu zunächst eine Strecke von 150 mm mit einer Einteilung nach folgendem Schema:

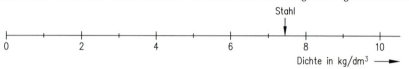

a) Tragen Sie oberhalb dieser Strecke die Dichten der folgenden metallischen Werkstoffe so ein, wie es für Stahl (Fe) geschehen ist.
$\varrho_{(Magnesium)}$ = 1,7 kg/dm³; $\varrho_{(Titan)}$ = 4,5 kg/dm³; $\varrho_{(Aluminium)}$ = 2,7 kg/dm³;
$\varrho_{(Messing)}$ = 8,6 kg/dm³.
b) Kennzeichnen Sie unterhalb der Strecke die Dichten der folgenden Kunststoffe durch einen Pfeil und Angabe des Kurzzeichens:
PS Polystyrol-Hartschaum $\varrho_{(PS)}$ = 0,05 kg/dm³   PVC Polyvinylchlorid $\varrho_{(PVC)}$ = 1,4 kg/dm³
 (Styropor)   MF Melaminharz $\varrho_{(MF)}$ = 1,5 kg/dm³
PE Polyethylen $\varrho_{(PE)}$ = 0,9 kg/dm³
c) Was zeigt Ihnen der Vergleich der Dichten von Kunststoffen und Metallen?

7/3 Untersuchen Sie an den Beispielen in der Tabelle, warum Kunststoff verwendet wird.
Übernehmen Sie dazu die Tabelle, und ordnen Sie den vorgegebenen Gegenständen durch Ankreuzen eine oder zwei wichtige Eigenschaften zu, die dazu führen, Kunststoff in diesen Fällen als Werkstoff zu verwenden.

	leicht	korrosions- beständig	elektrische Isolierung	Wärme- isolierung
Gehäuse einer elektrischen Handbohrmaschine	?	?	?	?
Dachrinne	?	?	?	?
Auskleidung einer Tiefkühltruhe	?	?	?	?
Heizöltank	?	?	?	?

7/4 Polyethylen dehnt sich bei Temperaturerhöhung 15-mal mehr als Stahl. Eine 6 m lange Stahlschiene wird bei Erwärmung von 0 auf 30 °C etwa 2,2 mm länger.
a) Berechnen Sie die Verlängerung eines 6 m langen Rohres aus Polyethylen beim Erwärmen von 0 °C auf 30 °C.
b) Um welchen Betrag wird das Kunststoffrohr länger als das Stahlrohr?

7/5 An einer Maschine wird ein Kabel durch einen Silikonschlauch gegen hohe Temperaturen geschützt. Der Kunststoff Silikon nimmt unter den Kunststoffen eine Sonderstellung ein.
Wodurch unterscheidet sich dieser Kunststoff im inneren Aufbau von anderen Kunststoffen?

7/6 Polyester können je nach Ausgangsstoffen thermoplastisch oder duroplastisch sein. Thermoplastisch ist z. B. der Textilfaserwerkstoff Diolen®, duroplastisch ist z. B. der meist mit Glasfasern verstärkte Karosseriewerkstoff Leguval®.
a) Wo liegt der wesentliche Unterschied im inneren Aufbau der beiden Polyesterarten?
b) Welche unterschiedlichen Eigenschaften sind aufgrund des inneren Aufbaus zu erwarten?

7/7 Erklären Sie die unterschiedliche Eignung von Thermoplasten und Duroplasten
– zum Schweißen, – zum Umformen
aus der unterschiedlichen Anordnung der Makromoleküle.

7/8 Ordnen Sie die Kunststoffe, welche für die folgenden Fälle verwendet werden müssen, nach Thermoplasten, Duroplasten und Elasten.
– Kunststoffhandlauf an einem Geländer aus Stahl
– Kunststoff für Dehnungsfugen zwischen Betonplatten
– Kunststoffgriff an Bügeleisen
– Kunststoffplatten zur Herstellung geschweißter Entlüftungsschächte
– Faltenbalg zum Abdecken eines Gelenks

7/9 Teflon® ist der bekannte Handelsnamen des Beschichtungsstoffes Polytetrafluorethylens (PTFE), der durch Polymerisation von Tetrafluorethen etwa nach diesem Schema entsteht:

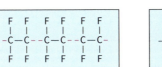 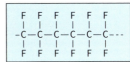

Ausgangsmoleküle aus Tetrafluorethen   Doppelbindung „aufgeklappt"   zum Kunststoff PTFE polymerisiert

Zeigen Sie nach dem gleichen Schema wie Vinylchlorid zu Polyvinylchlorid (PVC) polymerisiert wird.

$$\begin{array}{cc} H & Cl \\ | & | \\ C & = C \\ | & | \\ H & H \end{array}$$

7/10 PVC-Abfälle werden von Müllverbrennungsanlagen nicht übernommen, weil bei der Verbrennung eine Säure entsteht, welche die Ausmauerung der Kamine angreift.
Welche Säure kann bei der Verbrennung entstehen? Schreiben Sie Formel und Bezeichnung.

7/11 Aus PVC-Plattenmaterial mit 5 mm und 10 mm Dicke soll ein Lüftungskasten entsprechend nebenstehender Skizze hergestellt werden.
Bei der Herstellung soll möglichst wenig geschweißt werden und der Materialverbrauch soll ebenfalls gering sein.
Beschreiben Sie den Ablauf der Fertigung und geben Sie die Maße für den Zuschnitt der Teile an.

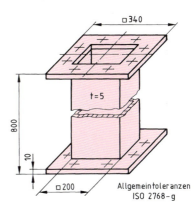

7/12 PTFE besitzt eine geringere Elastizität als Gummi.
Ein Hersteller von Dichtringen (O-Ringe) aus PTFE kennzeichnet in seinem Prospekt den Einbau in der nebenstehenden Weise.
Begründen Sie die Anweisung der Firma.

richtig   falsch

8   Werkstoffprüfung

Mechanische Prüfverfahren

8/1 Die folgenden Diagramme sind Kraft-Verlängerungs-Schaubilder zweier verschiedener Stähle. Beide Probestäbe hatten einen Durchmesser $d_o = 10$ mm und eine Anfangsmesslänge von $L_0 = 50$ mm.

a) Ermitteln Sie für die Probe II die Streckgrenze R_{eH}.

b) Berechnen Sie die Zugfestigkeit R_m der Proben I und II.

c) Zeichnen Sie die folgende Tabelle ab, und tragen Sie die ermittelten Ergebnisse ein.

	Probe I	Probe II
Streckgrenze R_{eH} in N/mm²	?	?
Zugfestigkeit R_m in N/mm²	?	?

d) Welcher Werkstoff ist für eine Umformung, z. B. durch Biegen, besser geeignet?
Begründen Sie Ihre Antwort.

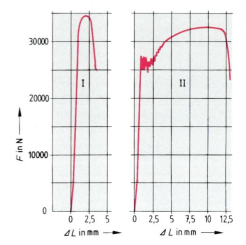

Zugversuch

Formeln

Spannung: $\sigma = \dfrac{F}{S_o}$

Zugfestigkeit: $R_m = \dfrac{F_m}{S_o}$

Streckgrenze: $R_{eH} = \dfrac{F_s}{S_o}$

Dehnung: $\varepsilon = \dfrac{\Delta L}{L_o} \cdot 100\,\% = \dfrac{L - L_o}{L_o} \cdot 100\,\%$

Bruchdehnung: $A = \dfrac{L_u - L_o}{L_o} \cdot 100\,\%$

Formelzeichen

σ	Spannung
F	Kraft
S_o	Anfangsquerschnitt
R_m	Zugfestigkeit
R_{eH}	Streckgrenze
F_m	Höchstkraft
F_s	Kraft an der Streckgrenze
ε	Dehnung
L	Messlänge
L_o	Anfangsmesslänge
L_u	Messlänge nach Bruch
A	Bruchdehnung
ΔL	Längenänderung

8/2 Bei einem Zugversuch an einer Probe mit einem Anfangsquerschnitt von 50 mm² zeigt der Kraftmesser im Augenblick eine Kraft von 18 140 N an. Die Probe hatte eine Anfangsmesslänge von 40 mm. Im Augenblick zeigt das Längenmessgerät eine Länge von 46,5 mm an.

a) Berechnen Sie die im Augenblick auftretende Spannung.

b) Berechnen Sie die zur Zeit auftretende Dehnung.

8/3   Eine Flachprobe hat die Maße 5 mm x 10 mm. Die Anfangsmesslänge beträgt 40 mm. Dieser Probestab wird mit einer Kraft von 21 200 N belastet. Die gemessene Länge beträgt 44 mm.

     a)   Berechnen Sie die Zugspannung bei der angegebenen Kraft.

     b)   Bestimmen Sie die Dehnung.

8/4   Ein Zugversuch wurde an einer Probe von d_o = 8 mm und einer Anfangsmesslänge von L_o = 40 mm durchgeführt.

     Die Messergebnisse betrugen: Höchstkraft: F_m = 22 142 N,

         Kraft an der Streckgrenze: F_S = 13 218 N,

         Länge nach Bruch: L_u = 45,8 mm.

     Werten Sie den Zugversuch aus. Berechnen Sie

     a)   Streckgrenze,   **b)**   Zugfestigkeit,   **c)**   Bruchdehnung.

8/5   Bei einem Probestab vermutet man, dass er aus S 235 ist. Er hat einen Durchmesser von 8 mm, und im Zugversuch reißt er bei einer Kraft von 18 000 N.

     a)   Welche Zugfestigkeit hat der geprüfte Stab?

     b)   Welche Mindestzugfestigkeit muss ein S 235 haben? Genügt der geprüfte Stahl den an einen S 235 hinsichtlich der Mindestzugfestigkeit gestellten Anforderungen?

8/6   Erklären Sie den Begriff Härte.

8/7   Auf einer Mehrspindelbohrmaschine werden gleichzeitig 16 Löcher in Gehäuseflansche gebohrt. Warum sollen die Gehäuse möglichst gleichmäßige Härte besitzen?

8/8   In einem Betrieb werden Bolzen vergütet. Durch Unachtsamkeit sind die bereits vergüteten Bolzen mit Bolzen, die erst gehärtet waren, durcheinander geraten. Im Aussehen ist kein Unterschied festzustellen.

     Wie kann man mit einfachen Mitteln die Bolzen sortieren?

8/9   Bei einem Brinellversuch an einer Kupfer-Aluminium-Legierung EN GC-CuAl 10 Ni mit einer Prüfkraft von 10 000 N bei 10 mm Durchmesser der gehärteten Prüfkugel ergab sich ein Eindruckdurchmesser von 3,35 mm. Die Prüfdauer betrug 10 Sekunden. Berechnen Sie die Härte und geben Sie die Kurzbezeichnung für diesen Versuch an.

8/10   Bei der Brinellhärteprüfung eines Stahles mit einer Hartmetallkugel von D = 5 mm und der Prüfkraft F = 7 350 N ergab sich nebenstehender Eindruck:

     a)   Berechnen Sie die Brinellhärte.

     b)   Welche Zugfestigkeit wird der Stahl annähernd haben?

8/11   Bei einem niedrig legierten Stahl 37 Mn Si 5 wurde nach einer Belastung mit einer Prüfkraft von 294,2 N der nebenstehende Eindruck ausgemessen:

     Berechnen Sie die Vickershärte.

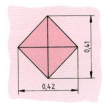

8/12   Gusseisen darf nicht mit der Vickers-Härteprüfung geprüft werden. Begründen Sie diese Forderung.

8/13 Vergleichen Sie die Härteprüfverfahren. Zeichnen Sie dazu die folgende Tabelle ab und vervollständigen Sie diese.

	Härteprüfung nach Brinell	Härteprüfung nach Vickers	Härteprüfung nach Rockwell-C
Form des Prüfkörpers	?	?	?
Werkstoff des Prüfkörpers	?	?	?
Ermittlung der Härte	?	?	?
Anwendung	?	?	?

8/14 Erläutern Sie die Werkstoffeigenschaften „spröde" und „zäh" anhand der Ergebnisse des Kerbschlag-Biegeversuchs.

8/15 a) Nennen Sie die Bedeutung des Kerbschlag-Biegeversuchs.
b) Welcher Kennwert eines Werkstoffes wird im Kerbschlag-Biegeversuch ermittelt?

8/16 Für Behälter zum Transport tiefgekühlter, verflüssigter Gase sucht man geeignete Stähle. Sollte der Steilabfall für den Werkstoff bei hoher oder bei sehr tiefer Temperatur liegen?

Technologische Prüfverfahren

8/17 Bei zwei Ausbreitproben an Flachstählen wurden folgende Ergebnisse festgestellt:
Ein Flachstahl 50 x 8 konnte auf 120 mm Breite bis zum ersten Anriss ausgeschmiedet werden.
Ein Flachstahl 80 x 8 zeigte bei einer Breitung auf 160 mm den ersten Anriss.
Welcher Werkstoff zeigte die bessere Eignung zum Schmieden?

8/18 Zeichnen Sie das folgende Schema ab. Kreuzen Sie im Schema jeweils die Eigenschaft an, welche für die angeführte Verwendung wesentlich ist.

	Faltbarkeit	Ausbreitung	Tiefung
Werkstoff für Meißel	?	?	?
Werkstoff für Autokarosserieblech	?	?	?
Werkstoff für Dachrinnenblech	?	?	?
Werkstoff für Schraubenschlüssel	?	?	?
Werkstoff für Konservendosenblech	?	?	?

8/19 Das Diagramm zeigt die Mindesttiefung, die Feinbleche aus dem zu prüfenden Werkstoff aufweisen müssen.
Im Werkstofflabor wurde ein 1 mm starkes Blech im Tiefungsversuch geprüft. Es wurde eine Tiefe von 10,8 mm gemessen.

a) Welchen Mindestwert der Tiefung müsste das Blech nach DIN EN 10131 erreichen?
b) Genügt das Blech hinsichtlich seiner Tiefung den Normanforderungen?

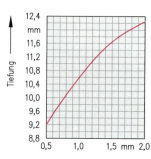

Nenndicke des Bleches
Mindeswerte für die Tiefung

Metallografische Prüfverfahren

8/20 Die Abbildung zeigt eine geschnittene Kurbelwelle. Die Schnittfläche wurde geschliffen und
geätzt.

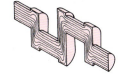

  a) Wurde hier eine mikroskopische oder eine
makroskopische Untersuchung durchgeführt?

  b) Was zeigt der Schliff?

8/21 Das Gefüge im runden Querschnit von Stangenmaterial ⌀ 20 mm soll mikroskopisch untersucht werden.
Nennen Sie die einzelnen Arbeitsvorgänge, welche bis zur mikroskopischen Betrachtung des Materi-
als durchzuführen sind.

Zerstörungsfreie Prüfverfahren

8/22 Das nebenstehende Bild zeigt die Röntgenauf-
nahme einer fehlerhaft geschweißten X-Naht.

  a) Warum erscheint die Schweißnaht auf
dem Film heller als das Blech?

  b) Welchen typischen Schweißfehler erkennen Sie?

Schnitt durch
die Schweißstelle

Film

8/23 Bei der Prüfung mit Röntgenstrahlen sind besondere Sicherheitsmaßnahmen zu beachten.

  a) Begründen Sie diese Forderung.

  b) Welche Maßnahmen sind zu treffen?

8/24 Schreiben Sie aus der folgenden Aufstellung diejenigen Fehler heraus, die mit Kapillarverfahren
sichtbar gemacht werden können:

  a) Lunker im Innern eines Maschinenständers,

  b) Oberflächenriss an einem Zahnrad,

  c) Flockenriss im Innern einer Schwungscheibe aus Stahlguss,

  d) Mikrolunker an einem Gussgehäuse, die mit der Oberfläche in Verbindung stehen,

  e) Riss in einer Schweißnaht.

8/25 Blattfedern aus Stahl wurden im oberen Teil
mit Kunststoff beschichtet.
Bei einigen wurden im Gebrauch Anrisse im
Bereich der Ausklinkung festgestellt. Nun sollen alle mit einfachen Mitteln untersucht werden.
Machen Sie einen detaillierten Vorschlag.

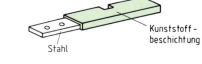

Kunststoff-
beschichtung

Stahl

8/26 Ein Stranggussbarren wird mit Ultraschall
geprüft.
Welches Bild erscheint in der dargestellten
Stellung des Prüfkopfes auf dem Bildschirm?
Skizzieren Sie sich das Schirmbild vergrößert
auf.

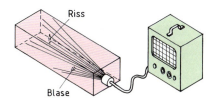

Riss

Blase

8/27 Vergleichen Sie die unterschiedlichen zerstörungsfreien Prüfverfahren.
Zeichnen Sie dazu das folgende Schema ab.
Tragen Sie durch Ankreuzen ein, welche Fehler mit dem jeweiligen Verfahren geprüft werden können.

	Röntgen-verfahren	Kapillar-verfahren	Ultraschall-verfahren	Magnet-pulverprüf-verfahren
Lunker in Stranggussbarren	?	?	?	?
Härteriss in einem oberflächen-gehärteten Bolzen	?	?	?	?
Schlacke in einer Schweißnaht	?	?	?	?
Riss in einem Aluminiumgussstück an der Oberfläche	?	?	?	?
Risse in gegossenen Anhänger-kupplungen aus GJS	?	?	?	?

Dauerschwingfestigkeit

Bei einer schwingenden Beanspruchung ermittelt man unterschiedliche Spannungsangaben.

Formelzeichen

σ_o Oberspannung
σ_u Unterspannung
σ_m Mittelspannung
σ_A Spannungsausschlag
σ_D Dauerschwingfestigkeitswert

Spannungs-Zeit-Diagramm

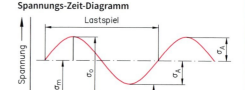

Der Dauerschwingfestigkeitswert σ_D besteht aus der Mittelspannung σ_m und dem Spannungsausschlag σ_A.

Formel: $\sigma_D = \sigma_m \pm \sigma_A$

8/28 Bestimmen Sie für folgende fünf Fälle einer schwingenden Beanspruchung die fehlenden Werte.
Übertragen Sie dazu die Tabelle und tragen Sie die Werte ein.

Nr.	Mittelspannung N/mm^2	Spannungsausschlag N/mm^2	Oberspannung N/mm^2	Unterspannung N/mm^2
1	100	40	?	?
2	80	?	140	?
3	?	30	180	?
4	?	60	– 40	?
5	20	?	?	– 100

8/29 Erstellen Sie die Wöhler-Kurve aus folgenden Versuchsergebnissen zur Ermittlung eines Dauerfestigkeitswertes von PVC. Geben Sie den Dauerfestigkeitswert an.

$\sigma_m = 7\ N/mm^2$	relative Luftfeuchtigkeit: 60 % · Temperatur: 20 °C · Schwingfrequenz 10 Hz	
Spannungsausschlag σ_A (N/mm^2)	Lastspielzahl bis zum Bruch	Bemerkung
40	5 126	
30	10 244	
20	61 088	
17,5	410 348	
15	kein Bruch	} Versuch nach 10^7 Schwingungen
12,5	kein Bruch	abgebrochen

Maschinen- und Gerätetechnik

1 Technische Systeme

1/1 Untersuchen Sie das System Fräsmaschine.
Ergänzen Sie dazu das Schema, indem Sie Stoffe, Energien und Informationen benennen.

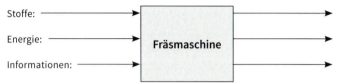

1/2 Eine Tanksäule mit digitaler Anzeige soll auf ihre Eingangs- und Ausgangsgrößen hin untersucht werden.
a) Welche Hauptfunktion hat das System Tanksäule?
b) Stellen Sie die Tanksäule als technisches System dar.
c) Bestimmen Sie, welcher Art der Stoff, die Energie und die Information für Eingang und Ausgang sind.

1/3 Die Darstellung zeigt einen Schweißbrenner als technisches System. Der Schweißbrenner hat getrennte Anschlüsse für Brenngas und Sauerstoff, Stellventile für die Einstellung der Gasmenge und am Ausgang eine Düse, an der das Gasgemisch verbrennt.
a) Welche Hauptfunktion hat das System Schweißbrenner?
b) Bestimmen Sie, welcher Art der Stoff, die Energie und die Information für Eingang und Ausgang sind.

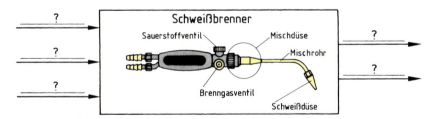

1/4 Nennen Sie die Hauptfunktionen der dargestellten Systeme.
Geben Sie dabei an, ob Transport, Formung oder Umwandlung stattfindet.

a)   b)

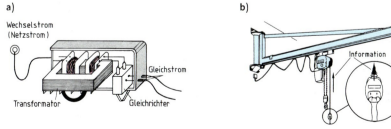

Schweißgleichrichter   **Fernsteuerung**

c)

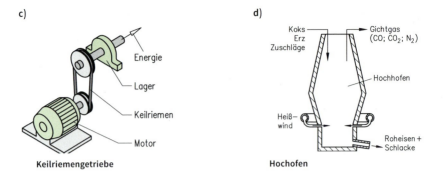

Energie

Lager

Keilriemen

Motor

Keilriemengetriebe

d)

Koks
Erz
Zuschläge

Gichtgas
$(CO; CO_2; N_2)$

Hochhofen

Heiß-
wind

Roheisen +
Schlacke

Hochofen

1/5 Listen Sie für das System Motorrad die verschiedenen Einrichtungen auf, und geben Sie die Funktionen der Einrichtungen an.
Stellen Sie den Energiefluss gemäß folgendem Schema durch die verschiedenen Einrichtungen des Motorrades dar.

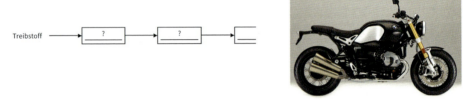

Treibstoff ⟶ [?] ⟶ [?] ⟶ [ ]

1/6 Eine Datenverarbeitungsanlage ist ein technisches System, das aus verschiedenen Einrichtungen besteht.

a) Nennen Sie die Hauptfunktion des Systems.
b) Geben Sie die verschiedenen Einrichtungen innerhalb des Systems an.
c) Geben Sie Funktionsgruppen innerhalb der Einrichtung Computer an.
d) Nennen Sie Elemente innerhalb der Funktionsgruppe Kühlgebläse.
e) Stellen Sie das System DV-Anlage gemäß folgendem Muster in einem Schaubild dar.

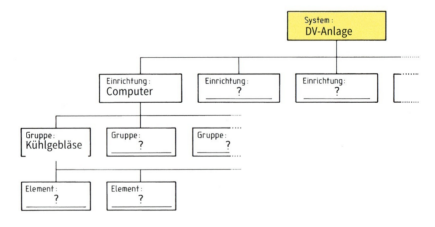

Geben Sie die Grundfunktionen der folgenden Baugruppen an. Übernehmen Sie dazu die Tabelle.

Baugruppe	Grundfunktion
Kurbeltrieb	?
Kompressorkessel	?
Keilriementrieb	?
Kupplung im Motorrad	?
Vergaser im Kfz	?
Rohrleitung in einer Druckluftanlage	?

1/8 Untersuchen Sie die Baugruppen am Schraubstock auf ihre Grundfunktionen hin.

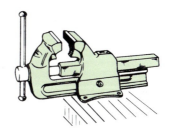

2 Systeme zur Umsetzung von Energie, Stoff und Information

Systeme zum Energieumdatz

2/1 Zwei Kollegen sehen, wie ein anderer einen Sack auf die Schulter hebt und über den ebenen Werkhof trägt. Der eine sagt zum anderen: „Der arbeitet aber schwer!" Da antwortet sein Kollege: „Rein physikalisch arbeitet der zur Zeit gar nicht. Er hat im physikalischen Sinne nur einmal kurz gearbeitet." Ist die Behauptung des Kollegen richtig? Geben Sie eine Begründung.

2/2 An einer Baustelle stehen zwei gleich große Container für den Erdaushub. Sie haben unterschiedlich lange Rampen. Zwei Arbeiter beladen die Container mit gleichen Schubkarren, die gleich schwer beladen sind.

a) Äußern Sie sich zu beiden Fällen hinsichtlich aufzuwendender Kraft, Weg auf der Rampe und erbrachter physikalischer Arbeit.
b) Formulieren Sie entsprechend Ihrer Antwort eine Regel. – Man nennt diese Regel die „Goldene Regel der Mechanik".

Im internationalen Einheiten-System (SI-System) sind die Einheiten und die Formelzeichen für physikalische Größen ge-normt. Übernehmen Sie die folgende Tabelle und vervollständigen Sie diese.

physikalische Größe	Formel-zeichen	Einheit im SI-System
Weg	?	?
?	?	Ws
Arbeit	?	?
?	?	kg
?	F_G	?

Mechanische Arbeit, Leistung, Wirkungsgrad

Formel

Mechanische Arbeit:
$$W = F \cdot s$$

Leistung:
$$P = \frac{W}{t} = \frac{F \cdot s}{t}$$
$$P = F \cdot v$$

Wirkungsgrad:
$$\eta = \frac{P_e}{P_i}$$

$$\eta_{ges} = \eta_1 \cdot \eta_2 \cdot \cdots$$

Formelzeichen

W mechanische Arbeit in Nm (J, Ws) oder kWh
F Kraft
s Weg
v Geschwindigkeit
P Leistung in Nm/s (W) oder kW
t Zeit
η Wirkungsgrad
η_{ges} Gesamtwirkungsgrad
P_e Nutzleistung (effektive Leistung)
P_i aufgewendete Leistung (induzierte Leistung)

Berechnen Sie die fehlenden Angaben in der folgenden Tabelle.

	a)	b)	c)	d)	e)
Kraft	3 000 N	4 000 N	? N	100 N	0,3 kN
Weg	50 mm	? m	5 dm	5 km	? m
Arbeit	? Nm	18 kJ	2 J	? kJ	1 200 Nm

Der Bär eines Gesenkschmiedehammers hat eine Gewichtskraft von 5 kN. Er soll um 80 cm angehoben werden.
Welche Arbeit ist dazu notwendig?

Mit einer Hebebühne wird ein Pkw angehoben. Die durch die Hebebühne verrichtete Arbeit beträgt 36 000 J.
Berechnen Sie die Gesamtmasse von Pkw und Hebebühne.

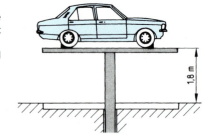

1,8 m

2/7 Ein Förderband transportiert in 1 Stunde 40 m³ Sand (ϱ = 1,8 kg/dm³) auf 3 m Höhe.
Wie groß ist die verrichtete Arbeit bei einer Betriebszeit von 9 Stunden?

2/8 Ein Gabelstapler hebt eine Last von 1,35 t. Er bewältigt dies mit 0,3 m/s.
Berechnen Sie die Arbeit und die Leistung, wenn die Last 1,8 m hoch gehoben wird.

2/9 Von vier verschiedenen Anlagen sind die folgenden Daten gegeben.
Ermitteln Sie die jeweils fehlenden Werte.

	a)	b)	c)	d)
Leistung	? kW	? kW	12 kW	? kW
Kraft	3 260 N	25 kN	–	20 kN
Zeit	7,5 s	? s	45 min	2,7 min
Arbeit	39 120 Nm	318,75 kNm	? kJ	? kJ
Geschwindigkeit	? m/s	0,85 m/s	–	40 m/min

2/10 Erklären Sie den Begriff „mechanische Energie", und unterscheiden Sie die verschiedenen Formen der mechanischen Energie.
Geben Sie für jede Form ein konkretes Beispiel.

2/11 Eine Druckfeder hat die Aufgabe, zwei Hebel auf einem bestimmten Abstand zu halten. Sie wird dabei um 8 mm zusammengedrückt.
Die Kraft ist bei der Längenänderung einer Feder nicht konstant, sondern wächst mit größer werdender Längenänderung. Man errechnet die Arbeit aus der Fläche unter der Kurve des Kraft-Weg-Diagramms.
Ermitteln Sie die Energie, die zum Zusammendrücken der Feder um 8 mm notwendig ist.

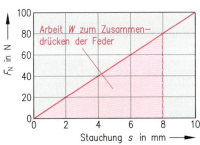

2/12 Ein Pumpspeicherwerk fördert in der Nacht 180 000 m³ Wasser zurück in das Rückhaltebecken auf eine Höhe von 35 m.
Bestimmen Sie die Energie des nach oben gepumpten Wassers.

2/13 Ein Hebezeug hebt ein Gussstück von 280 kg in 7 Sekunden 1,2 m hoch auf eine Werkzeugmaschine.
Die Leistungsaufnahme des Hebezeugs ist 1,52 kW. Berechnen Sie den Wirkungsgrad.

2/14 Der Gesamtwirkungsgrad in einer Anlage beträgt 0,504. Die Anlage setzt sich aus drei Einzelwirkungsgraden zusammen (E-Motor – Getriebe – Werkzeugmaschine).
Der Elektromotor hat einen Wirkungsgrad von 90 %, die Werkzeugmaschine einen von 70 %.
Bestimmen Sie den dritten Wirkungsgrad.

2/15 Ein Motor nimmt 6 kW aus dem Netz auf. Er hat einen Wirkungsgrad von 0,9. Das angetriebene Hebezeug hat einen Wirkungsgrad von 0,5.
Welche Last kann in 10 s auf 5 m Höhe gehoben werden?

2/16   Stellen Sie den Energieumsatz in einem Wasserkraftwerk in einem Schema dar.

2/17   In windreichen Gegenden, z. B. an Küsten, werden in stärkerem Maße Windkraftwerke errichtet. Welche Vor- und Nachteile haben diese Systeme?

2/18   Übertragen Sie die Tabelle, bezeichnen Sie die vier Takte eines Ottomotors und geben Sie jeweils die Ventilstellungen mit *offen* beziehungsweise *geschlossen* an.

	Bezeichnung des Taktes	Einlassventil	Auslassventil
1. Takt	?	?	?
2. Takt	?	?	?
3. Takt	?	?	?
4. Takt	?	?	?

Systeme zum Stoffumsatz

2/19   Ordnen Sie die folgenden Fälle in formlose Stoffe und geometrisch bestimmte Körper: Sand, Transportbeton, gegossene Eisenbahnschwelle, Kunststoffgranulat, Klebstoff, Gießharz, Kupferrohr, Blechabschnitt, Träger, Blechtafel, Feilspäne, gefeilter Schlüssel, Wachsmodell.

2/20   Einem Gießereibetrieb, in dem Getriebegehäuse hergestellt werden, wird eine mechanische Werkstatt zur Bearbeitung der Gussteile angegliedert. Man berät, ob der Transport zwischen beiden Betriebsteilen mit Gabelstaplern oder mit einer Hängebahn durchgeführt werden soll.

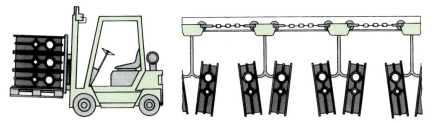

Führen Sie Vor- und Nachteile beider Transportmöglichkeiten auf.
Wie sollte man sich entscheiden?

Stofftransport

	Formel	**Formelzeichen**

Geschwindigkeit: $v = \dfrac{s}{t}$

Massestrom: $\dot{m} = \dfrac{m}{t_{ges}}$

Volumenstrom: $q_v = \dfrac{V}{t}$

$q_v = S \cdot v$

Kontinuitätsgleichung: $S_1 \cdot v_1 = S_2 \cdot v_2$

v — Geschwindigkeit
s — Weg
t — Zeit
t_{ges} — benötigte Gesamtzeit
m — Masse
$\dot{m}$ — Massestrom in kg/h
V — gefördertes Volumen
q_v — Volumenstrom in dm³/s
S — Leitungsquerschnitt

2/21 Für drei verschiedene Förderanlagen, **a)**, **b)** und **c)**, sind die folgenden Daten gegeben. Ermitteln Sie die fehlenden Werte.

v Geschwindigkeit des Förderbandes
s Förderweg auf dem Band
t Förderzeit für die Strecke s
t_{ges} Laufzeit des Bandes

	a)	b)	c)
v	1,2 m/s	? m/s	2,1 m/s
s	? m	200 m	30 m
t	35 s	70 s	? s
t_{ges}	7 h	? min	4 h
m	8,5 t	7 t	? t
$\dot{m}$	? kg/h	10 000 kg/h	0,8 t/h

2/22 In einem Salzstock wird das abgebaute Salz auf Förderbändern mit einer Geschwindigkeit von $v = 1,19$ m/s befördert.

a) Wie lange ist das Fördergut unterwegs, wenn die Einrichtung 360 m lang ist?
b) In einer 7-Stunden-Schicht werden 300 t transportiert. Berechnen Sie $\dot{m}$ in t/s und in kg/s.

2/23 In einer Rohrleitung mit dem Querschnitt S wird in der Zeit t das Volumen V transportiert. Berechnen Sie die fehlenden Werte der Tabelle.

	a)	b)	c)
V	? dm³	5 m³	13 m³
t	12 s	0,45 h	? s
q_v	? dm³/s	? dm³/s	5 200 dm³/s
S	15 mm²	491 mm²	? dm²
v	2,3 m/s	? m/s	1,5 m/s

2/24 In einer Hydraulikanlage hat das Öl eine Strömungsgeschwindigkeit von 3,55 m/s.

a) Wie groß ist der Volumenstrom der Pumpe in m³/s, wenn der Leitungsdurchmesser 25,4 mm beträgt?
b) Berechnen Sie den Durchmesser für die Saugleitung, wenn die Strömungsgeschwindigkeit in ihr 1,6 m/s beträgt.

2/25 Der Querschnitt einer Rohrleitung beträgt $S_1 = 310$ mm² und nach einer Querschnittsänderung $S_2 = 12$ mm².
Welche Strömungsgeschwindigkeit hat die Flüssigkeit nach der Querschnittsänderung, wenn sie vorher 2,5 m/s betrug?

2/26 Durch eine Rohrleitung strömen 4,2 m³ Wasser in einer Stunde.
Berechnen Sie den Durchmesser für das Rohr, wenn die Strömungsgeschwindigkeit 0,3 m/s beträgt.

2/27 Ein Öltank fasst 10 000 Liter Öl. In 27 min wird der Tank über eine Zuleitung mit dem Durchmesser von 65 mm gefüllt.
Wie groß ist die Strömungsgeschwindigkeit in der Leitung in m/s?

2/28 Die schematische Darstellung zeigt eine Bandsäge.
Skizzieren Sie die Darstellung ab, und be-nennen Sie jeweils die Funktionen der ge-kennzeichneten Einheiten.

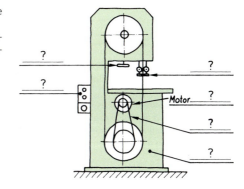

2/29   Erklären Sie den Unterschied zwischen Pumpen und Verdichtern.

2/30   Der dargestellte Verdichter ist ein Rootsver-
dichter. Nach welchem Prinzip arbeitet der
Verdichter?
Begründen Sie Ihre Antwort.

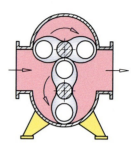

Systeme zum Informationsumsatz

2/31   Bei der Informationsübertragung in technischen Systemen kann der Mensch oder die Maschine
jeweils als Sender bzw. als Empfänger auftreten.
Bestimmen Sie, wer – Mensch oder Maschine – als Sender bzw. als Empfänger bei folgenden Vorgän-
gen auftritt.
   a) Eine E-Lok fährt über einen Schienenkontakt, daraufhin schließt die Straßenschranke.
   b) Eine Gegensprechanlage wird eingeschaltet und benutzt.
   c) Eine Sicherheitsanlage löst Alarm aus.
   d) Ein Pkw-Fahrer schaltet an seinem Auto die Warnblinkanlage ein.
   e) Die eingeschaltete Warnblinkanlage veranlasst die Verkehrsteilnehmer, die hinter einem Pkw
       fahren, langsamer zu fahren.

2/32   Untersuchen Sie, welche der folgenden Vorgänge dialog arbeitende Kommunikationssysteme darstellen und welche nicht dialog arbeiten. Begründen Sie Ihre Antwort.
   a) Die Zapfsäule an der Tankstelle zeigt die entnommene Kraftstoffmenge, den dafür zu zahlenden
       Geldbetrag sowie den Literpreis an. Am Ende des Tankvorganges wird ein entsprechender Kas-
       senbon ausgedruckt.
   b) Auf einem Kopierapparat erscheint nach längerem Kopieren die Schrift „Bitte Papier nachlegen".
       Ist Papier nachgelegt, erscheint am Bedienungspult die Schrift „Kopierbereit".
   c) Mit der Fernbedienung kann das Fernsehgerät ein- und ausgeschaltet werden. Die Programme
       werden damit gewechselt. Außerdem können die Lautstärke und die Farbintensität verändert
       werden.

2/33   Die linke Darstellung zeigt das Funktionsprinzip
eines Feinzeigers (Minimeter).
Erklären Sie an diesem Gerät die Teilsysteme eines
Messsystems.

2/34   Die rechte Darstellung zeigt ein Flüssigkeitsther-
mometer.
   a) Erklären Sie das physikalische Prinzip dieses
       Thermometers.
   b) Erklären Sie die Teilsysteme eines Messsys-
       tems am Beispiel des Thermometers.
   c) Durch welche konstruktive Änderung kann
       man die Ablesegenauigkeit erhöhen?

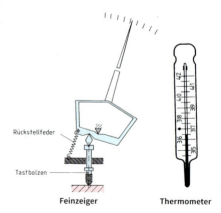

Feinzeiger   Thermometer

2/35   Entscheiden Sie, welcher Vorgang gesteuert und welcher geregelt ist.

    a) Autofahren,

    b) „Kochen auf automatischem Herd" mit Zeitschaltuhr für die Kochplatte,

    c) Duschen unter Warmwasserbrause mit Mischbatterie bei konstanter Wassertemperatur,

    d) Verkehrsampel,

    e) Druckminderventil für Sauerstoffflasche.

2/36   In der Skizze ist ein Wasserstandsregler dargestellt.

    a) Welche Größe wird geregelt?

    b) Benennen Sie das Stellglied.

    c) Welchen Einfluss hat die Lage des Drehpunktes?

    d) Kennzeichnen Sie den Informationskreislauf.

2/37   In einer Diskussion geht es darum, ob ein Vorgang gesteuert oder geregelt ist. Ein Kollege behauptet, beim Gasschmelzschweißen würde die Gaseinstellung – Brenngas und Sauerstoff – durch den Schweißer gesteuert, ein anderer sagt, das sei Regeln. Nur bei der Düsenauswahl sind sie sich einig. Welche ist die richtige Aussage?
Begründen Sie Ihre Stellungnahme.

2/38   Aktive Transponder sind mit einer Spannungsquelle versehen, damit sie über weitere Strecken aktiv sein können, wie z. B. die Transponder in Schließanlagen für Autotüren.
Informieren Sie sich im Internet über die damit verbundenen Gefahren einer Manipulation und über entsprechenden Schutzmaßnahmen.

Lösen Sie die folgenden zwei Aufgaben mithilfe eines Internetprogramms zum Erstellen von Codierungen.
Sie finden im Internet kostenlose Programme zum Erstellen von Strich- und QR-Codes, z. B. für Mobile:
http://barcode-generator.online und für PC: http:/ free-barcode.com.

2/39   Erstellen Sie mithilfe eines Programms im Barcodetyp *Interleafed 2of5* einen Barcode mit der Zahlenfolge „**026843**".
Lassen Sie eine andere Person mittels des Smartphones den erstellten Barcode entschlüsseln.

2/40   Generieren Sie einen QR-Code mit dem Text „**Baugruppe 4.356-3**".
Lassen Sie eine andere Person mittels des Smartphones den erstellten QR-Code entschlüsseln.

2/39   Sie haben ein neues Tablet erhalten. Welche Schutzprogramme sollten Sie unbedingt sofort installieren?

2/42 Erstellen Sie ein Aufbauschema nach dem Sie den Anschlag mit Führung in einem 3D-CAD-System aufbauen würden.

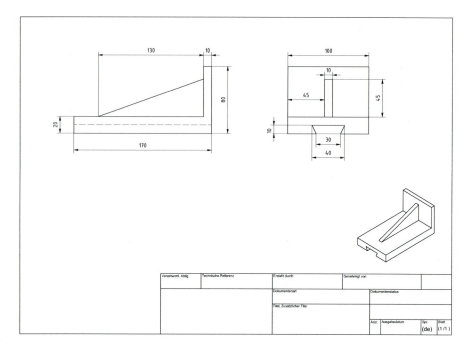

2/43 Erarbeiten Sie drei Vorteile eines 3D-CAD-Systems gegenüber einem 2D-CAD-System und begründen Sie Ihre Auswahl.

3 Funktionseinheiten des Maschinenbaus

3/1 Fertigen Sie nach folgendem Muster eine Tabelle an.

Bauelemente und Baueinheiten	Funktion
?	Verbindungselement
?	Abstützungselement
?	Einheit zur Übertragung mechanischer Energie
?	Einheit zur Umformung der Energie
?	Antriebseinheiten

Ordnen Sie folgende Bauelemente und Baueinheiten in die Tabelle ein.
Verbrennungsmotor, Riementrieb, Niet, Schraube, Antriebswelle, Stift, Leitspindel, Gleitlager, Maschinenständer, Drehmaschinenbett, Hydraulikmotor, Kettengetriebe.

Funktionseinheiten zum Stützen und Tragen

Auflagerkräfte

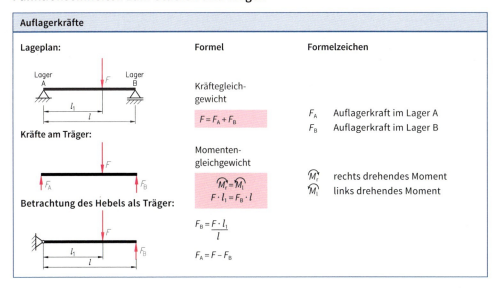

Lageplan:

Lager A F Lager B

l_1

l

Kräfte am Träger:

F

F_A F_B

Betrachtung des Hebels als Träger:

F

l_1

l

F_B

Formel

Kräftegleichgewicht

$$F = F_A + F_B$$

Momentengleichgewicht

$$\widehat{M_r} = \widehat{M_l}$$
$$F \cdot l_1 = F_B \cdot l$$

$$F_B = \frac{F \cdot l_1}{l}$$

$$F_A = F - F_B$$

Formelzeichen

F_A Auflagerkraft im Lager A
F_B Auflagerkraft im Lager B

$\widehat{M_r}$ rechts drehendes Moment
$\widehat{M_l}$ links drehendes Moment

3/2 Berechnen Sie die Auflagerkräfte.

a)
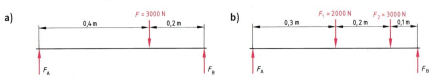

b)

c)
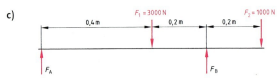

3/3 Zwischen der Führungsschiene und dem Laufrad eines Portalkranes wirkt eine Druckkraft von 50 kN.
Wie groß sind die Kräfte F_1 und F_2 in den Lagern?

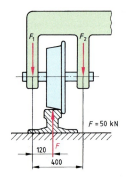

3/4 Die Verteilung der Gewichtskräfte an einem Drehmaschinenschlitten ist entsprechend der Abbildung.
Berechnen Sie die jeweiligen Auflagerkräfte in den beiden Führungen.

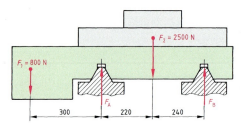

3/5 Schreiben Sie heraus, welche Bezeichnung für das jeweilige Lager richtig ist:
Axiallager als Gleitlager,
Axiallager als Wälzlager,
Radiallager als Gleitlager,
Radiallager als Wälzlager.

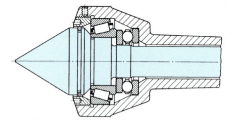

3/6 Zeichnen Sie das folgende Schema ab, und ordnen Sie die Lagerwerkstoffe Polyamid, SINT-B10 und Lg-PbSn10 in das Schema entsprechend ein.

	sehr gut	gut	befriedigend	ausreichend
Gleiteigenschaft	?	?	?	?
Tragfähigkeit	?	?	?	?
Notlaufeigenschaft	?	?	?	?

3/7 Haushaltmaschinen, z. B. Rührgeräte, werden nur kurzzeitig und mäßig belastet. Der Hausfrau soll die Wartung der Geräte nicht abverlangt werden.
Wählen Sie einen Lagerstoff für die Lager aus, und begründen Sie die Auswahl.

3/8 In einem Prospekt zu einem Schmiermittel wird angegeben:
„... Das Schmiermittel verbessert die Notlaufeigenschaften ..."
Was v-ersteht man unter dem Begriff Notlaufeigenschaft?

3/9 Eine Mischtrommel ist in Gleitlagern gelagert. Sie läuft nach längerer Stillstandzeit an.
Erklären Sie, wie sich beim Anlaufen die Reibung zwischen Welle und Lager ändert.

3/10 Warum dürfen in der unteren Hälfte eines Lagers keine Schmiernuten angebracht werden?

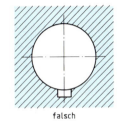
falsch

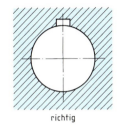
richtig

3/11 Welche Vorteile bietet der Einsatz von Zentralschmierung bei großen Maschinen?

3/12 Vergleichen Sie tabellarisch hydrodynamisch und hydrostatisch geschmierte Gleitlager. Übernehmen Sie dazu die Tabelle.

	hydrodynamisch geschmiert	hydrostatisch geschmiert
Reibung beim Anlauf	?	?
Abhängigkeit von der Drehzahl	?	?
Laufgenauigkeit	?	?
Kosten	?	?

3/13 Begründen Sie, warum bei niedrigen Drehzahlen eine Fettschmierung einer hydrodynamischen Ölschmierung vorgezogen wird.

3/14 Bezeichnen Sie die mit A, B, C und D bezeichneten Teile des Wälzlagers.

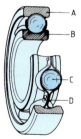

3/15 Welche Aufgaben hat ein Wälzlagerkäfig?

3/16 In einer Konstruktion ist zwischen Wellendurchmesser und Innendurchmesser des Lagergehäuses kein sehr großer maßlicher Unterschied. Es soll ein Wälzlager eingebaut werden.
Welche Art der Wälzlagerung schlagen Sie vor? Geben Sie eine Beschreibung für Ihren Vorschlag.

3/17 Benennen Sie die folgenden Wälzlager.

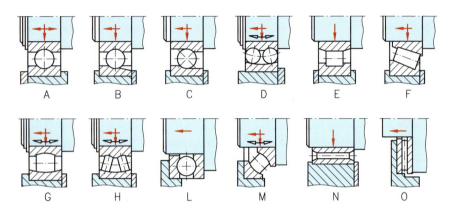

3/18 Skizzieren Sie das Schema der Lager und die Tabellen ab. Tragen Sie die Belastungsarten in die Tabellen ein.

Lager A

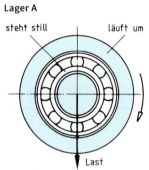

Lager B

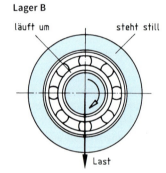

	Belastungsart
Außenring	?
Innenring	?

	Belastungsart
Außenring	?
Innenring	?

3/19 Die Seilrolle eines Krans ist in einem Wälzlager gelagert. Bei der Montage stellt der Mechaniker fest, dass sich die Achse der Rolle sehr leicht mit dem Innenring des Walzlagers fügen lässt. Der Außenring ist nur mit großem Kraftaufwand mit dem Lagersitz in der Hakenflasche zu fügen. Ist dies so in Ordnung?
Begründen Sie Ihre Antwort.

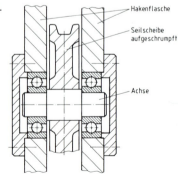

3/20 **a)** Geben Sie an, auf welcher Seite das Festlager und an welcher Seite das Loslager in den dargestellten Fällen ist.
b) Wie erfolgt eine Verschiebung der Loslager bei Wärmedehnung?
c) Geben Sie für alle Lager die richtigen Kurzbezeichnungen an.

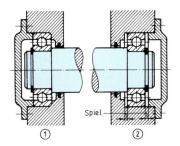
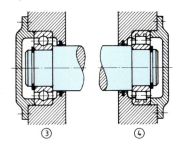

3/21 Ein Mechaniker sagt: „Gut gewartete Wälzlager halten ewig, wenn sie nicht überlastet werden."
Was ist von der Aussage zu halten?
Begründen Sie Ihre Antwort.

3/22 Für die Vorderradlagerung eines Autos und für die Lager einer ständig laufenden Turbine ist jeweils eine Lagerart auszuwählen. Begründen Sie Ihre Entscheidung, ob Gleitlager oder Wälzlager zu wählen sind, in einem Fachbericht.

3/23 Gleitführungen nutzen sich auf den Gleitflächen im Laufe der Zeit geringfügig ab.
Welche Wirkung hat diese Abnutzung auf die Flach- und Schwalbenschwanzführung einerseits und auf die V- und Dachführung andererseits?

3/24 Zeichnen Sie die folgende Tabelle ab, und vergleichen Sie die Gleitführungen mit den Wälzführungen in Bezug auf die angegebenen Gesichtspunkte. Benutzen Sie dabei jeweils die Begriffspaare „gering – größer", „leicht – schwerer" o. Ä.

	Gleitführung	Wälzführung
Art der Reibung	?	?
Kraftaufwand zum Verschieben	?	?
Schmiermittelverbrauch	?	?
Stick-Slip-Effekt	?	?
Möglichkeit des Austauschbaus	?	?
Passungsspiel	?	?

3/25 Erklären Sie, was man unter dem Stick-Slip-Effekt versteht.

3/26 Welche Bewegungen lässt eine Kugelführung mit zylinderförmigen Laufflächen für das aufgesetzte Teil zu?

3/27 Ein Maschinenteil, das auf Wälzführungen läuft, führt einen festgelegten Hub durch.
Begründen Sie, warum die Wälzführung über das Maschinenteil hinausragt.

3/28 Eine Längsführung für ein Werkzeug ist mit einer Wälzführung ausgestattet. Das Werkzeug hat einen Hubweg von 30 mm. Es wird auf 80 mm Länge geführt. Berechnen Sie die Länge der Wälzführung.

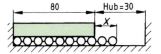

3/29 Berechnen Sie das größte Biegemoment für die dargestellte Achse. Der vierrädrige Wagen hat ein Gesamtgewicht von 300 kg, und die Last ist gleichmäßig verteilt.

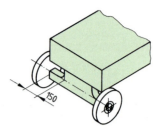

3/30 Die Achse eines Fahrrades ist entsprechend der Abbildung belastet.
Geben Sie an, auf welcher Seite der Achse Druckspannungen und auf welcher Seite Zugspannungen entstehen.

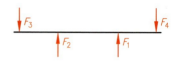

3/31 Die Achse eines Wagens dreht sich mit.
Welche Spannungen herrschen bei dieser Radstellung in der Achse an den Positionen 1, 2 und 3?

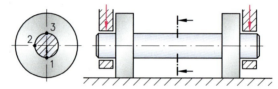

Elemente und Gruppen zur Energieübertragung

3/32 Geben Sie an, ob die beschriebenen Bauelemente richtig mit Achse bzw. Welle bezeichnet sind, und begründen Sie Ihre Antwort.

a) Tretlagerachse eines Fahrrades, **c)** Motorachse im Elektromotor,

b) Gelenkwelle eines Autos, **d)** Gelenkbolzen in einer Rollenkette.

3/33 Schreiben Sie die unvollständigen Sätze ab und ergänzen Sie diese:
Wellen werden stets auf ...?... beansprucht. Achsen dagegen werden hauptsächlich auf ...?... beansprucht.
Wellen sind Bauelemente, die ...?... weiterleiten.

3/34 Die dargestellte Welle wird entsprechend der Pfeilrichtung durch eine Kurbel gedreht.
Übernehmen Sie die Abbildung, und tragen Sie den Verlauf und die Richtung der Spannung, die in der Welle wirkt, ein. Beachten Sie, dass die einzutragenden Spannungspfeile der äußeren Belastung entgegenwirken müssen.

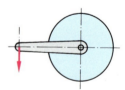

3/35 Wodurch unterscheiden sich Halszapfen und Stirnzapfen voneinander?

3/36 Beschreiben Sie die Funktionen eines Ringzapfens.

3/37 Eine Welle ist am Übergang zum Zapfen eingerissen.
Erklären Sie, welche Ursachen dazu geführt haben können. Wie sollte die Ersatzwelle beschaffen sein, damit ein erneuter Schaden vermieden wird?

3/38   Eine Winde soll hergestellt werden.

Der Besteller hat eine einfache Skizze vorgegeben.

Es sollen Gleitlager verwendet werden.

Planen und gestalten Sie die Verbindungen von

– Welle mit Kurbel,

– Welle mit Seiltrommel,

– Welle zwischen Lagern,

– Handkurbelzapfen mit Handgriff.

Fertigen Sie eine ausführliche Skizze an.

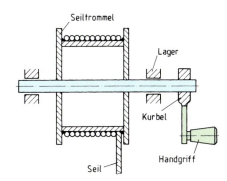

3/39   Vergleichen Sie eine Keilverbindung mit einer Federverbindung, indem Sie die gegebenen Begriffe in einer Tabelle richtig zuordnen.

Zentrieren von Welle und Nabe, axiale Sicherung notwendig, Keilverbindung, leicht lösbar, Nabe und Welle verkanten, empfindlich gegen wechselnde Belastung, sicherer Sitz der Nabe in axialer Richtung, Federverbindung, unempfindlich gegen wechselnde Belastung.

3/40   Nennen Sie ein Beispiel für die Verwendung von Gelenkwellen.

3/41   Warum befindet sich in einer Gelenkwelle zwischen den Gelenken stets ein Teleskopstück?

3/42   Unterteilen Sie die gegebenen Kupplungsbeispiele in schaltbare und nicht schaltbare Kupplungen.

a) Autokupplung,   c) Klauenkupplung zwischen Motor und Pumpe.

b) Freilauf im Fahrradhinterrad,

3/43   Warum soll eine Scheibenkupplung schwieriger einzubauen sein als eine Schalenkupplung?

3/44   Zwei Wellenenden stehen genau gegenüber. Die Wellen haben jedoch eine geringe Winkelbeugung zueinander.

Schlagen Sie eine Kupplung vor, die nicht schaltbar sein muss.

3/45   Bei einer Mehrspindelbohrmaschine befindet sich zwischen der Arbeitsspindel und den einzelnen Bohrspindeln jeweils eine Kupplung.

a) Wie heißt diese Kupplung?   b) Beschreiben Sie die Aufgabe dieser Kupplung.

3/46   Bei einfachen Kegelkupplungen tritt im eingekuppelten Zustand eine Kraft in Achsrichtung auf.

Wie müsste eine Kegelkupplung gestaltet werden, damit diese Kraft entfällt?

Skizzieren Sie Ihren Vorschlag.

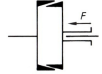

3/47   Bei Drehmaschinen gibt es an mehreren Stellen Kupplungen.

An welchen Stellen im Energiefluss einer herkömmlichen mechanischen Drehmaschine befinden sich Kupplungen? Welche Kupplungsart wird verwendet?

3/48 Im folgenden Text sind Einzelaussagen über eine Lamellenkupplung ungeordnet zusammengestellt. Schreiben Sie diese Aussagen in der richtigen Reihenfolge ab, sodass ein Fachbericht über die Lamellenkupplung entsteht.

- Lamellenkupplungen bestehen aus zwei Kupplungshälften, die jeweils mit einem Wellenende verbunden sind.
- Die Andruckkraft kann mechanisch, hydraulisch, pneumatisch oder elektronisch erzeugt werden.
- Die Übertragung des Drehmomentes geschieht durch Lamellen.
- Die Innenlamellen werden vom Kupplungsteil auf der getriebenen Welle in Nuten mitgenommen.
- Dabei wird durch Reibung das Drehmoment von den Außenlamellen auf die Innenlamellen übertragen.
- Die Lamellen werden beim Einschalten gegeneinander gepresst.
- Die Außenlamellen werden vom Kupplungsgehäuse mitgenommen.
- Dabei unterscheidet man Außen- und Innenlamellen.

3/49 Beschreiben Sie die Arbeitsweise der im Lehrbuch dargestellten, elektrisch geschalteten Lamellenkupplung.

3/50 Formulieren Sie aus den vorgegebenen Begriffen eine Beschreibung der Wirkungsweise einer Strömungskupplung.
„getriebene Schale", „treibende Schale", „wirkt wie Turbine", „wirkt wie Pumpe", „strömendes Öl", „Drehmoment wird übertragen"

3/51 Von welchen Faktoren hängt die Größe des zu übertragenden Drehmoments bei Strömungskupplungen ab?

3/52 Beschreiben Sie die prinzipielle Funktion einer Überlastkupplung.

3/53 Der Freilauf am Fahrrad ist eine richtungsbetätigte Schaltkupplung.
Erklären Sie, unter welchen Bedingungen der Freilauf einkuppelt und welche Bedingungen zum Auskuppeln führen.

Umfangsgeschwindigkeit, Übersetzungsverhältnis

	Formeln	Formelzeichen
Umfangs-geschwindigkeit:	$v = d \cdot \pi \cdot n$	v Umfangsgeschwindigkeit in m/min (m/s) n Umdrehungsfrequenz in 1/min (1/s)
Einstufige Getriebe:	$v_1 = v_2$ $d_1 \cdot \pi \cdot n_1 = d_2 \cdot \pi \cdot n_2$ $d_1 \cdot n_1 = d_2 \cdot n_2$	d Durchmesser i Übersetzungsverhältnis i_{ges} Übersetzungsverhältnis insgesamt n_A Umdrehungsfrequenz des ersten treibenden Rades
Übersetzungs-verhältnis:	$i = \dfrac{n_1}{n_2} = \dfrac{d_2}{d_1}$	n_E Umdrehungsfrequenz des letzten getriebenen Rades
Mehrstufige Getriebe:	$i_{ges} = \dfrac{n_A}{n_E}$; $i_{ges} = i_1 \cdot i_2 \cdot i_3 \cdot \ldots$	

3/54 Berechnen Sie die Umfangsgeschwindigkeit v in m/min eines Werkstücks auf einer Drehmaschine, wenn der Durchmesser $d = 350$ mm und die Umdrehungsfrequenz $n = 220$ 1/min beträgt.

3/55 Berechnen Sie die Umdrehungsfrequenz für einen Bohrer mit 20 mm Durchmesser, wenn seine Schnittgeschwindigkeit $v_C = 115$ m/min beträgt.

3/56 Die Umdrehungsfrequenz zweier aufeinander abrollender Räder sind $n_1 = 400$ 1/min und $n_2 = 100$ 1/min. Der Durchmesser des ersten Rades ist $d_1 = 60$ mm.

Berechnen Sie den Durchmesser d_2 des zweiten Rades.

3/57 Eine doppelte Zahnradübersetzung hat Räder mit $d_1 = 60$ mm, $d_2 = 150$ mm, $d_3 = 72$ mm, $d_4 = 288$ mm.

a) Errechnen Sie Einzelübersetzungen i_1 und i_2.
b) Bestimmen Sie Gesamtübersetzung i_{ges}.

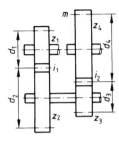

Drehmoment

Formeln

Berechnung des Drehmoments aus Kraft und Hebelarm:

$$M_d = F \cdot r$$

Berechnung des Drehmoments aus Leistung und Umdrehungsfrequenz (Drehzahl):

$$M_d = \frac{P}{2 \cdot \pi \cdot n}$$

Formelzeichen

M_d	Drehmoment
F	Kraft am Umfang
r	Hebelarm
P	Leistung
n	Umdrehungsfrequenz (Drehzahl)

3/58 Von einem Elektromotor wird das Drehmoment mit einem Keilriementrieb weitergeleitet. Das Motordrehmoment beträgt 3,5 Nm.

Berechnen Sie die Umfangskraft an Rad 1 und Rad 2.

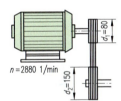

3/59 Eine dreistufige Riemenscheibe überträgt mit der kleinsten Scheibe $d_1 = 80$ mm die Umfangskraft 1 200 N.
Berechnen Sie die Drehmomente für die Stufenscheibe in Nm.
Was folgern Sie aus dem Ergebnis?

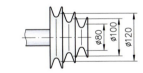

3/60 Bei einem Versuch zur Ermittlung der Schnittkraft wurden 1 080 N gemessen. Die Arbeitsspindel hat einen Durchmesser von 60 mm.
Berechnen Sie das Drehmoment an der Arbeitsspindel, wenn das Werkstück, an dem die Schnittkraft gemessen wurde, 120 mm Durchmesser hat.

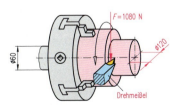

3/61 Ein Elektromotor leistet bei 3 000 1/min 3 kW (3 000 Nm/s).

a) Welches Drehmoment bringt der Motor auf?
b) Welche Umfangskraft tritt an einer aufgesetzten Keilriemenscheibe von 100 mm Durchmesser auf?

3/62 Mit der dargestellten Winde wird eine Masse von 400 kg gehoben.

a) Berechnen Sie die Kraft F_1 am Umfang des großen Rades.

b) Welche Handkraft ist erforderlich?

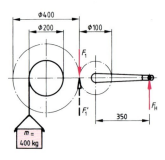

3/63 An einer Drehmaschine wird ein Span mit der Schnittkraft von 2 200 N abgetrennt. Das Werkstück hat 80 mm Durchmesser. Die Umdrehungsfrequenz beträgt 1 000 1/min.

a) Welches Drehmoment entsteht am Werkstück?

b) Berechnen Sie die Leistung an der Spindel.

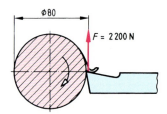

3/64 Erklären Sie die Vor- und Nachteile eines stark vorgespannten Flachriemens.

3/65 Übernehmen Sie die folgenden Aussagen über Riemengetriebe. Setzen Sie dabei die in den Klammern zur Auswahl stehenden Begriffe richtig ein.
Riementriebe übertragen Drehbewegungen *(formschlüssig/kraftschlüssig)*. Die Größe der übertragbaren *(Umfangskraft/Schnittkraft)* wächst mit *(steigender/fallender)* Normalkraft, mit *(kleiner/größer)* werdender Reibungszahl und mit *(kleinerem/größerem)* Umschlingungswinkel des *(größeren/kleineren)* Rades.

3/66 Beschreiben Sie, warum ein Flachriemen die Umfangsgeschwindigkeit des treibenden Rades nie voll auf das getriebene Rad übertragen kann. Benutzen Sie dafür auch die Begriffe Schlupf, Leertrum und Arbeitstrum.

3/67 Bei einer Drehmaschine wird die Drehbewegung vom Motor auf die Arbeitsspindel mit mehreren Keilriemen übertragen.
Warum setzt man keine Flachriemen ein? Begründen Sie Ihre Antwort.

3/68 Die Drehbewegung vom Tretlager eines Fahrrades auf das Hinterrad wird mit einem Kettengetriebe übertragen.
Beschreiben Sie, warum man keinen Riementrieb nimmt.

3/69 Nennen Sie formschlüssige und kraftschlüssige Zugmittelgetriebe. Beschreiben Sie die besonderen Aufgaben von Zugmittelgetrieben.

3/70 Bei Werkzeugmaschinen ist in den meisten Fällen zwischen Antrieb und der Arbeitsspindel ein kraftschlüssiges Zugmittelgetriebe.
Begründen Sie diese Maßnahme.

3/71 An einer Landmaschine werden durch einen Kettentrieb zwei Stößel so bewegt, dass sie einen Hub genau gemeinsam machen und der nächste Hub von einem Stößel allein erfolgt.
Die Kette ist schlaff geworden. Zur Straffung müssten drei Kettenglieder entfernt werden. Der Mechaniker lehnt dies ab, weil dann die Anlage nicht mehr funktioniere.
Äußern Sie sich dazu.

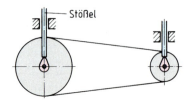

Stirnradabmessungen

Formeln	

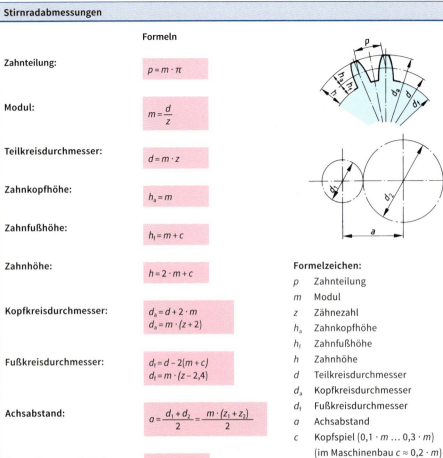

Zahnteilung:
$$p = m \cdot \pi$$

Modul:
$$m = \frac{d}{z}$$

Teilkreisdurchmesser:
$$d = m \cdot z$$

Zahnkopfhöhe:
$$h_a = m$$

Zahnfußhöhe:
$$h_f = m + c$$

Zahnhöhe:
$$h = 2 \cdot m + c$$

Kopfkreisdurchmesser:
$$d_a = d + 2 \cdot m$$
$$d_a = m \cdot (z + 2)$$

Fußkreisdurchmesser:
$$d_f = d - 2(m + c)$$
$$d_f = m \cdot (z - 2{,}4)$$

Achsabstand:
$$a = \frac{d_1 + d_2}{2} = \frac{m \cdot (z_1 + z_2)}{2}$$

Übersetzungsverhältnis:
$$i = \frac{n_1}{n_2} = \frac{z_2}{z_1}$$

Formelzeichen:

p Zahnteilung
m Modul
z Zähnezahl
h_a Zahnkopfhöhe
h_f Zahnfußhöhe
h Zahnhöhe
d Teilkreisdurchmesser
d_a Kopfkreisdurchmesser
d_f Fußkreisdurchmesser
a Achsabstand
c Kopfspiel $(0{,}1 \cdot m \ldots 0{,}3 \cdot m)$
    (im Maschinenbau $c \approx 0{,}2 \cdot m$)
i Übersetzungsverhältnis
n Umdrehungsfrequenz

3/72   Berechnen Sie die fehlenden Werte der Tabelle für Stirnradabmessungen.

	a)	b)	c)	d)	e)
p	?	?	?	?	?
m	2,5 mm	?	3 mm	?	?
d	?	240 mm	240 mm	?	?
d_a	?	?	?	?	260 mm
d_f	?	?	?	94 mm	?
h	?	?	?	?	?
h_a	?	?	?	?	3,25 mm
h_f	?	?	?	?	?
z	80	60	?	40	?

3/73 Erklären Sie die Begriffe Modul, Teilkreisdurchmesser und Teilung und deren Bedeutung für einen Zahnradtrieb.

3/74 Welche Auswirkungen hat ein Zwischenrad

a) auf das Übersetzungsverhältnis,
b) auf die Drehrichtung des getriebenen Rades?

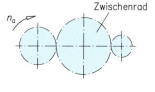

3/75 Ein Zahnrad in einem Zahnradgetriebe muss ersetzt werden. Im Ersatzteillager findet sich ein Zahnrad, das zwar die gewünschte Zähnezahl hat, jedoch einen geringfügig abweichenden Modul. Können Sie dieses Zahnrad einbauen? Begründen Sie Ihre Antwort.

3/76 Übernehmen Sie die folgende Abbildung, und tragen Sie die wichtigsten Größen für das Zahnrad ein. Drücken Sie die Zahnradmaße auch durch die Formelzeichen aus.

3/77 An einem beschädigten Zahnrad ließ sich lediglich die Zähnezahl mit 61 und der Kopfkreisdurchmesser mit 126 mm ermitteln.
Es sind die Größen d; p; m; d_f zu ermitteln.

3/78 Bei einem Zahnradgetriebe ist das getriebene Zahnrad beschädigt. Es ist auszuwechseln (Modul $m = 0{,}8$ mm). Der Teilkreisdurchmesser des getriebenen unbeschädigten Zahnrades beträgt 37,6 mm. Das Übersetzungsverhältnis der beiden Räder beträgt 2,617 : 1.
Berechnen Sie für das neue Zahnrad die Zähnezahl, die Teilung, den Kopfkreisdurchmesser und den Fußkreisdurchmesser.

3/79 Zwei geradverzahnte Stirnräder mit dem Modul 8 mm und den Zähnezahlen 17 und 84 stehen im Eingriff.
Wie groß ist der Achsabstand der beiden Räder?

3/80 Der Achsabstand zweier geradverzahnter Stirnräder ist 144 mm. Das erste Zahnrad hat 35 Zähne und einen Modul von 4 mm.
Berechnen Sie die Zähnezahl des zweiten Zahnrades.

3/81 Beweisen Sie rechnerisch, dass ein Zahnrad mit 18 Zähnen und dem Modul 3 mm nicht mit einem Zahnrad von 45 Zähnen und einem Modul von 4 mm gepaart werden kann.

3/82 Erläutern Sie die folgenden Zahnräder: – N-Rad,   – V-Rad,   – V-Plus-Rad.

3/83 Zeichnen Sie die folgende Tabelle ab, und vergleichen Sie die beiden Zahnformen miteinander.

	Evolventen-Verzahnung	Zykloiden-Verzahnung
Schwierigkeit der Herstellung	?	?
Abrollverhalten	?	?
Verschleiß	?	?
Verwendung	?	?

3/84 Bei der geometrischen Konstruktion der Zahnflanken unterscheidet man verschiedene Kurvenformen. Die folgenden Darstellungen zeigen zwei Konstruktionen.

a) Benennen Sie die jeweiligen Kurven. Beschreiben Sie die Entstehung des Kurvenverlaufs.

b) Geben Sie die jeweiligen Einsatzmöglichkeiten entsprechend verzahnter Getriebe an.

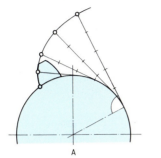
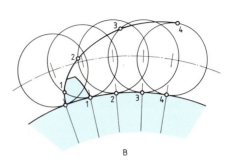

A   B

3/85 a) Benennen Sie die in den Abbildungen dargestellten Zahnradgetriebe.

b) Beschreiben Sie die jeweilige Lage der Wellen zueinander.

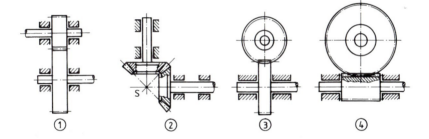

①   ②   ③   ④

3/86 Vergleichen Sie tabellarisch geradverzahnte und schräg verzahnte Stirnräder miteinander.

	geradverzahntes Stirnrad	schräg verzahntes Stirnrad
Wirkungsgrad	?	?
Kräfteverteilung in den Wellen	?	?
Laufruhe	?	?
Auswirkung geringer Fertigungsfehler	?	?
Eignung für hohe Drehzahlen	?	?

3/87 Skizzieren Sie in einer Ansicht einmal Doppelschrägverzahnung und zum anderen Pfeilverzahnung. Welchen Nachteil der Schrägverzahnung kann man durch Doppelschräg- oder Pfeilverzahnung beheben?

3/88 Schreiben Sie den folgenden Text ab, und ergänzen Sie die fehlenden Begriffe.

Schnecken- und Schraubenradgetriebe übertragen Drehbewegungen bei …?… Wellen. Schraubenradgetriebe übertragen …?… Drehmomente. Durch die Art der Berührung haben Schraubenradgetriebe …?… Verschleiß.

Schneckengetriebe dagegen übertragen …?… Drehmomente. Sie laufen mit …?… Geräusch. Schneckengetriebe haben durch die Gleitbewegung …?… Verschleiß. Mit Schneckengetrieben sind …?… Übersetzungen möglich.

3/89 Ein Planetengetriebe hat folgende Zähnezahlen:
- Hohlrad   109
- Sonnenrad   37
- Planetenrad   35

Der Planetenträger steht fest. Der Antrieb erfolgt über das Sonnenrad, der Abtrieb über das Hohlrad. Ermitteln Sie das Übersetzungsverhältnis.

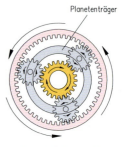

Planetenträger

3/90 Die Zeichnung zeigt den Querschnitt eines Harmonic-Drive-Getriebes in einem Roboterarm.

a) Benennen Sie die gekennzeichneten Bauteile.

b) Beschreiben Sie den Verlauf der Drehbewegung von Antrieb bis zum Abtrieb.

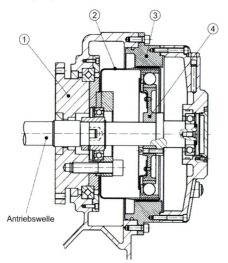

Antriebswelle

3/91 Welche Zahnradtriebe sind dargestellt?

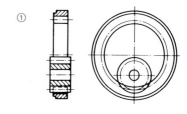

①

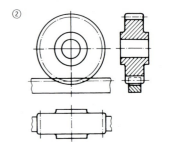

②

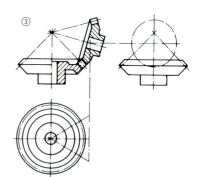

③

3/92 Wie viel verschiedene Umdrehungsfrequenzen lassen sich mit dem dargestellten Schieberadgetriebe schalten?

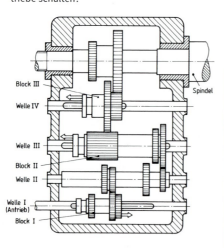

Block III
Welle IV
Welle III
Block II
Welle II
Welle I (Antrieb)
Block I
Spindel

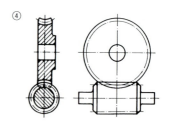

④

152

4 Festigkeitsberechnungen von Bauelementen

Grundlagen zur Festigkeitsberechnung

4/1 Geben Sie die Art der Beanspruchung für die gegebenen Bauelemente in folgenden Beispielen an.

a) Schraubstock
beim Spannen
des Werkstücks

b) Klemmhebel
beim Drehen
an der Kurbel

c) Hebezeug
beim Anheben
der Last

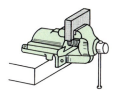 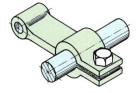 

– Gewindespindel
– Schraubstockbacken
– Handhebel
– Gewinde in der Mutter

– Welle
– Hebel
– Schraube
– Klemmbacken des Hebels

– Seil
– Zugkette
– Wellen für Rollen

4/2 Ein Gelenklager ist an der Decke befestigt. Die Stange wird auf Zug und Druck beansprucht. Geben Sie die Beanspruchungs- und Belastungsarten von Bolzen und Schraube an.

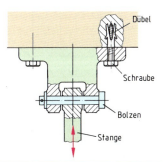

Dübel

Schraube

Bolzen

Stange

Zugbeanspruchung

Formel

$$\sigma_z = \frac{F}{S}$$

$$S_{erf} = \frac{F_{max}}{\sigma_{z\,zul}}$$

Formelzeichen

σ_z	Zugspannung
F	Zugkraft
S	beanspruchter Querschnitt
S_{erf}	erforderlicher Querschnitt
$\sigma_{z\,zul}$	zulässige Zugspannung
F_{max}	größte Zugkraft

4/3 Berechnen Sie die fehlenden Werte für folgende Zugstäbe.

	a) Rundstab	**b)** Winkelprofil	**c)** Vierkantstab
Maße	ø ? mm	L 45 x 30 x 5 mm	▢ ? x 12 mm
F_{max}	65 kN	45 kN	64,7 kN
σ_z	63,4 N/mm²	?	180 N/mm²

4/4 Welche Zugkraft kann eine Gliederkette aus E 295 aufnehmen, wenn die Glieder der Kette aus Rundmaterial mit 5 mm Durchmesser gefertigt sind?

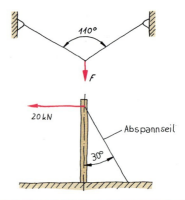

4/5 Ein Draht aus E 360 wird entsprechend der Skizze mit 10 000 N schwellend belastet. Welchen Durchmesser muss der Draht haben?

4/6 Ein 5 m hoher Mast wird mit einem Seil unter 30° abgespannt.
Berechnen Sie den tragenden Querschnitt des Seiles, wenn die zulässige Spannung des Werkstoffes 320 N/mm² beträgt.

Druckbeanspruchung

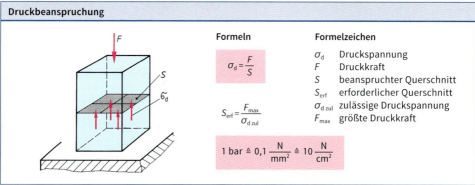

Formeln

$$\sigma_d = \frac{F}{S}$$

$$S_{erf} = \frac{F_{max}}{\sigma_{d\,zul}}$$

$$1\ bar \triangleq 0,1\ \frac{N}{mm^2} \triangleq 10\ \frac{N}{cm^2}$$

Formelzeichen

σ_d Druckspannung
F Druckkraft
S beanspruchter Querschnitt
S_{erf} erforderlicher Querschnitt
$\sigma_{d\,zul}$ zulässige Druckspannung
F_{max} größte Druckkraft

4/7 Berechnen Sie die zulässige Druckkraft F_{zul} in N für die gegebenen Druckstäbe.

	a) Vierkantstab	**b)** Quadratstab	**c)** Rundstab
Maße	□ 40 x 16 mm	□ 16 mm	ø 25 mm
$\sigma_{d\,zul}$	110 N/mm²	85 N/mm²	75 N/mm²
F_{zul}	?	?	?

4/8 Welche Spannung tritt in der Kolbenstange auf, wenn der Druck von 30 bar

a) von der Kolbenstangenseite her wirkt?

b) auf den Boden des Kolbens wirkt?

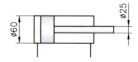

Flächenpressung

Flächenpressung entsteht in den Berührungsflächen zweier Werkstücke. Als Berührungsfläche gilt die Projektionsfläche senkrecht zur Wirkungsrichtung der Kraft.

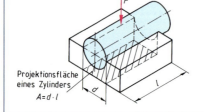

Formel

$$p_{zul} = \frac{F}{A}$$

$$A_{erf} = \frac{F_{max}}{p_{zul}}$$

Formelzeichen

p_{zul} zulässige Flächenspannung
A_{erf} erforderliche Fläche
A Projektion der Berührungsfläche
F_{max} größte Kraft
F Druckkraft

4/9 Eine rechteckige Stahlplatte aus S 235 soll eine Druckkraft von 15 kN auf eine Unterlage übertragen, deren Werkstoff ein p_{zul} von 0,8 N/mm² hat.
Berechnen Sie die Abmessungen der Stahlplatte, wenn $a : b = 1 : 2$ sein soll.

4/10 Ein quadratischer Maschinenständer aus Gusseisen soll eine Druckkraft von 250 kN auf den Hallenboden übertragen (p_{zul} = 12,5 N/mm²).
Berechnen Sie die Größe der Auflagefläche.

4/11 Ein Zapfen mit einem Durchmesser von 40 mm wird bis 125 kN beansprucht.
Auf welcher Länge muss der Zapfen aus S 235 aufliegen, wenn dies der schwächste Werkstoff ist?

4/12 Ein Gleitlager wird mit 61,2 kN beansprucht. Der Zapfendurchmesser beträgt 24 mm und liegt 30 mm im Lager auf.
Berechnen Sie die Flächenpressung.

Scherbeanspruchung

Formeln	Formelzeichen	
$\tau_s = \dfrac{F}{S}$	τ_s	Scherspannung
	F	Scherkraft
	S	beanspruchter Querschnitt
$S_{erf} = \dfrac{F_{max}}{\tau_{zul} \cdot N}$	S_{erf}	erforderlicher Querschnitt
	τ_{zul}	zulässige Scherspannung
	F_{max}	größte Scherkraft
	N	Zahl der Scherquerschnitte

Für Stahl gilt: $\tau_{zul} = 0,8 \cdot \sigma_{zzul}$

4/13 Bestimmen Sie die zulässigen Scherspannungen für die folgenden Bauelemente, und berechnen Sie die fehlenden Werte.

	a) Zylinderstift	b) Bolzen	c) Niet
Werkstoff	E 295	E 360	S 235
σ_{zzul}	110 N/mm²	170 N/mm²	80 N/mm²
τ_{zul}	?	?	?
F_{max}	60 kN	?	?
S_{erf}	?	50,3 mm²	103 mm²

4/14 Der dargestellte Bolzen wird auf Zug beansprucht.
Bestimmen Sie D und h so, dass durch sie die gleiche Kraft übertragen werden kann wie durch den Bolzen mit dem Durchmesser d = 20 mm.
σ_{zul} = 80 N/mm², p_{zul} = 60 N/mm²

4/15 Bestimmen Sie die Zahl der Schnitte, und berechnen Sie den Bolzendurchmesser für τ_{zul} = 80 N/mm².

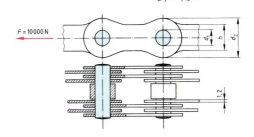

Berechnungen von Verbindungselementen

Schraubenverbindungen

Schrauben werden auf Zug beansprucht.

	Formeln	**Formelzeichen**
Schrauben **ohne** Vorlast:	$$S_s = \dfrac{F_B}{\sigma_{zzul}}$$ $$\sigma_{zzul} = \dfrac{R_{eH}}{2}$$	S_s Spannungsquerschnitt F_B Betriebskraft R_{eH} Streckgrenze σ_{zzul} zulässige Zugspannung v Sicherheit (2-fach, *ohne* Vorlast)
Schrauben **mit** Vorlast:	$$F_{max} = 1.7 \cdot F_B$$	F_{max} Gesamtbelastung F_B Betriebslast m Einschraubtiefe P Gewindesteigung d_2 Flankendurchmesser H_1 Tragtiefe p_{zul} zulässige Flächenpressung
Einschraubtiefe:	$$m = \dfrac{F_{max} \cdot P}{d_2 \cdot \pi \cdot H_1 \cdot p_{zul}}$$	

4/16   Übernehmen Sie die folgende Tabelle, und ermitteln Sie die fehlenden Größen für eine Schraube ohne Vorlast.

F_B	Festigkeitsklasse	R_{eH}	v	σ_{zzul}	S_s (berechnet)	Gewinde (gew.)
21 500 N	6.6	?	2	?	?	?

4/17   Der gezeigte Zughaken hat das Gewinde M 16.
Mit welcher Kraft kann der Haken maximal beansprucht werden, wenn der Belastungsfall II zugrunde gelegt wird. Der Haken ist aus E360 gefertigt.

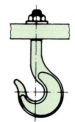

4/18   Die Zugstangen eines Antennenmastes werden mit Spannschlössern gespannt. Die Schraubhaken sind aus S235 gefertigt.

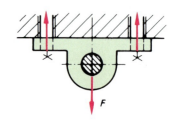

Berechnen Sie den Spannungsquerschnitt S_s der Schraubhaken, wenn von jedem Spannschloss maximal eine Spannkraft von 11 kN aufzunehmen ist, und wählen Sie das entsprechende Gewinde.

4/19   Ein Hängelager wird mit zwei metrischen Schrauben an einer Deckenplatte aus E295 befestigt. Die Schrauben gehören zur Festigkeitsklasse 4.8 und haben die Betriebslast von $F = 11{,}5$ kN aufzunehmen. Die Schrauben stehen unter Vorlast. Sie beträgt 70 % der Betriebslast.
Die Sicherheit für die Schrauben soll 2 betragen.
Berechnen Sie den Durchmesser für die Schrauben und wählen Sie richtig aus.

Stiftverbindungen

Stifte werden auf Scherung beansprucht.

Formeln

Verbindungsstifte:

$$S_{erf} = \frac{F_{max}}{\tau_{szul}}$$

für Stahl: $\tau_{szul} = 0{,}8 \cdot \sigma_{zzul}$

Sicherungsstifte:

$$S_{erf} = \frac{F_{max}}{\tau_{sB}}$$

für Stahl: $\tau_{sB} = 0{,}8 \cdot R_m$

Formelzeichen

F_{max}	größte Scherkraft
S_{erf}	erforderlicher Querschnitt
τ_{szul}	zulässige Scherspannung
τ_{sB}	Scherfestigkeit
σ_{zzul}	zulässige Zugspannung
R_m	Zugfestigkeit

4/20

Eine Handkurbel wird durch einen Zylinderstift drehsicher mit der Welle verbunden. Die entsprechenden Werte sind der Abbildung zu entnehmen.

a) Berechnen Sie die Scherkraft am Zylinderstift.

b) Welcher Stiftdurchmesser ist erforderlich, wenn die zulässige Scherspannung 130 N/mm² beträgt?

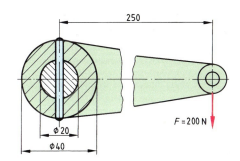

4/21

Ein Anschlag ist durch zwei Zylinderstifte mit der Grundplatte gegen Verschieben gesichert.

a) Wie groß ist die Scherspannung in den Stiften, wenn 3,1 kN auf den Anschlag wirken?

b) Die zulässige Scherspannung beträgt 80 N/mm². Vergleichen Sie rechnerisch die vorhandene mit der zulässigen Spannung, und überprüfen Sie, ob Stifte mit kleinerem Durchmesser ausreichen.

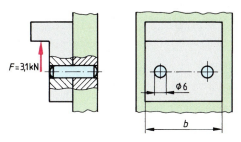

4/22

In den beiden dargestellten Fällen dient jeweils ein Zylinderstift als Sicherungsstift.
Mit welcher Kraft F können jeweils die Baueinheiten maximal belastet werden, wenn die Zylinderstifte aus E 295 sind?

a)   b)

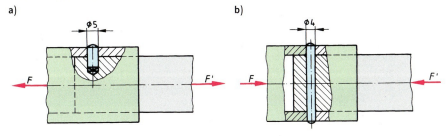

Passfederverbindungen

Passfederverbindungen werden auf Flächenpressung berechnet.

Formeln

geradstirnige Passfedern:
$$l_{erf} = \frac{4M_d}{d \cdot h \cdot p_{zul}}$$

rundstirnige Passfedern:
$$l_{erf} = \frac{4M_d}{d \cdot h \cdot p_{zul}} + b$$

Formelzeichen

l_{erf}	Passfederlänge
M_d	Drehmoment
d	Wellendurchmesser
h	Passfederhöhe
b	Passfederbreite
p_{zul}	zulässige Flächenpressung

4/23 Der Bohrungsdurchmesser einer Kupplung beträgt 70 mm. Die Kupplung soll bei einer Drehzahl von 1 200 1/min eine Leistung von 60 kW übertragen. Die beiden Kupplungshälften sind durch genormte Passfedern mit den Wellen verbunden. Die zulässige Flächenpressung beträgt 110 N/mm². Bestimmen Sie die Länge für rundstirnige Passfedern ohne Halteschraube.

4/24 Mit einer Welle aus E 335 (p_{zul} = 70 N/mm₂) ø 28 mm, ist eine Riemenscheibe aus Stahlguss durch eine Passfeder aus E 295 zu verbinden. Es soll ein Drehmoment von 50 Nm übertragen werden.

a) Welche Nabenbreite ist mindestens erforderlich?
b) Welche Abmessungen muss eine Passfeder Form B haben?

4/25 Ein Zahnrad aus 25 CrMo 4, das auf einer Welle aus E 360 verschoben werden kann, ist durch eine Passfeder mit der Welle verbunden.

a) Welches maximale Drehmoment lässt sich mit dieser Passfeder aus E 295 übertragen?
b) Wie groß ist die Umfangkraft am Teilkreis des Zahnrades?

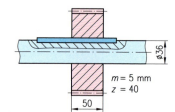

ø36 m = 5 mm z = 40   50

Klebe- und Lötverbindungen

Die notwendige Überlappungsfläche wird aus der zulässigen Scherspannung des Klebers bzw. Lotes errechnet.

Formel

$$l_{ü} = \frac{F}{\tau_{szul} \cdot b}$$

Formelzeichen

τ_{szul}	zulässige Scherspannung	b	Breite der Naht
$l_{ü}$	Überlappungslänge	F	Belastung

4/26 30 mm breite Aluminiumbleche sollen durch Überlappung geklebt werden. Berechnen Sie für eine Zugkraft von 1 800 N die erforderliche Überlappungslänge, wenn der Klebstoff eine zulässige Scherspannung von 8,5 N/mm² hat.

4/27 Bei einer Weichlötung hat das Lot eine zulässige Scherspannung von 18 N/mm². Die Überlappungslänge beträgt 40 mm, die Breite 25 mm. Welche Zugkraft kann die Lötstelle übertragen?

4/28 Zwei 400 mm breite und 2 mm dicke Aluminiumbleche sollen entsprechend der Abbildung geklebt werden. Die zulässige Zugspannung des Bleches beträgt 80 N/mm², die des Klebstoffes 9 N/mm².

a) Welche Zugkraft kann von den Blechen aufgenommen werden?
b) Wieviel mm müssen die Bleche überlappt werden, damit die Klebestelle die errechnete Zugkraft sicher übertragen kann?

5 Baugruppen und ihre Montage

Grundlagen

5/1 Maschinen, Geräte und Anlagen bestehen aus mehreren Baugruppen. Wählen Sie drei technische Systeme zur spanenden Bearbeitung aus Ihrem Betrieb aus und nennen Sie jeweils fünf typische Baugruppen, aus denen diese Systeme aufgebaut sind.

5/2 Welche Vorteile bringt die Baugruppenbauweise für den Hersteller und den Anwender der technischen Systeme?

5/3 Kopieren Sie das Bild des Getriebes.
Kennzeichnen Sie durch unterschiedliche Farben Baugruppen, die vormontiert werden können.

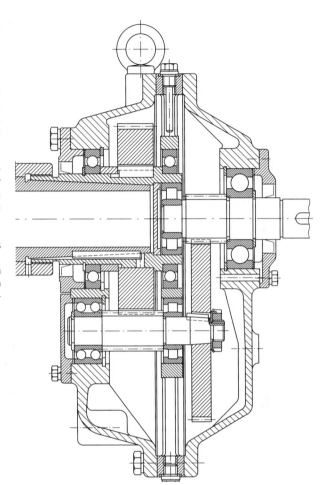

5/4 Die Tätigkeiten zur Baugruppenmontage lassen sich in die Haupttätigkeiten Fügen, Prüfen, Handhaben und Sondertätigkeiten einteilen.

Übertragen Sie die Tabelle, und ordnen Sie die folgenden Montagetätigkeiten richtig zu:

- Richten eines geschweißten Rohres,
- Schraube, Mutter und Unterlegscheibe zusammenführen,
- Wälzlager reinigen,
- Rundlauf einer Welle prüfen,
- Grundplatte aus einem Magazin entnehmen,
- Einhängen einer Zugfeder,
- Getriebe mit Öl füllen,
- Arbeitsablauf einer pneumatischen Steuerung überwachen,
- Spannen einer Zugstange,
- Erwärmen eines Wälzlagers,
- Nacharbeiten einer Passfeder,
- Lagerschale einpressen.

Haupttätigkeiten			Sondertätigkeiten
Fügen	Prüfen	Handhaben	

5/5   Fügeverfahren werden nach DIN 8593 in acht Gruppen eingeteilt.

    a) Nennen Sie diese acht Gruppen.

    b) Welche Fügeverfahren kommen bei der Montage der dargestellten Bohrvorrichtung für Kipphebel zur Anwendung?

    c) Geben Sie an, wie die einzelnen Teile miteinander gefügt sind.

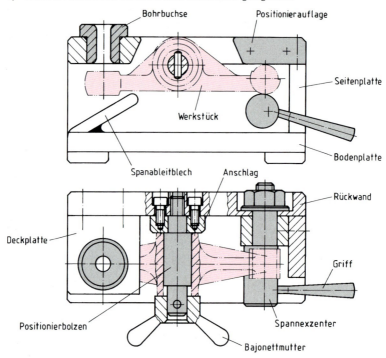

Fügen durch Schrauben

5/6   An einem Getriebegehäuse soll ein Deckel befestigt werden. Es stehen Stift- oder Einziehschrauben zur Auswahl.

    a) Geben Sie Gründe an, die für bzw. gegen diese Schrauben sprechen.
Für welche Schraube würden Sie sich entscheiden?

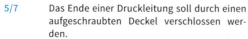

    b) Schreiben Sie die notwendigen Arbeitsschritte zur Herstellung der von Ihnen gewählten Schraubenverbindung auf.

5/7   Das Ende einer Druckleitung soll durch einen aufgeschraubten Deckel verschlossen werden.
Es wird über das Anziehen der Schrauben diskutiert. Einer schlägt Anziehen bis kurz vor die Streckgrenze der Schrauben vor, dann sei die Leitung dicht. Ein anderer schlägt vorsichtiges Anziehen vor, damit der Deckel eben gut anliegt, dann könnten die Schrauben unter Belastung auch nicht abreißen.
Was würden Sie vorschlagen? Begründen Sie Ihre Antwort.

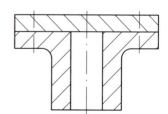

5/8 a) Was versteht man unter dem „Setzen" einer Schraubenverbindung?

   b) Durch welche Maßnahmen können Setzerscheinungen klein gehalten werden?

5/9 Schwellend belastete Schraubenverbindungen, wie z. B. Verschraubungen von Zylinderköpfen an Verbrennungsmotoren, werden mit Dehnschrauben ausgeführt.

   a) Skizzieren Sie eine Dehnschraube mit zwei Führungszylindern, und kennzeichnen Sie die besonderen Merkmale einer Dehnschraube.

   b) Warum sollten Dehnschrauben mindestens die Festigkeitsklasse 10.9 besitzen?

5/10 Ermitteln Sie das Vorspannungsverhältnis y für folgende Schraubenverbindungen:

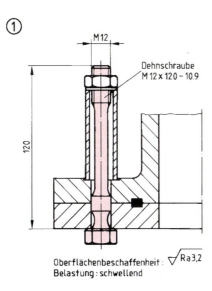

Oberflächenbeschaffenheit : $\sqrt{}$ Ra 3,2
Belastung : schwellend

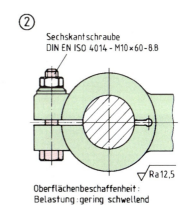

Oberflächenbeschaffenheit :
Belastung : gering schwellend

5/11 Sie erhalten den Auftrag, einen Deckel eines Kolbenpumpenzylinders mit 20 Stift-Dehnschrauben M12, Werkstoff 10.9 zu verschrauben. Der größte Druck beträgt 24 bar. Die Belastung tritt schwellend auf. Der mittlere Dichtungsdurchmesser d_m, der für die Kraftberechnung maßgebend ist, beträgt 334 mm.

   a) Berechnen Sie die Mindestvorspannkraft einer Schraube.

   b) Berechnen Sie das erforderliche Anzugsmoment bei einem Wirkungsgrad η = 0,16. Die sich berührenden Oberflächen von Schrauben, Muttern und Bauteilen sind geschlichtet.

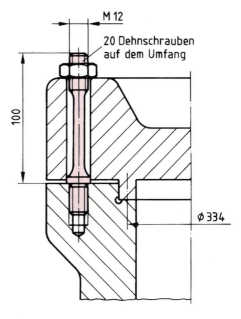

Ein Druckbehälter mit 50 bar Innendruck wird durch einen Deckel verschlossen. Er ist mit vier Schrauben M10 aus 8.8, 40 mm lang, befestigt.

a) Bestimmen Sie die Vorspannkraft für gering schwellende Belastung. Die Oberflächen sind geschlichtet.

b) Ermitteln Sie das Anzugsmoment für Schrauben mit einem Wirkungsgrad von 0,14 im Gewinde.

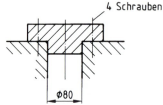

5/13   Schraubenverbindungen können mithilfe von Drehmomentschlüsseln oder mit dem Winkelanzugsverfahren auf eine bestimmte Vorspannkraft angezogen werden.

Warum ist das Winkelanzugsverfahren genauer als das Anziehen mit einem Drehmomentschlüssel?

5/14   Eine Schraube M30 aus 8.8 soll mit einer Spannung von 520 N/mm^2 vorgespannt werden. Die Schraube hat einen Spannungsquerschnitt von 561 mm^2.

a) Berechnen Sie die Zugkraft, mit der die Schraube gespannt werden muss.

b) Der ringförmige Kolben des hydraulischen Anzugsystems hat einen Innendurchmesser von 60 mm und einen Außendurchmesser von 80 mm. Berechnen Sie den Druck, der notwendig ist, um die notwendige Zugspannung aufzubringen.

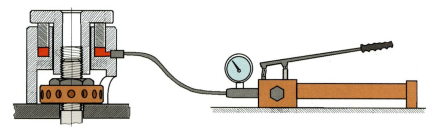

5/15   Skizzieren Sie die Deckelverschraubung einer Zahnradpumpe ab.

a) Begründen Sie, warum zur Verschraubung des Deckels mit dem Pumpengehäuse kein Dichtungsmittel eingesetzt wird.

b) Legen Sie die Anziehfolge der Schrauben durch Eintragen von Zahlen fest.

c) Beschreiben Sie den Anziehvorgang.

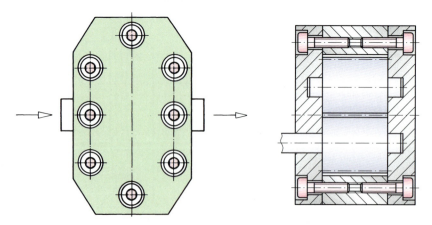

Fügen durch An- und Einpressen

Schraubenkräfte bei Klemmverbindungen

Klemmverbindung mit **geschlitzter** Nabe

Klemmverbindung mit **geteilter** Nabe

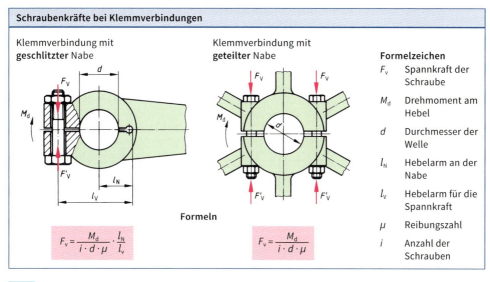

Formelzeichen

F_v	Spannkraft der Schraube
M_d	Drehmoment am Hebel
d	Durchmesser der Welle
l_N	Hebelarm an der Nabe
l_v	Hebelarm für die Spannkraft
μ	Reibungszahl
i	Anzahl der Schrauben

Formeln

$$F_v = \frac{M_d}{i \cdot d \cdot \mu} \cdot \frac{l_N}{l_v}$$

$$F_v = \frac{M_d}{i \cdot d \cdot \mu}$$

5/16 Eine Welle aus E 335 mit dem Durchmesser d = 80 mm wird über einen Riementrieb angetrieben. Die Riemenscheibe aus EN-GJL-250 ist zur einfacheren Montage geteilt. Die beiden Riemenscheibenhälften werden mit vier Schrauben verbunden. Berechnen Sie die Spannkraft, mit der jede Schraube mindestens angezogen werden muss, wenn am Riemen eine Kraft F = 12 000 N angreift und der Riemenscheibendurchmesser 500 mm beträgt, μ = 0,20.

5/17 Mithilfe des dargestellten Hebelsystems soll Rundstahl weitertransportiert werden.
Welche Masse darf eine Rundstahlstange höchstens besitzen, wenn die Schrauben der Hebel mit je 1 000 N angezogen werden? (Die Masse der Hebel bleibt unberücksichtigt.)

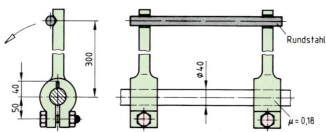

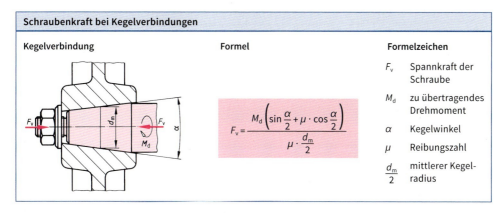

Schraubenkraft bei Kegelverbindungen

Kegelverbindung

Formel

Formelzeichen

F_v	Spannkraft der Schraube
M_d	zu übertragendes Drehmoment
α	Kegelwinkel
μ	Reibungszahl
$\dfrac{d_m}{2}$	mittlerer Kegelradius

$$F_v = \frac{M_d \left(\sin\frac{\alpha}{2} + \mu \cdot \cos\frac{\alpha}{2} \right)}{\mu \cdot \dfrac{d_m}{2}}$$

5/18 Ein Zahnrad aus Stahlguss wird am Ende einer Motorwelle aus E 335 über eine Kegelverbindung auf der Welle befestigt (Kegel 1:10; $\alpha = 5°43'30''$). Der Wellendurchmesser beträgt 50 mm und das Zahnrad ist 40 mm breit. Die Verbindung soll ein Drehmoment von 475 Nm übertragen.
Berechnen Sie die Spannkraft F_v für die Anzugsschraube, $\mu = 0,18$.

5/19 Ein Zahnrad mit einer Nabenbreite von 60 mm soll mit einer Ringfeder-Spannverbindung (Auswahl siehe Markierung in der Tabelle) auf einer Welle mit 65 mm Durchmesser befestigt werden. Der noch herzustellende Druckflansch soll mit einer Schraube M16 angepresst werden.
Zahnrad und Welle sind entsprechend der Skizze vorgefertigt.
Fertigen Sie eine Zeichnung für den Zerspanungsmechaniker an, nach der die Welle, die Nabe sowie der Druckflansch bearbeitet werden können.

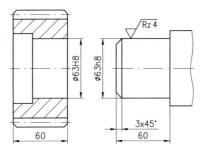
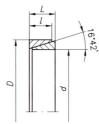

$d \times D$	L	l
mm	mm	mm
60 x 68	12	10,4
63 x 71	12	10,4
65 x 73	12	10,4
70 x 79	14	12,2
71 x 80	14	12,2
75 x 84	14	12,2

5/20 Ein Hebel soll mit einer Welle durch eine Pressverbindung gefügt werden. An der Welle wird ein Durchmesser von 20,24 mm gemessen. Die Bohrung ist mit 20 H7 gerieben.
a) Wie muss das Wellenende vorbereitet werden?
b) Was ist beim Einpressen zu beachten?

Querpressverbindungen – Durchmesseränderungen durch Erwärmung bzw. Abkühlung		
	Formeln	**Formelzeichen**
Durchmesseränderung	$\Delta d = d_o \cdot \alpha \cdot \Delta T$	Δd Durchmesseränderung
		d_o Ausgangsdurchmesser
	$\Delta d = P_{\ddot{u}\ddot{u}} + 10...15\ \mu m$	d Durchmesser nach Erwärmung bzw. Abkühlung
		α Längenausdehnungszahl
Durchmesser nach		ΔT Temperaturdifferenz
Erwärmung bzw.	$d = d_o \pm \Delta d$	$P_{\ddot{u}\ddot{u}}$ Betrag der Mindestpassung
Abkühlung		der zu fügenden Teile

5/21 Ein Zahnrad aus C 60 soll auf eine Welle aus C 60 mit dem Durchmesser 45 mm aufgeschrumpft werden.
Die Bohrung des Zahnrades hat das Passmaß 45 H7, die Welle das Passmaß 45 s6.
Berechnen Sie die erforderliche Erwärmung bzw. Abkühlung der Bauteile, wenn beim Fügen ein Spiel von 15 μm vorhanden sein soll.
(Hinweis: Verwenden Sie die entsprechende Tabelle für gebräuchliche Übermaßpassungen sowie eine ISO-Passmaßtabelle).

5/22 Das Rad eines Schienenfahrzeuges soll repariert werden. Hierzu muss ein Reifen aus E 335 auf den Radkörper aus EN-GJL-200 warm aufgezogen werden. Der Außendurchmesser des Radkörpers beträgt 60,000 mm.
Die Bauteile sollen vor dem Fügen ein Übermaß von 20 μm haben. Bestimmen Sie, auf welchen Innendurchmesser der Reifen gedreht werden muss und weisen Sie durch Rechnung nach, ob bei einer Erwärmung von $\Delta T = 90$ K das zum Fügen erforderliche Spiel von 15 μm gegeben ist.

5/23 Bestimmen Sie mithilfe eines Wälzlagerkataloges aus den Kurzzeichen der folgenden Wälzlager jeweils die Breiten- und Durchmesserbereiche sowie den Bohrungsdurchmesser.

a) Rillenkugellager DIN 625 – 6211
b) Zylinderrollenlager DIN 5412 – N207
c) Schrägkugellager DIN 628 – 3212

5/24 a) Das dargestellte Aufsteckgetriebe enthält sechs Wälzlager. Ordnen Sie den Lagern die folgenden Bezeichnungen zu:
– Rillenkugellager DIN 625 – 6306,
– Zylinderrollenlager DIN 5412 – NU 304 E,
– zweireihiges Schrägkugellager DIN 628 – 3204 B,
– Zylinderrollenlager DIN 5412 – NU 204 E,
– Rillenkugellager DIN 625 – 16013.

b) Jede der drei Getriebewellen ist mit einem Fest- und einem Loslager ausgestattet. Geben Sie für jede Teilenummer an, ob das Lager als Fest- oder Loslager eingebaut ist.

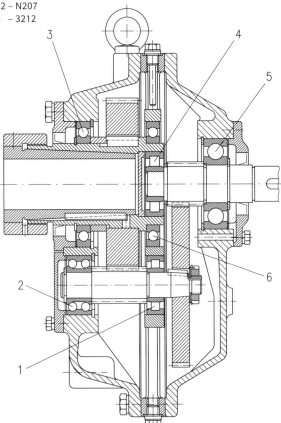

5/25 Die folgenden Bilder zeigen Beispiele für unsachgemäßen Einbau von Wälzlagern.

A B C

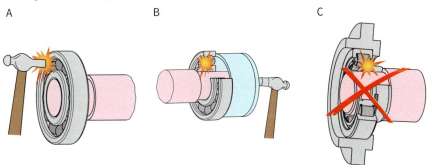

a) Geben Sie an, welche Fehler jeweils gemacht werden.
b) Welche Schäden werden durch den fehlerhaften Einbau der Wälzlager hervorgerufen?

5/26 Beschreiben Sie jeweils Möglichkeiten für den sachgemäßen Einbau der in Aufgabe 5/25 dargestellten Wälzlager.

5/27 **a)** Warum sollten Wälzlager, die mithilfe thermischer Verfahren gefügt werden, nicht über 120 °C erwärmt werden?

b) Die Wälzlager können auf einer Anwärmplatte, im Ölbad oder mit einem induktiven Erwärmungsgerät erwärmt werden.
Nennen Sie Vor- und Nachteile der einzelnen Verfahren.

5/28 Ordnen Sie die nachfolgend beschriebenen Arbeitsgänge für den Einbau von Kegelrollenlagern in Kraftfahrzeug-Radnaben so, dass eine einwandfreie Montage gewährleistet ist:

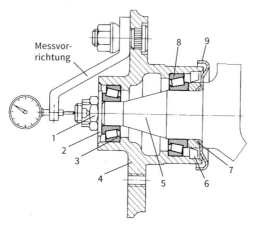

1 Kronenmutter
2 Stoßscheibe
3 äußeres Lager
4 Nabe
5 Achsschenkel
6 Wellendichtring
7 Zwischenring
8 inneres Lager
9 Schutzkappe

a) Innenring gut einfetten und in die Nabe einsetzen.
b) Stoßscheibe aufsetzen.
c) Nabenkörper reinigen.
d) Nabe auf den Achsschenkel schieben.
e) Deckel aufsetzen.
f) Innenring des äußeren Lagers gut fetten und auf den Achsschenkel schieben.
g) Sitzstellen leicht einölen und die beiden Außenringe einpressen.
h) Schutzkappe und Zwischenring auf den Achsschenkel aufsetzen.
i) Kronenmutter aufschrauben und bei gleichzeitigem Drehen der Radnabe anziehen.
j) Axialluft mit Messvorrichtung prüfen.

5/29 Begründen Sie, warum die Radialluft vor dem Lagereinbau zwischen der obersten Rolle und dem Außenring (Bild A) bzw. während des Aufpressens zwischen der untersten Rolle und dem Außenring (Bild B) gemessen wird.

Fügen durch Schweißen

5/30 In einen Rahmen mit den Innenmaßen 450 x 200 mm soll ein Rundstab von ø 30 mm mittig eingesetzt werden.
Es stehen Schweißen oder Schrauben zur Diskussion.
Vergleichen Sie die Verfahren hinsichtlich Montageaufwand, Materialaufwand, Spannungen im Werkstück und der Festigkeit.

Wärmespannungen

	Formeln	Formelzeichen	
Längenänderung	$\Delta l = l_\mathrm{o} \cdot \alpha \cdot \Delta T$	Δl	Längenänderung
		l_o	Ausgangslänge
Spannung	$\sigma = E \cdot \varepsilon$	α	Längenausdehnungszahl
		ΔT	Temperaturänderung
		ε	Dehnung
Dehnung	$\varepsilon = \dfrac{\Delta l}{l_\mathrm{o}}$	E	Elastizitätsmodul
		σ	Spannung

Längenausdehnungszahl α

Stoff	in 1/K
Aluminium	$23{,}8 \cdot 10^{-6}$
Stahl	$12 \quad \cdot 10^{-6}$
Kupfer	$16{,}5 \cdot 10^{-6}$

Elastizitätsmodul E

Stoff	in N/mm²
Aluminium	72 000
Stahl	210 000
Kupfer	125 000

5/31 In eine Konstruktion wurde ein 3 m langer Stahlträger eingeschweißt. Beim Schweißen erwärmten sich die Enden auf ca. 250 mm Länge um durchschnittlich 600 K.

a) Berechnen Sie die Längenänderung, die eingetreten wäre, wenn eine ungehinderte Ausdehnung möglich gewesen wäre.

b) Welche Spannung tritt auf, wenn die Längenänderung behindert ist?

5/32 a) Nennen Sie Maßnahmen gegen Verzug beim Schweißen von einseitigen Kehlnähten und mehrlagigen Doppel-Kehlnähten.

b) Skizzieren Sie die folgenden Darstellungen ab, und wählen Sie eine Schweißfolge, durch welche die Schweißspannungen im Werkstück gering gehalten werden.
Kennzeichnen Sie die Schweißfolge durch Zahlen an den Schweißnähten.

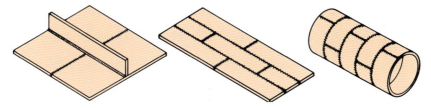

Prüfen in Montageprozessen

5/33 Zeichnen Sie das Schema ab, und ordnen Sie die gegebenen Beispiele der jeweiligen Prüfart zu.

Art der Prüfung			
statisch	dynamisch	überwachend	sicherheitstechnisch

Beispiele:

- Prüfen der NOT-AUS-Einrichtung bei einem Industrieroboter.
- Prüfen der Ebenheit einer Führungsfläche.
- Prüfen auf Vorhandensein und Lage einer Schraube, bevor ein Handhabungsautomat sie für die Montage greift.
- Prüfen der Drehzahl eines Pkw-Motors vor der Endmontage.
- Prüfen des Wellendurchmessers mit einem elektronischen Messschieber.

5/34 Legen Sie für die dargestellte Keilwelle mit Mutter die statischen Prüfungen und die erforderlichen Prüfmittel fest.
Übertragen und ergänzen Sie hierzu die unten stehende Tabelle.

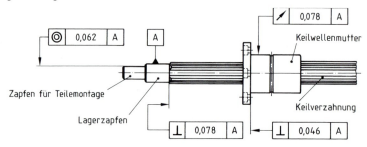

Lfd. Nr.	Montageprüfung	Genauigkeit in µm	Prüfmittel
1	?	?	?
2	?	?	?

5/35 Nach dem Aufstellen eines Waagerecht-Fräs-werkes wurden nach einer Probebearbeitung folgende Fehler vermutet:
– Fläche A und Fläche D sind wahrscheinlich nicht rechtwinklig zueinander,
– Fläche C und Fläche B sind vermutlich nicht parallel.
a) Geben Sie mögliche Prüfmittel an, mit denen die Fehler an der Maschine genau festgestellt werden können.
b) Beschreiben Sie den Prüfvorgang.

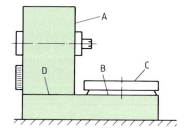

5/36 Ordnen Sie die nachfolgenden Prüfungen in statische Prüfungen und dynamische Prüfungen:
– Prüfen der Ebenheit der Aufspannfläche.
– Prüfen der Funktion der Hydraulik.
– Probelauf mit stufenlos auf- und abwärts stellbaren Ritzelspindeldrehzahlen und anschließen-dem Dauerlauf von 10 min bei bestimmter Drehzahl.
– Prüfen des Planlaufes der Anlagefläche der Spindelnase.
– Prüfen des Geräuschpegels, der 85 dB in einem bestimmten Frequenzbereich nicht überschreiten darf.

5/37 Die abgebildete Bohrmaschine wird preiswert als gebrauchte Maschine an-geboten.
Welche geometrischen Prüfungen sollte ein Kaufinteressent durchführen, bevor er sich zum Kauf der Bohrmaschine ent-schließt?

5/38 Die Zeichnung zeigt die automatische Stirndeckelmontage an einem Pkw-Motor. Zur Montage wird der Pkw-Motor mit einem fahrerlosen Transportsystem mit einer Genauigkeit von 20 mm in eine Montagestation gefahren. Ein Roboter entnimmt mit einer kombinierten Greif- und Schraubeinheit einer Palette den zu montierenden Stirndeckel. Dann erfolgt der eigentliche Fügeprozess. Nach dem Fügevorgang wird der Stirndeckel in der vorgegebenen Position am Motor von Zentrierbuchsen gehalten und durch den Schrauber mit sechs Schrauben am Motor befestigt. Die Schrauben werden automatisch zugeführt.
Welche Prüf- und Überwachungsaufgaben sind bei der automatischen Montage der Stirndeckel erforderlich?

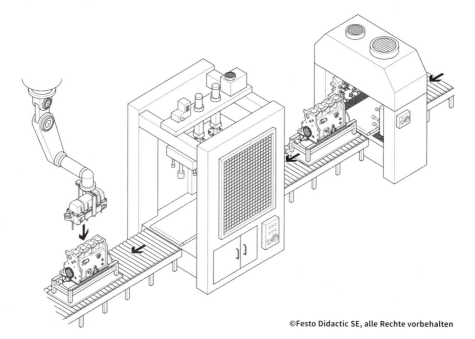

5/39 Wählen Sie geeignete Sensorsysteme für die Prüf- und Überwachungsaufgaben bei der automatischen Stirndeckelmontage in Aufgabe 5/38 aus.

5/40 Auf einer Montagestraße sollen in Lagerböcke Wälzlager eingesetzt werden. Die Lagerböcke sollen auf einem Band zur Montagestation transportiert werden. Der breitere Fuß muss immer in Transportrichtung nach links weisen, damit die weitere Montage ohne neue Orientierung ablaufen kann.
Planen Sie ein System, das die richtige Lage der Werkstücke überprüfen und falsch liegende Werkstücke vom Band stoßen kann.

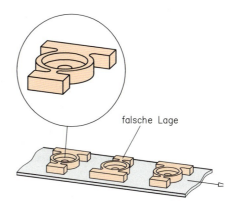

falsche Lage

Handhaben in Montageprozessen

5/41 Benennen Sie die Teilfunktionen für die Handhabung von Schmiederohlingen in einer Gesenk-schmiede.
- Schmiederohlinge werden aus einem Bunker in verschiedene Kästen geschüttet.
- Eine bestimmte Anzahl von Schmiederohlingen wird nach Lage geordnet in Paletten gegeben.
- Schmiederohlinge, die in Paletten an bestimmten Stellen gespeichert sind, werden einzeln einem Fertigungssystem zugeführt.

5/42 a) Schütten Sie 100 Sechskantmuttern so auf eine ebene Unterlage, dass sie einlagig liegen. Zählen Sie aus, wie viele Muttern flach aufliegen und wie viele hochkant stehen. Führen Sie den Versuch drei Mal durch und berechnen Sie den Mittelwert.
Wiederholen Sie den gleichen Versuch mit 100 Sechskantschrauben.
Übernehmen Sie die Tabelle, und tragen Sie die Versuchswerte ein.

Versuch	Muttern		Schrauben	
1	?	?	?	?
2	?	?	?	?
3	?	?	?	?
Mittelwerte	?	?	?	?

b) Wodurch wird bei den Sechskantmuttern und den Sechskantschrauben das Ordnungsverhalten bestimmt?

5/43 In einem Bunker sind Kugeln gespeichert. Es sollen jeweils 12 Kugeln in einen Kasten gefüllt werden.

a) Entwerfen Sie schematisch eine Vorrichtung zum exakten Füllen der vorgefertigten Kästen.

b) Benennen Sie präzise die Handhabungsfunktion.

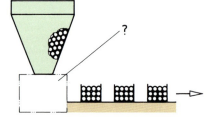

5/44 Welche Art der Speicherung ist in den folgenden Fällen mindestens erforderlich?
Geben Sie jeweils eine kurze Begründung an.
- Schrauben im Magazin einer Schraubvorrichtung.
- Kugeln im Bunker einer Montagevorrichtung für Kugellager.
- Feilen in einer Werkzeugschublade.
- Zu bohrende Bolzen im Griffkasten an einer manuell zu bedienenden Bohrmaschine.
- Lagerung gebogener Pkw-Frontscheiben.

5/45 In der Getriebemontage einer Firma werden Wellen mit Zahnrädern gefügt.
Welche Kontrollaufgaben sind an den zu fügenden Bauteilen durchzuführen, damit die Montage durch einen Montageroboter durchgeführt werden kann?

5/46 Übernehmen Sie die Teilfunktionen, und analysieren Sie den dargestellten Handhabungsablauf, indem Sie die Sinnbilder ergänzen und die Teilfunktionen benennen.

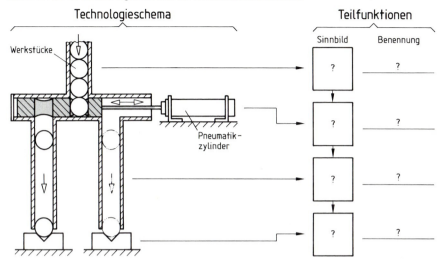

5/47 Machen Sie Vorschläge zur Ausführung von Greifern eines Roboters zum Einlegen geschnittener Blechplatten in ein Stanzwerkzeug.

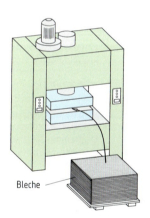

Sondertätigkeiten in Montageprozessen

5/48 a) Wann spricht man bei Anpassungsarbeiten während der Montage von Nacharbeiten und wann von Justieren?

  b) Geben Sie je zwei Beispiele für die sechs Justagearten an.

5/49 a) Die Abbildung zeigt eine Welle, auf der Zahnräder montiert sind. Um das vorgeschriebene Montagemaß zu erhalten, wurde eine Distanzbuchse eingesetzt.
Begründen Sie, warum das Justieren in diesem Fall sehr aufwendig ist.

  b) Wie könnten die Zahnräder justagetechnisch günstiger auf der Welle befestigt werden?

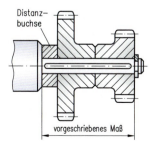

5/50 Bei der dargestellten Flachführung einer Bohrvorrichtung sollen die beiden vorgeschriebenen Maße bei der Montage durch manuelle spanende Bearbeitung der Distanzleiste und des Schiebers erreicht werden.
Durch welche Maßnahme kann der Justageaufwand reduziert werden?

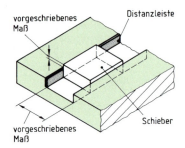

5/51 Ein Mahlwerk ist zu planen. Es ist Folgendes zu bedenken.
Die Walzen eines Mahlwerkes müssen nach gewissen Zeiten abgedreht und neu geriffelt werden. Anschließend sind sie neu zu justieren.
Es wurde eine einfache Skizze als Planungsgrundlage vorgelegt.
Machen Sie Vorschläge zur Gestaltung der Walzenlagerung, damit ein einfaches Justieren möglich ist.

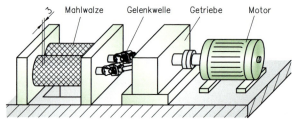

5/52 Eine Unwucht wird durch einseitig wirkende Fliehkräfte an rotierenden Bauteilen bewirkt. Die Fliehkräfte berechnet man nach der Formel:

$$F = \frac{m \cdot v^2}{r}$$

a) Von welchen Größen hängt die durch eine Unwucht hervorgerufene Fliehkraft ab?
b) Welche Größe beeinflusst die Unwucht am stärksten?
c) Nennen Sie Ursachen für das Auftreten einer Unwucht an rotierenden Bauteilen, wie z. B. Turbinenrädern, Riemenscheiben.
d) Welche Fliehkraft erzeugen 5 g Masse, die an einer Turbine auf einem Radius von 150 mm eine Unwucht bewirken? Umdrehungsfrequenz $n = 6\,000$ 1/min.

5/53 An einer Kupplungsscheibe ist eine Unwucht (Fliehkraft F) gemessen worden.

a) Welche grundsätzlichen Möglichkeiten gibt es, diese Unwucht zu beseitigen?

b) Übertragen Sie die dargestellte Kupplungsscheibe, und zeichnen Sie die Möglichkeiten zur Beseitigung der Unwucht ein.

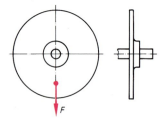

5/54 Die Darstellung zeigt eine dynamisch ausgewuchtete Getriebewelle.

a) Skizzieren Sie die Getriebewelle vor dem Auswuchten.

b) Kennzeichnen Sie die Ausgleichsebenen.

c) Tragen Sie die vor dem Ausgleichen wirkenden Fliehkräfte mithilfe von Pfeilen ein.

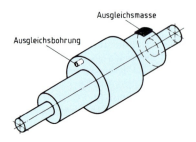

Gestaltung von Montageplätzen und Montagestationen

5/55 Zur Montage von Lampenfassungen aus den abgebildeten Einzelbauteilen soll ein Montageplatz für einen Rechtshänder entwickelt werden. Das Mittelteil mit dem bereits montierten Kabel ist nach Einlegen in das Kopfteil fixiert.

a) Beschreiben Sie die Montage wie folgt:
   „Der Arbeiter greift mit der … Hand das Kopfteil und …."
b) Skizzieren Sie schematisch den Montageplatz in der Draufsicht.
c) Welche Änderungen sind für einen Linkshänder am Montageplatz erforderlich?

Kopfteil	Mittelteil	Fassung

5/56 Moderne Montageplätze sind nach psychologischen, ergonomischen, organisatorischen und sicherheitstechnischen Gesichtspunkten zu gestalten.
Unter welchem Gesichtspunkt wurde die Umgestaltung der nachfolgend beschriebenen Montageplätze durchgeführt?

1. In Bereichen der Automobilindustrie wird der Arbeitsplatz zur Montage des Motorblockes neu gestaltet. Anstelle monotoner Tätigkeiten, die nur wenige Handgriffe umfassen, sollen zukünftig von einem Team Baugruppen montiert werden.

2. Eine hydraulische Presse wird mit einer Zweihand-Sicherheits-Auslösung versehen.

3. Anstelle einer halbstündigen Frühstückspause wird die Möglichkeit eingeräumt, diese aufzuteilen.

4. Eine Schweißerei wird durch vier Metall-Schutzgas-Arbeitsplätze erweitert. Die künstliche Absaugung wird den neuen Bedingungen angepasst.

5/57 Am nebenstehenden manuellen Montageplatz werden von Frauen kleinere Einzelteile für pneumatische Ventile durch Schrauben montiert.

a) Bestimmen Sie die Arbeitshöhe H.
b) Legen Sie die erforderliche Beleuchtungsstärke fest.
c) Welche Lärmschutzmittel muss der Be-trieb für den Montageplatz vorsehen, wenn der Lärmpegel 90 dB überschreitet?

5/58 Zum Schutz von Leben und Gesundheit der arbeitenden Menschen sind Arbeitsschutzmaßnahmen erforderlich.

a) Wodurch unterscheiden sich staatliche Vorschriften von berufsgenossenschaftlichen Vorschriften (BGV)?

b) Nennen Sie die sechs Sachgebiete im Bereich der staatlichen Vorschriften.

c) Ordnen Sie tabellarisch die nachfolgend angegebenen Gesetze und Verordnungen den Sachgebieten zu:
Arbeitszeitordnung, Arbeitsstättenverordnung, Störfallverordnung, Acetylenverordnung, Gerätesicherheitsgesetz, Mutterschutzgesetz, Gewerbeordnung, Dampfkesselverordnung, Chemikaliengesetz, Arbeitssicherheitsgesetz.

5/59 Bestimmen Sie für den Arbeitsplatz an einer CNC-Fräsmaschine die wichtigsten Arbeitsschutzmaßnahmen. Die Raumgrundfläche beträgt 280 m². Die Lärmbelastung am Arbeitsplatz wird 87 dB nicht überschreiten. Benutzen Sie neben den Angaben des Lehrbuches die folgenden Tabellen:

Beleuchtung

Art der Arbeitsplätze	Nennbeleuchtungsstärke in Lux
Schweißarbeiten	500
Maschinen- und Handarbeiten	300 bis 500
Bildschirmarbeit	500
Lackierarbeiten	750
Feinmechanische Arbeiten	1 000
Stahl- und Kupfersticharbeiten	2 000

Raumtemperatur und Luftfeuchtigkeit

Tätigkeit	Raumtemperatur in °C	Relative Luftfeuchtigkeit in %
bei überwiegend sitzender Tätigkeit	19	50 (max. 70)
bei überwiegend nicht sitzender Tätigkeit	17	50 (max. 70)
bei schwerer körperlicher Arbeit	12	50 (max. 70)

5/60 a) An wen können Sie sich wenden, falls Sie Fragen über den betrieblichen Arbeitsschutz haben?

b) Welche überbetriebliche Einrichtung könnten Sie gegebenenfalls um Rat fragen?

6 Fertigungssysteme

Einteilung von Fertigungssystemen

6/1 **a)** Erläutern Sie die Begriffe Produktivität und Flexibilität.
     b) Unterscheiden Sie Bearbeitungszentrum und flexibles Fertigungszentrum. Benutzen Sie zur Unterscheidung die Begriffe Produktivität und Flexibilität.

6/2 Ordnen Sie die Fertigungssysteme Bearbeitungszentrum, flexible Fertigungszelle, flexibles Fertigungssystem und Transferstraße in das nebenstehende Diagramm ein.
     Übertragen Sie zu diesem Zweck das Diagramm zunächst in Ihr Heft. Benutzen Sie für Ihre Systemdarstellung ein beschriftetes Rechteck.

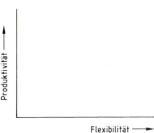

6/3 Der skizzierte Fuß für ein Ständerregal soll 80-mal gefertigt werden.
     Wählen Sie für diesen Auftrag ein wirtschaftliches Fertigungssystem aus. Die Auswahl ist zu begründen.

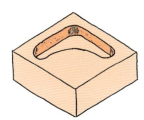

6/4 Die Qualität der Ständerregalfüße aus der Aufgabe 6/3 hat die Firma „Stapelfix" so beeindruckt, dass die Geschäftsbeziehungen ausgebaut werden sollen. Ein neuer Auftrag umfasst die Fertigung unterschiedlichster prismatischer Regalteile, die in ihrer Größenordnung den Ständerregalfüßen entsprechen. Der Gesamtauftrag umfasst 40 verschiedene Regalteile – zwei Teile sind in der nebenstehenden Skizze dargestellt –, von denen jeweils 800 Stück gefertigt werden sollen.

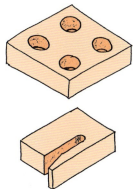

   a) Wählen Sie ein wirtschaftliches Fertigungssystem aus. Begründen Sie Ihre Auswahl.
   b) Beschreiben Sie den Fertigungsablauf in dem gewählten System. Fertigen Sie zu diesem Zweck zunächst eine Systemskizze an, die alle wesentlichen Teilsysteme zeigt. Die Teilsysteme sind zu benennen.

6/5 Welche Voraussetzung muss ein Bearbeitungszentrum erfüllen, wenn es in einer flexiblen Fertigungszelle eingesetzt werden soll? Geben Sie zwei Voraussetzungen an.

Flexible Fertigungssysteme

6/6 **a)** Nennen Sie vier Forderungen, die zum verstärkten Einsatz flexibler Fertigungssysteme führen.
     b) Was versteht man unter Flexibilität eines Fertigungssystems?

Ein weiterer Auftrag der Firma „Stapelfix" umfasst nicht nur prismatische Werkstücke, sondern auch zylindrische. Zudem sollen einige Einzelteile montiert und auf ihre Funktion hin geprüft werden. Die unterschiedlichen Einzelteile sollen in Stückzahlen von 1 000 Stück bis 2 000 Stück gefertigt werden.

a) Wählen Sie ein wirtschaftliches Fertigungssystem aus. Die Auswahl ist zu begründen.

b) Ein Teil des oben genannten Auftrags soll vorrangig bearbeitet werden. Die ausführende Firma „Fix & Fertig" erhält zu diesem Zweck das nachfolgende Telefax.

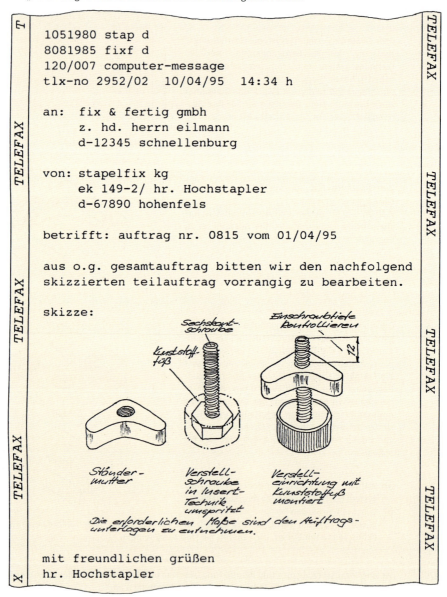

```
1051980 stap d
8081985 fixf d
120/007 computer-message
tlx-no 2952/02  10/04/95  14:34 h

an:  fix & fertig gmbh
     z. hd. herrn eilmann
     d-12345 schnellenburg

von: stapelfix kg
     ek 149-2/ hr. Hochstapler
     d-67890 hohenfels

betrifft: auftrag nr. 0815 vom 01/04/95

aus o.g. gesamtauftrag bitten wir den nachfolgend
skizzierten teilauftrag vorrangig zu bearbeiten.

skizze:
```

mit freundlichen grüßen
hr. Hochstapler

Beschreiben Sie den Fertigungsablauf für die im Telefax skizzierten Teile sowie die skizzierte Baugruppe und Einrichtung. Fertigen Sie zu diesem Zweck zunächst eine Systemskizze an. Beschreiben Sie auch, wie die Einschraubtiefe von 12 mm automatisch geprüft werden kann.

6/8   Auf einer Transferstraße sollen Pkw-Hinterachsträger gefertigt werden. Hierzu müssen die Einzelteile zunächst punkt- und schutzgasgeschweißt werden, bevor eine weitere Bearbeitung durch Stanzen und Prägen erfolgt.
Begründen Sie den Einsatz einer Transferstraße für die Fertigung der Pkw-Hinterachsträger.

6/9   Übernehmen Sie die unten abgebildete Tabelle. Wählen Sie für die gegebenen Fertigungsaufgaben ein geeignetes Fertigungssystem (Bearbeitungszentrum, Transferstraße, flexibles Fertigungssystem) aus und tragen Sie dieses in die Tabelle ein.
Begründen Sie Ihre Auswahl.

Fertigungsaufgabe	Fertigungssystem	Begründung
45 Einzelteile für den Prototyp einer Sondermaschine	?	?
50 verschiedene Werkstücke für 30 herzustellende Textilverarbeitungsmaschinen	?	?
3 verschiedene Pkw-Pleuelstangen in großer Stückzahl	?	?
20 unterschiedliche Motorenteile für eine Pkw-Großserie	?	?
Schweißen 5 verschiedener Bodengruppen für Pkw	?	?

6/10   a) Geben Sie die möglichen Teilsysteme eines flexiblen Fertigungssystems an.

        b) Wie müssen die Teilsysteme verknüpft sein, damit eine automatische Fertigung von Teilen aus einer bestimmten Teilefamilie durchgeführt werden kann?

6/11   Erläutern Sie den Begriff Handhaben an einem praktischen Beispiel.

6/12   Beschreiben Sie den Werkzeugwechsel vom Magazin zur Spindel bei einem Kettenmagazin und einem Kassettenmagazin.

6/13   Wie muss das skizzierte Werkstück vorbereitet werden, damit es in einem flexiblen Fertigungssystem wirtschaftlich transportiert, gelagert und gehandhabt werden kann? Fertigen Sie zur Beantwortung der Frage eine Skizze an.

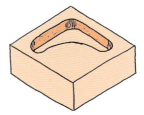

6/14 In einer Verpackungsanlage soll ein Handhabungsgerät runde Teile in Kästen einlegen. Analysieren Sie den Ablauf eines Einlegevorgangs. Ergänzen Sie dazu die folgende Aufstellung.

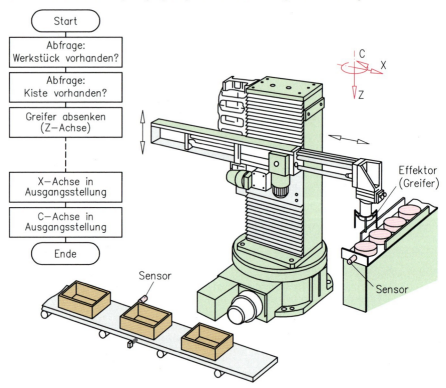

6/15 Welcher Art Steuerung würden Sie für das Handhabungsgerät in Aufgabe 6/14 empfehlen?

6/16 Geben Sie typische Transportsysteme für den Einsatz in flexiblen Fertigungszellen an.

6/17 In einer Abfüllanlage für ein Getränk ist ein Videoüberwachungssystem integriert. Es reagiert mit Alarmen und programmierbaren Abhilfen selbstständig auf Ereignisse – ohne dass der Mensch eingreifen muss.
Listen Sie Ereignisse auf, die bei einer Abfüllanlage den Ablauf stören könnte.

6/18 Werkzeugmaschinen sind mit Systemen zur Maschinenüberwachung abgesichert.
a) Welche Aufgaben übernehmen dabei Sensoren?
b) Welche Aufgaben übernimmt der Mikrocomputer innerhalb der Werkzeugmaschine?

6/19 Im Automobilbau werden auf einer **Montagelinie** unterschiedliche Fahrzeuge für die individuellen Kundenaufträge „in Serie" gefertigt.
Welche Vorarbeiten sind für diese aufwendige Fertigung und Ausstattung erforderlich?

1 Grundlagen der Instandhaltung

1/1 Durch mangelnde Instandhaltung sind folgende Fehler aufgetreten:

a) Ein Bremszylinder der Bremsanlage eines Autos ist undicht und verliert Bremsflüssigkeit.

b) Eine Erdöl-Pipeline hat ein Leck und es versickert Öl.

Zeigen Sie die Auswirkungen auf.

1/2 Für ein Getriebe ist ein Ölwechsel nach der Erstinbetriebnahme nach 500 Betriebsstunden vorgeschrieben. Weitere Ölwechsel sollen im Abstand von 8 000 Betriebsstunden erfolgen.

Wie ist der Unterschied zu begründen?

1/3 Geben Sie an, zu welchen der vier Teilbereiche der Instandhaltung die folgenden Fälle gehören:

a) Kette eines Kettenantriebes schmieren.

b) Filter austauschen.

c) Positionsanzeige an älterer Fräsmaschine montieren.

d) Gerissene Zahnriemen erneuern.

1/4 „Wir wechseln die Keilriemen erst, wenn der erste gerissen ist", sagt der Chef einer Betriebsabteilung. Unter welchen Voraussetzungen ist eine solche Einstellung zur Instandhaltung vertretbar?

2 Systembeurteilung durch Inspektion

2/1 Beim Einschalten der Transportanlage macht der Mechaniker die dargestellten Beobachtungen.

a) Welche Fehlerursache ist zu vermuten?

b) Was schlagen Sie zur Fehlerbehebung vor?

Ich sehe, der Motor wurde ausgetauscht.
Ich höre, ungewöhnliche Laufgeräusche.
Ich fühle, starke Vibrationen.

2/2 Hier werden zwei Ausschnitte aus dem Anlagenschaubild einer Farbmischanlage gezeigt, die in einigem Zeitabstand aufgenommen wurden.

Welche Instandhaltungsmaßnahme ist wahrscheinlich notwendig?

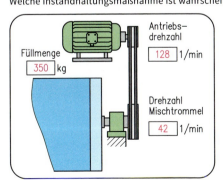

Füllmenge 350 kg

Antriebsdrehzahl 128 1/min

Drehzahl Mischtrommel 42 1/min

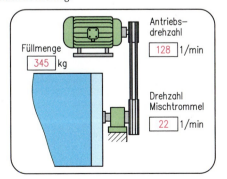

Füllmenge 345 kg

Antriebsdrehzahl 128 1/min

Drehzahl Mischtrommel 22 1/min

Lüfter leiten in einer Gießerei die Luft in eine Filteranlage. Das Schwingungsverhalten der Lüfter wird überprüft. Ein Lüfter zeigt plötzlich einen starken Anstieg der Schwingbeschleunigung.

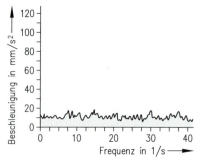 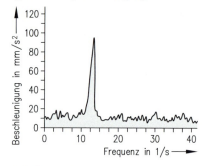

a) Bei welcher Umdrehungsfrequenz in 1/min zeigt sich die Störung?
b) Welcher Art ist die Störung?
c) Welche Ursachen der Störung können vorliegen?

Bei einer thermografischen Untersuchung einer Betriebsstörung wurde das nebenstehende Bild aufgenommen.

Deuten Sie das Ergebnis der Aufnahme.

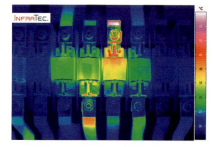

Bleche werden in einer Anlage im Durchlauf beschichtet. Es ist unbedingt notwendig, dass die Bleche einen Abstand von 2 mm ±0,2 von der Beschichtungsdüse einhalten.

Suchen Sie im Abschnitt Automatisierungstechnik in diesem Buch einen geeigneten Sensor aus, mit dem der Abstand überwacht werden kann, und beschreiben Sie dessen Funktion.

3 Instandhaltung durch Wartung

Nennen Sie zum dargestellten Messschieber diejenigen der sechs Wartungstätigkeiten, welche an ihm notwendig werden könnten und erläutern Sie jede mit einem Beispiel.

Beschreiben Sie zu einer Maschine Ihres Ausbildungsbetriebs:
a) eine wöchentlich auszuführende Reinigungsarbeit,
b) eine in längeren Intervallen auszuführende Reinigungsarbeit.

3/3 „Wir haben früher die Maschinen mit Druckluft abgeblasen, da wurden sie auch in den Ecken richtig sauber", berichtet ein alter Schlosser.
Was ist heute gegen das Säubern von Maschinen mit Druckluft einzuwenden?

3/4 Nennen Sie Bauteile an Getrieben und Vorrichtungen, die auf keinen Fall geschmiert werden dürfen.

3/5 **a)** Erklären Sie die Schmierangaben, die mit den Symbolen 1 bis 3 dargestellt werden.

① 　　　　② 　　　　③

b) Welche Art der Schmierung wird bei neueren Maschinen und Anlagen bevorzugt eingesetzt? Welche Vorteile ergeben sich dabei für die Wartung?

3/6 Maschinen und Anlagen, für deren Betreiben ein Hilfsstoff wie Öl oder eine Kühlflüssigkeit zwingend erforderlich ist, besitzen vielfach eine Kontrolleinrichtung zur Überprüfung der betreffenden Flüssigkeitsmenge. Bei Untersuchung der Mindestfüllmenge muss eine Ergänzung des Hilfsstoffs vorgenommen werden.
Nennen Sie mindestens zwei solcher Kontrolleinrichtungen.

3/7 Aus dem Schmierplan einer Maschine sind zwei Zeilen mit Symbolen dargestellt.
Formulieren Sie die beiden Schmieranweisungen in einem Satz.

Schmier- stelle	Symbol für Schmieranleitung	Schmiermittel	Intervall (h)
Lager A	⊏▭⊐	KP 4E DIN 51825	8
Getriebe V	1,5 l	CL 100 DIN 51517	2 500

3/8 Moderne Maschinen sind vielfach mit einer Zentralschmiereinrichtung ausgestattet, welche alle Lagerstellen ständig mit Schmiermittel versorgt.
a) Welche Wartungsarbeiten werden dadurch gespart? Nennen Sie Art und Häufigkeit.
b) Welche Wartungsarbeiten fallen dabei zusätzlich an? Nennen Sie Art und Häufigkeit.

3/9 Nennen Sie Gründe, die dafür sprechen, dass der Hersteller einer Maschine das Erfüllen seiner Gewährleistungsverpflichtungen mit der vollständigen Einhaltung der von ihm aufgestellten Wartungs- und Schmieranleitung verbindet.

Aus dem Wartungs- und Schmierplan einer Drehmaschine sind einige Wartungsarbeiten aufgelistet. Die Zuordnung zur Maschine und die Wartungsintervalle sind der Zeichnung zu entnehmen.

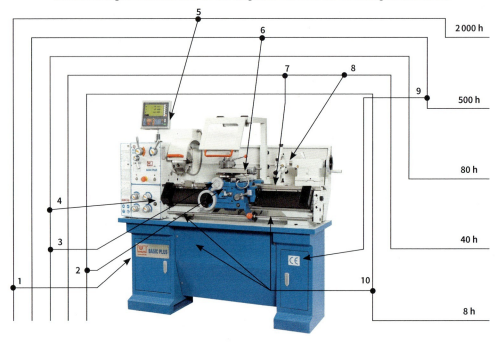

a) Erstellen Sie aus den Angaben einen Wartungsplan, indem Sie die Wartungsarbeiten – aufsteigend nach der Fälligkeit – ordnen.

b) Ergänzen Sie mithilfe der Zeichnung die entsprechende Positionsnummer, und geben Sie das Wartungsintervall an.

Lfd. Nummer (Lt. Zeichnung)	Art und Ort der Wartungsmaßnahme	Intervall in Betriebs-Std.
?	Abstreifer am Bettschlitten reinigen und bei Bedarf auswechseln	?
?	Kühlschmiermittelbehälter reinigen, Kühlschmierstoffreste filtern und auffüllen	?
?	Keilriemenspannung des Antriebsmotors prüfen und bei Bedarf nachspannen	?
?	Schmiernippel am Schlosskasten mit Fettspritze schmieren	?
?	Reitstockpinole reinigen und mit Gleitbahnöl schmieren	?
?	Stellleisten an Längs- und Quersupport auf Spiel prüfen und bei Bedarf einstellen	?
?	Arbeitsspindellagerung auf Spiel prüfen und bei Bedarf nachstellen	?
?	Maschinenbett-Führungsbahnen reinigen und mit Gleitbahnöl schmieren	?
?	Rücklaufsiebe der Kühlschmiermitteleinrichtung reinigen	?
?	Getriebeölfüllmenge am Schauglas des Spindelstockgetriebes prüfen	?

4   Instandsetzen

4/1 Die Laufkatze eines Laufkrans ist plötzlich unter Last nicht mehr in Querrichtung verfahrbar. Zur Ermittlung der Störungsursache muss ein Industriemechaniker oder eine Industriemechanikerin die Laufkatze untersuchen.

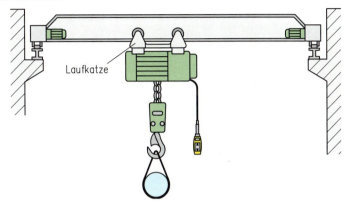

Welche Sicherungsmaßnahmen sollte er vor einer Begutachtung vornehmen?

4/2 Störungen in der Sandmühle einer kleinen Gießerei repariert immer Josef K. Er kennt sich bestens mit der Anlage aus und weiß immer, wo er zuerst nachschauen muss. Wenn er Urlaub hat, wird's immer hektisch und die Störungssuche dauert oft sehr lange.
Doch in Kürze geht Josef K. in den Ruhestand. Die Betriebsleitung denkt plötzlich mit Schrecken daran, wie hoch in der Anfangszeit die Ausfallzeiten werden könnten, wenn ein anderer Industriemechaniker oder eine Industriemechanikerin die Anlage betreuen muss.
Was hätte man seitens der Betriebsführung alles besser machen können?

4/3 Infolge eines Schadens ist die Ritzelwelle eines Kegelradgetriebes auszubauen. Beschreiben Sie die Reihenfolge der Demontage. Benennen Sie dabei die einzelnen Bauteile und geben Sie die zur Demontage notwendigen Spezialwerkzeuge an

(Teil 19 ist ein Paket aus Passscheiben, Teil 12 sind Stützscheiben.)

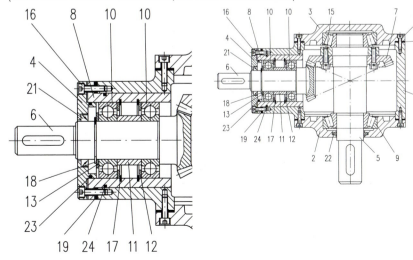

4/4 Die Zahnriemenscheibe wurde demontiert und die Kegelrollenlager wurden erneuert.
Beschreiben Sie die Montage und das Einstellen der Lagerluft beim Einbau zweier Kegelrollenlager.

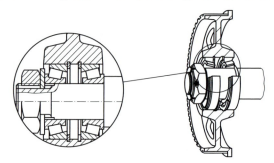

4/5 Das Internet und die Fähigkeiten, in Echtzeit Fotos und Kurzvideos zu übertragen, haben die Möglichkeiten der Fernüberwachung und der Unterstützung des Instandhalters vor Ort wesentlich erweitert.
Belegen Sie diese Aussage mit Beispielen.

5 Instandhaltung durch Verbesserung

5/1 Die Tauchpumpe in einem Entwässerungsschacht hat in einem Jahr bereits zweimal den Schacht nicht freipumpen können, weil der Schwimmerschalter aus nicht feststellbaren Gründen nicht schaltete. Es ist bereits der dritte Schalter, der hier wegen Ausfällen eingewechselt wurde.
Machen Sie einen Vorschlag zur Verbesserung.

5/2 Von einem Mechaniker ist ein Verbesserungsvorschlag eingereicht worden. Dort wird zur Erhöhung der Arbeitssicherheit die Umstellung des Bremssystems einer Anlage vorgeschlagen. Dem Voschlag ist eine Schemaskizze beigefügt.

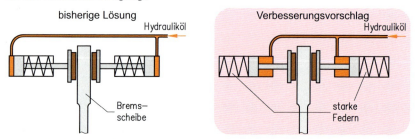

Beschreiben Sie die Funktion der jeweiligen Bremseinrichtung.
Erklären Sie, warum der neue Vorschlag eine Verbesserung der Arbeitssicherheit darstellt.

5/3 Als Schweißvorrichtung, in der Rahmen von Hand geschweißt werden können, wurde bisher mit dieser Vorrichtung gearbeitet. Verbessern Sie die Konstruktion.

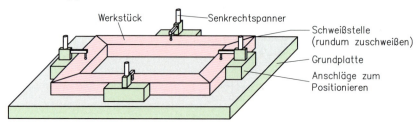

5/4   Ein Deckel wird in einer Bohrvorrichtung in der dargestellten Weise auf der Grundplatte positioniert und gespannt.
Verbessern Sie die Vorrichtung so, dass mittelbar mit einem Spannelement gespannt werden kann.

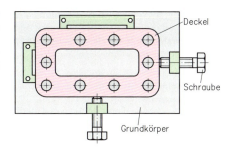

Deckel

Schraube

Grundkörper

6   Maschinenschaden durch mechanische Beanspruchung

6/1   Schreiben Sie für das Pleuellager eines Verbrennungsmotors alle Größen auf, z. B. Werkstoffe und Zwischenstoffe, welche den Verschleiß beeinflussen. Machen Sie möglichst genaue Angaben zu jeder Größe. Geben Sie dort, wo Sie keine genauen Daten haben (z. B. Betriebstemperatur), Schätzwerte an. Benutzen Sie als Hilfe die Übersicht im Lehrbuch mit ihren Erläuterungen.

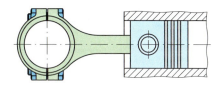

6/2   Schreiben Sie jeweils den wichtigsten Mechanismus auf, der in den folgenden Fällen für Verschleiß verantwortlich ist.
Fall 1: Verschleiß von Gleitlagern beim Anlaufen eines Motors aus dem Stillstand.
Fall 2: Verschleiß an Wälzlagern in einem Kompressor.
Fall 3: Verschleiß der Zähne einer Baggerschaufel.
Fall 4: Verschleiß an den Führungsbahnen einer herkömmlichen Drehmaschine.

6/3   Das Säubern von Werkzeugmaschinen durch Abblasen mit Druckluft ist verboten, weil es u. a. den Verschleiß fördert.
Begründen Sie das Verbot am Beispiel der Flächenschleifmaschine.

6/4   Für die Führung des Schreibkopfes in einem Drucker wurden Rundführungen aus Stahl mit Buchsen aus PTFE gewählt.
Begründen Sie die Werkstoffauswahl.

6/5   In einer Gießerei sind als Fördereinrichtung gekoppelte Wagen mit Rädern von 100 mm Durchmesser eingesetzt. Die Gleitlager der Räder haben einen Durchmesser von 40 mm. Die Transportgeschwindigkeit beträgt 2 m/min.

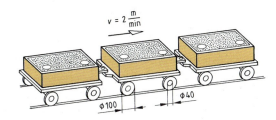

$v = 2 \frac{m}{min}$

$\phi 100$ $\phi 40$

   a) Berechnen Sie die Gleitgeschwindigkeit im Lager.
   b) Geben Sie eine Auswahl geeigneter Schmiermittel an.

6/6 Durch Kaltumformen, z. B. Glattwalzen, erzielt man harte und verschleißfeste Randschichten, die auch wenig dauerbruchgefährdet sind.
Warum ist Kaltumformen als Endbearbeitung für Bauteile, die einer Roll- oder Wälzbeanspruchung unterliegen, dennoch ungeeignet?

6/7 An Leitungen im Rücklauf der Kühlschmieranlage einer Flächenschleifmaschine wird starker Verschleiß festgestellt. Ein Mechaniker kommentiert dies so:
„Gegen Verschleiß durch schmirgelnde Teilchen helfen nur härteste Werkstoffe."
Was ist von dieser Meinung zu halten?

6/8 Die Abbildungen zeigen Durchführung und Ergebnisse von Strahlverschleißversuchen.
Versuchsbedingungen

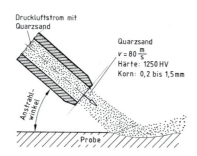

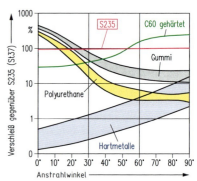

Versuchsauswertung
Es werden verschiedene Probenwerkstoffe eingesetzt. Ihr Verschleiß wird mit dem Verschleiß von S 235 verglichen. Der Verschleiß von S 235 wird mit 100 % angesetzt.

Ablesebeispiel
Bei einem Anstrahlwinkel von 35° verschleißen Polyurethane nur 1/10 so stark wie S 235 – Hartmetalle verschleißen nur ca. 1/100 so stark wie S 235.

a) Interpretieren Sie die Kurve für den C 60.
b) Äußern Sie sich zum Verschleiß von Gummi.

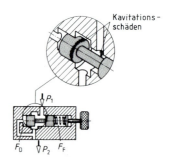

6/9 Bei einem von vier gleichen Hydraulikventilen in einer Anlage werden an der Steuerkante Kavitationsschäden festgestellt. Ein Mechaniker macht den Vorschlag, alle vier Ventile auszutauschen.
Gibt es einfachere und kostengünstigere Lösungen?
Machen Sie Vorschläge, und begründen Sie Ihre Antworten.

6/10 An einer Zugstange aus S 235 ist infolge Überlastung ein Gewaltbruch entstanden.
Schildern Sie das Aussehen der Bruchfläche und ihrer Umgebung.

6/11 In einer Verkleidung tritt ein Riss auf, der langsam weiterreißt. Ein Mechaniker macht den Vorschlag, den Riss durch eine Bohrung mit 5 mm Durchmesser an seinem Ende zu stoppen.
Nehmen Sie zu diesem Vorschlag Stellung.

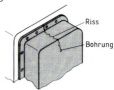

6/12 Analysieren Sie die dargestellte Bruchfläche eines Werkzeugteiles.

a) Welche Beanspruchung hat stattgefunden?
b) Wie hoch war die Beanspruchung im Verhältnis zur Festigkeit?
c) Wo begannen die Anrisse?

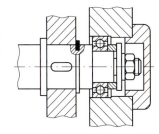

6/13 a) Nennen Sie die Stellen des dargestellten Wellenbereichs, die Ausgangspunkte für Dauerbrüche werden können.

b) Machen Sie Vorschläge, wie man den gezeigten Wellenbereich unter der Berücksichtigung der Gefahr von Dauerbrüchen verändern kann.

7 Maschinenschaden durch Korrosion

7/1 Auspuffanlagen an Kraftfahrzeugen korrodieren sehr leicht von innen.

a) Wie bezeichnet man diese Art der Korrosion?

b) Welche Maßnahmen werden ergriffen, um die Korrosion in Auspuffanlagen zu verringern?

7/2 Übernehmen Sie die nebenstehende Abbildung eines galvanischen Elementes aus Stahl und Messing.

a) Kennzeichnen Sie die Stahl- und die Messingplatte.

b) Welche Spannung würde sich etwa ergeben, wenn dieses Element unter den Bedingungen der Spanungsreihe betrieben wird?

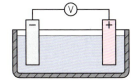

7/3 Bestimmen Sie, welche Art der Korrosion bei den gezeichneten Fällen vorliegt:
– Kontaktkorrosion oder
– interkristalline Korrosion.

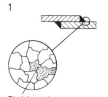

1

Elektrolyt
Zerstörung der Kristalle in der Wärmezone einer Schweißnaht

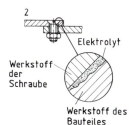

2

Elektrolyt

Werkstoff der Schraube

Werkstoff des Bauteiles

7/4 Eine Firma liefert Stahlkonstruktionen. Beim Korrosionsschutz geht es um die Überlegung, welches Anstrichsystem verwendet werden soll.
Anstrich A kostet 16,00 EUR/kg und hält etwa 5 Jahre, bevor er erneuert werden muss.
Anstrich B hält ca. 7 Jahre und kostet 28,00 EUR/kg.
1 kg des Beschichtungsstoffes ergibt bei jeder Sorte 5 m² bei einem Spritzauftrag. Vier Schichten müssen zu einem wirksamen Korrosionsschutz aufeinander gespritzt werden.
Kalkulieren Sie nach nebenstehendem Schema den Preis in EUR/kg, der für ein Jahr Korrosionsschutz aufzubringen ist.

	Beschichtung A Kosten in EUR je m²	Beschichtung B Kosten in EUR je m²
Entrosten durch Sandstrahlen	8,80	8,80
Lohnkosten für 4 Beschichtungen (1 Beschichtung kostet 4,60 EUR/m²)	?	?
Materialkosten für 4 Beschichtungen	?	?
Gesamtkosten	?	?
Haltbarkeit in Jahren	5	7
Korrosionsschutzkosten in EUR/Jahr	?	?

7/5   Beim Neueinsetzen von Fenstern in einem Zoo-Fachgeschäft ergibt sich die Notwendigkeit, auf Rahmen aus einem stählernen U-Profil ein Aluminiumprofil aufzusetzen.
Die Verbindungsstelle war ursprünglich in der dargestellten Form geplant. Da der Zutritt von Wasser infolge kondensierender Luftfeuchtigkeit auch bei einem Anstrich nicht auszuschließen ist, müssen die Verbindungsstellen neu gestaltet werden. Sie haben den Auftrag, die Verbindung so umzugestalten, dass beim Fügen durch Schrauben keine Kontaktkorrosion auftreten kann.

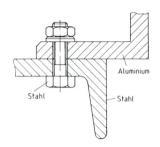

7/6   Vor einiger Zeit erzählte mein Freund folgende Geschichte:
An einer Elektrostation beobachtete er zwei Männer, die einen Magnesiumstab neben einer Erdungsschiene eingruben. Er fragte die Männer, was sie dort vergrüben. Auf ihre Antwort hin, dies sei eine Opferanode, habe er zunächst gelacht. An okkultistische Handlungen mochte er nicht glauben. Da fielen ihm plötzlich Korrosion und Korrosionsstromkreis ein und er stellte fest, dass die Bezeichnung Opferanode treffend gewählt war.

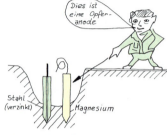

Vollziehen Sie die Überlegungen meines Freundes nach. Überlegen Sie auch, was mit dem Draht geschehen muss, der an der Opferanode befestigt ist.

7/7   Eine Firma macht Reklame für Schutzstromanlagen. Sie schreibt u. a. in ihren Werbeschriften:
„Durch Anlegen einer ungefährlichen Kleinspannung verhindern wir wirkungsvoll den Stromfluss, der zur Korrosion führt ...".
In der Reklameschrift ist auch eine kleine Zeichnung vom Schaltschema zum Schutz einer Rohrleitung aufgeführt. Leider ist die Zeichnung schwer beschädigt. Überlegen Sie, wie die Arbeitsweise der Schutzstromanlage sein muss, damit sie den Fluss eines Korrosionsstromes verhindern kann. Vervollständigen Sie entsprechend die dargestellte Zeichnung. Geben Sie die Polung der Spannungsquelle an.

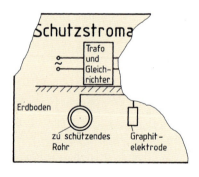

7/8   Die Schutzdauer eines Zinküberzuges hängt von der Dicke der Zinkschicht und dem Standort des Objekts ab.
In DIN 50960 sind die nebenstehenden Richtwerte festgelegt:

	Abtrag in µm/Jahr
Industrieluft	9 bis 13
Meeresluft	2 bis 4

Die vorgeschriebene Mindestdicke einer Verzinkungsschicht beträgt 50 bis 80 µm je nach Wanddicke des Werkstückes. Für 8 mm Wanddicke sind 80 µm vorgeschrieben.
a) In welchen zeitlichen Grenzen liegt die zu erwartende Schutzdauer einer DIN-gerechten Schutzschicht auf einem 8 mm dicken Blech in Industrieluft?
b) Wie hoch sind die Verzinkungskosten für einen Stahlbehälter mit 12,5 m² Oberfläche und 8 mm Wanddicke, wenn die Verzinkungskosten 520,00 EUR je Tonne Stahl mit 8 mm Wanddicke betragen. Der Stahlbehälter soll beidseitig verzinkt werden.
c) Welche Korrosionsschutzkosten fallen pro Jahr an, wenn für den angegebenen Behälter die kürzeste Schutzdauer in Industrieluft angenommen wird.

8   Hilfsstoffe für die Instandhaltung

Schmierstoffe

8/1   Das Getriebe einer Werkzeugmaschine wird unzureichend mit Schmiermittel versorgt.
Welche Auswirkungen kann diese Nachlässigkeit haben?

8/2   Welche Aufgaben hat das Öl in den Motoren von Kraftfahrzeugen zu übernehmen?

8/3   Warum ist Wasser zum Schmieren metallischer Bauelemente, die aufeinander gleiten, ungeeignet?

8/4   In einem Prospekt steht über ein Schmieröl u. a.:
„Dieses ist ein hochviskoses Öl ...".
Handelt es sich bei diesem Öl um ein sehr dickflüssiges oder um ein sehr dünnflüssiges Öl?

8/5   Wie wirkt sich eine Erhöhung der Viskosität des Schmieröles in einer Zentralschmieranlage auf folgende Größen aus:
–   auf die Schmierfilmdicke, die sich auf Führungen bilden kann,
–   auf die Reibungsverluste in Lagern,
–   auf Verluste im Leitungssystem,
–   auf den Energiebedarf der Schmierölpumpe?

8/6   Für das Getriebe einer automatischen Säge in einem Sägewerk ist ein Öl ISO-VG 220 vorgeschrieben.
Da das Öl nicht vorhanden ist, wird der Vorschlag gemacht, statt des vorgeschriebenen Öles das Getriebeöl für Kfz SAE 90 zu verwenden.
Äußern Sie sich zu diesem Vorschlag.

Kinematische Viskosität von Schmierölen für Stirnradgetriebe

Für Stirnradgetriebe kann die notwendige kinematische Viskosität des einzusetzenden Schmieröles nach DIN 51509 berechnet werden.
Für einstufige Getriebe rechnet man zunächst aus Belastung und Geschwindigkeit der gleitenden Teile einen Kraft-Geschwindigkeitsfaktor f aus.

Formel

$$f = \frac{F}{d \cdot b} \cdot \frac{i+1}{i} \cdot 3 \cdot \frac{1}{v}$$

Formelzeichen

f Kraft-Geschwindigkeitsfaktor
F Umfangskraft am Teilkreis in N
d Teilkreisdurchmesser des treibenden Rades in mm
v Umfangsgeschwindigkeit in m/s
b Zahnbreite in mm
i Übersetzungsverhältnis

Mithilfe des Kraft-Geschwindigkeitsfaktors bestimmt man in einem Diagramm die notwendige kinematische Viskosität v des Schmieröles.

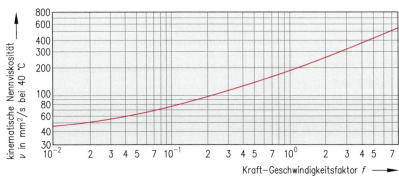

1. Ermitteln Sie für folgendes Stirnradgetriebe die kinematische Viskosität des Schmieröls und geben Sie den Viskositätsgrad an.
   $i = 1{,}5 : 1$; $b = 20$ mm; $d_1 = 73$ mm; $F = 2800$ N; $v = 3$ m/s

2. Ein einstufiges Stirnradgetriebe überträgt eine Leistung von 5 kW. Die Eingangsdrehzahl beträgt 1 500 1/min, die Ausgangsdrehzahl 600 1/min. Das treibende Rad hat 29 Zähne, eine Zahnbreite von 20 mm und einen Modul von 5 mm.
   Ermitteln Sie die erforderliche kinematische Viskosität und die SAE-Viskositätsklasse des Getriebeöles.

8/8
   a) Schreiben Sie einen Bericht über den Einfluss der Temperatur auf die Fließeigenschaft von Ölen und ihre Neigung, brennbare Gase zu bilden. Verwenden Sie in Ihrem Bericht Fachausdrücke.
   b) Warum ist das Luftabscheidevermögen bei Hydraulikölen eine wichtige Größe?
   c) In Zentralschmieranlagen verwendet man hauptsächlich Stahlrohre als Werkstoff für festverlegte Leitungen.
      Begründen Sie die Werkstoffwahl.

8/9
   In einer Hydraulikanlage gibt ein Spannzylinder bei äußerer Belastung ein wenig nach. Welche Eigenschaft des Hydrauliköles sollte geprüft werden, wenn der Fehler bei diesem Medium gesucht wird?

8/10
   Mineralöle werden gereinigt und mit besonderen Zusätzen versehen.
   Nennen Sie Eigenschaften, die durch diese Behandlung verbessert werden.

8/11
   Ordnen Sie die folgenden Mineralöle, indem Sie diese nach abnehmender Viskosität aufschreiben:
   Zylinderöl, Spindelöl, leichtes Maschinenöl, schweres Maschinenöl.

8/12
   Vergleichen Sie Mineralöle mit synthetischen Ölen. Zeichnen Sie dazu das nebenstehende Schema ab und vervollständigen Sie dieses durch die vorgegebenen Aussagen.
   – höhere Viskositätsänderung,
   – geringere Viskositätsänderung,
   – einheitliche Zusammensetzung,
   – Gemisch unterschiedlicher Kohlen-Wasserstoff-Verbindungen,
   – geringere Reinheit,
   – höhere Reinheit.

	Mineralöl	Synthetisches Öl
Innerer Aufbau und Reinheit	?	?
Viskositätsänderung bei Temperaturerhöhung	?	?

8/13
   a) Was unterscheidet synthetische Öle von Mineralölen?
   b) Die Lager in der Fördereinrichtung einer Einbrennanlage wurden bisher mit Mineralöl geschmiert. Die Betriebstemperatur der Anlage soll bei einer Produktionsumstellung auf 160 °C erhöht werden. Was ist bei der Umstellung auf die höhere Betriebstemperatur hinsichtlich der Umstellung der Schmierung zu beachten?

8/14
   Auf der Dose eines recht preiswerten Öles ist vermerkt, dass es sich hier um ein Zweitraffinat handelt. Was versteht man darunter?

8/15   Aus welchen Bestandteilen bestehen Schmierfette?

8/16   Neben den kalkverseiften und natriumverseiften Schmierfetten gibt es auch lithiumverseifte Fette. Diese lithiumverseiften Schmierfette besitzen die guten Eigenschaften sowohl von den kalkverseiften als auch von den natriumverseiften Fetten.
Geben Sie die Eigenschaften der lithiumverseiften Fette an.

8/17   Das Getriebe eines Stellantriebes (*i* = 150 : 1) für einen Lufteinlass ist ständig der Witterung ausgesetzt. Der Motor hat eine Leistung von 20 W. Das Getriebe wird fettgeschmiert.
Welches Fett schlagen Sie für die Getriebeschmierung vor?

Schmierfettwechsel für Wälzlager

In Wälzlagern kann auch bei niedriger Lagertemperatur das Fett nicht unbegrenzt lange völlig frei von Verunreinigungen und Zersetzungsprodukten gehalten werden. Darum muss das Fett in bestimmten Abständen gewechselt werden.

Das folgende Diagramm zeigt für verschiedene Wälzlager die Fettwechselfristen für hochwertige Lithiumfette bei unterschiedlichen Betriebsdrehzahlen und unterschiedlichen Lagertemperaturen.

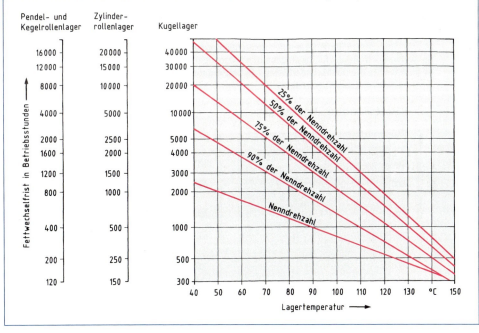

8/18   Bestimmen Sie die Fettwechselfrist für ein Zylinderrollenlager, das mit einer Nenndrehzahl von 670 1/min läuft. Die Betriebsdrehzahl im Dauerbetrieb liegt bei 600 1/min. Die Lagertemperatur beträgt 60 °C.
Nach wie viel Tagen muss das Fett erneuert werden?

8/19   Wodurch ergibt sich die Schmierwirkung von Graphit und Talkum?

8/20   Gummikabel werden mit Talkum eingerieben, damit sie sich leichter in Rohre einziehen lassen.
Warum verwendet man hier Talkum?

8/21   Flüssigen Schmierstoffen werden häufig Trockenschmiermittel, wie z.B. Molybdändisulfid, beigemischt. Welchen Vorteil bietet ein solches Schmierstoffgemisch?

8/22 Molybdänsulfid (MoS$_2$) ist erheblich teurer als Graphit und hat wesentlich bessere Schmierwirkung. Trotzdem – nicht nur wegen des Preises – wird zur Schmierung hochwertiger Einrichtungen durch Festschmierstoffe bei Betriebstemperaturen über 450 °C Graphit bevorzugt.
Welche Eigenschaft des Graphits ist hier maßgebend?

8/23 Der Schmierstoffplan einer Senkrecht-Fräsmaschine enthält u. a. folgende Kennzeichnungen:

Maschinen-schmierstellen	Frässpindel	Kegelrollen-lager	Hydraulik-anlage	Elektrokühl-mittelpumpe
Kennzeich-nungen nach DIN 51502	CLP 36	K 2 K	HFC 46	K SI 3 R

Entschlüsseln Sie mithilfe des Tabellenbuchs die Schmierstoffkennzeichnungen aller Schmierstoffe.

8/24 In einem Wartungsplan für eine Ventilatorenanlage mit einer Betriebsdrehfrequenz von 3 000 1/min finden Sie den Hinweis:
„Nachschmierfristen für Wälzlager den Herstellerangaben entnehmen."
Der Wellendurchmesser für die eingebauten Rillenkugellager und Zylinderrollenlager beträgt 85 mm. Bestimmen Sie die Nachschmierfristen t_f in Betriebsstunden für diesen Einsatzfall anhand des Diagramms eines Wälzlagerherstellers.

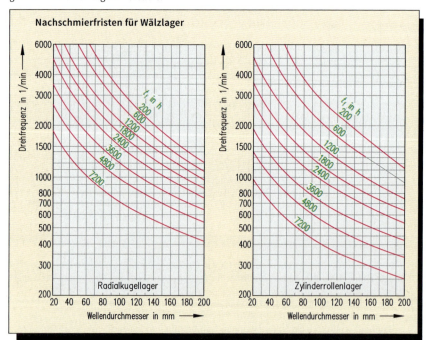

Reinigungsmittel

8/25   In jeder Info über Kalt- und Heißreiniger ist von Tensiden die Rede.
Was bewirken diese Stoffe?

8/26   „pH10" steht auf dem Aufkleber einer Flasche Reinigungsmittel.
Welche Aussage macht diese Information?
Welche Werkstoffe sollte man möglichst nicht mit diesem Reiniger behandeln?

8/27   Wie ist die gute Reinigungswirkung in Ultraschall-Reinigungsanlagen zu erklären?

8/28   Sie finden in Ihrem Betrieb die nachstehenden Sicherheitskennzeichen. Entnehmen Sie einer Informationsquelle, z. B. dem Tabellenbuch, dem Internet oder einer BG-Informationsschrift jeweils die Bedeutung des abgebildeten Piktogramms:

a)   b)   c)   d)   e)

1 CNC-Werkzeugmaschinen

1/1 In einer CNC-Drehmaschine werden die über das Programm eingegebenen Befehle in Schaltvorgänge oder in Werkzeugbewegungen umgesetzt. Legen Sie eine Tabelle an, und ordnen Sie die Vorgänge den „Schaltinformationen" und „Weginformationen" zu:

Drehbewegung ein / Werkzeug im Eilgang in Startposition fahren / Stirnfläche plandrehen / Rechtslauf der Arbeitsspindel / Kühlmittel ein / Gewinde in mehreren Schnitten drehen / Umdrehungsfrequenz einstellen / Übergangsradius drehen / Zapfen drehen / Vorschub einstellen / Längsdrehen / Werkzeug zum Einsatz bringen / Maschinenhalt / kegelförmigen Zapfen drehen.

1/2 Das Bild zeigt einen Regelkreis für eine Bearbeitung auf einer herkömmlichen Werkzeugmaschine.

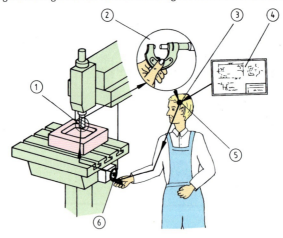

a) Ordnen Sie den Ziffern am Bild die folgenden Begriffe zu:
Bearbeitung
Soll-Istwert-Vergleich
Verstellung
Istwert
Sollwert
Stellbefehl geben

b) Skizzieren Sie schematisch einen Regelkreis, und benennen Sie die angegebenen Positionen mit den o. g. Begriffen.

c) Formulieren Sie einige Sätze über einen Regelkreis, in denen alle genannten Begriffe verwendet werden.

1/3 Wodurch unterscheiden sich Messlineale an CNC-Maschinen zum inkrementalen Messen von denen zum absoluten Messen?

1/4 Skizzieren Sie das Werkstück ab, und bemaßen Sie die Skizze absolut. Gehen Sie vom linken unteren Eckpunkt aus.

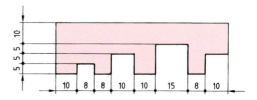

194

1/5 Ein Facharbeiter oder eine Facharbeiterin reißt mithilfe eines Parallelreißers Bohrungen an einem Werkstück an.
Der Parallelreißer kann in jeder beliebigen Höhe durch Knopfdruck auf „0" gestellt werden.

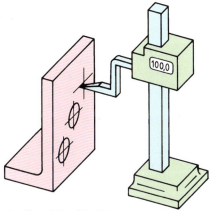

Anreißen mit Parallelreißer

a) Der Facharbeiter oder die Facharbeiterin geht so vor:
Nach Anreißen der ersten Bohrung stellt er den Parallelreißer auf „0". Danach schiebt er den Bügel 100 mm hoch, reißt an, setzt wiederum auf „0", stellt abermals 100 mm ein.
Benennen Sie die beschriebene Messmethode mit
„*absolutes Messen*" oder „*inkrementales Messen*".
Formulieren Sie einen Satz, der das Wesentliche dieser Methode beschreibt.
b) Wie muss der Facharbeiter oder die Facharbeiterin vorgehen, wenn er die andere Art des Messens bevorzugt?
Geben Sie in der Beschreibung auch Maße an.
c) Vergleichen Sie die beiden Arten des Messens in Bezug auf Auswirkung von Messfehlern.

1/6 Die Abbildung zeigt ein absolut codiertes Lineal. Zeichnen Sie die Fortführung des Lineals bis zum Wert 20.
Die waagerechten Spuren haben den jeweils links angegebenen Wert, der sich aus Zweierpotenzen ergibt. Jede Zahl ist die Summierung der in den Spuren geätzten Einzelwerte.

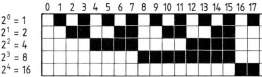

$2^0 = 1$
$2^1 = 2$
$2^2 = 4$
$2^3 = 8$
$2^4 = 16$

1/7 Ein Laie hat den Begriff „$2\frac{1}{2}$ D-Bearbeitung" gelesen. Er sagt: „Ich kann mir zweidimensionales Arbeiten vorstellen, z. B. das Schreiben. Ich kann mir auch dreidimensionales wie das Bildhauen vorstellen aber $2\frac{1}{2}$-dimensionales ist mir unerklärlich." Wie würden Sie ihm den Begriff $2\frac{1}{2}$-D-Bearbeitung erklären?

1/8 Auf einer Fräsmaschine soll die skizzierte Spiralwendel gefräst werden. Welcher Art muss die Bahnsteuerung der Maschine sein? Begründen Sie Ihre Antwort.

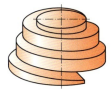

2 Grundlagen zur manuellen Programmierung

2/1 Für die Programmierung des dargestellten Drehteils ist die Spannskizze und eine Auswahl von Dreh-werkzeugen vorgegeben. Zeichnen Sie nach folgendem Muster eine Tabelle, in der Sie in groben Schritten die Arbeitsfolge mit den zugehörigen Werkzeugen auflisten.

Spannskizze

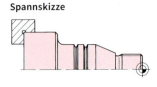

	Technologische Daten				
Werkzeug-Nr.	T 0101	T 0202	T 0303	T 0404	T0505
Schneidenradius	0,8	0,8	0,4		
Schnittgeschwindigkeit	160 m/min	160 m/min	180 m/min	140 m/min	120 m/min
Schnitttiefe $a_{pmax.}$	2,5 mm	2,5 mm	0,5 min		
Schneidstoff	P 25	P 25	P 25	P 20	P 20
Vorschub je Umdrehung Steigung	0,4 mm	0,4 mm	0,15 mm	0,1 mm 0,05 mm	bis 1,5 mm

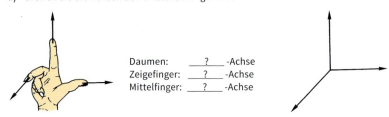

Arbeitsplan

Nr.	Arbeitsfolge	Messzeug/Werkzeug
1	Rohmaße prüfen	–
2	Rohteil einspannen	

2/2 In der DIN 66217 wird das rechtshändige, rechtwinklige Koordinatensystem mit den Achsen X, Y und Z verwendet.

a) Ordnen Sie die Achsen den einzelnen Fingern zu.

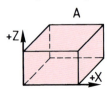

Daumen: ___?___ -Achse
Zeigefinger: ___?___ -Achse
Mittelfinger: ___?___ -Achse

b) Skizzieren Sie das räumliche Koordinatensystem ab, und tragen Sie die positiven Ausrichtungen entsprechend der dargestellten Hand ein.

2/3 **a)** Skizzieren Sie die Lage der Koordinatensysteme für die drei gezeichneten Werkstücke ab. Tragen Sie die jeweils fehlende Achse nach der „Rechten-Hand-Regel" ein.

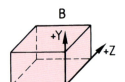

b) Geben Sie an, nach welchem Gesichtspunkt die Lage der Z-Achse bei allen Werkzeugmaschinen festgelegt ist.

c) Beschreiben Sie, nach welchem Gesichtspunkt die positive Richtung der Z-Achse bestimmt wird.

2/4 Bei der Absolutbemaßung geht man von Bezugsflächen und Bezugskanten oder Symmetrielinien aus.
Skizzieren Sie die Werkstücke (A, B, C) ab, wählen Sie den Werkstücknullpunkt. Begründen Sie die Wahl.

A
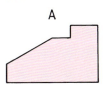

B

C
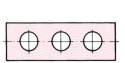

2/5 Die Form des dargestellten Bleches wird einer CNC-Brennschneidmaschine durch die Koordinaten der jeweiligen Streckenendpunkte eingegeben.
Skizzieren Sie die Form des Bleches und die Tabelle ab.
Vervollständigen Sie die Tabelle durch Eintragung der Koordinaten der Punkte P_1 bis P_7.

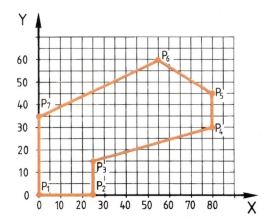

G 90		
	X	Y
→ P_1	?	?
→ P_2	X25	?
→ P_3	?	Y15
→ P_4	?	?
→ P_5	?	?
→ P_6	?	?
→ P_7	?	?

2/6 In einem CNC-Programm einer Brennschneidmaschine wird die Form des Werkstückes durch die Koordinaten, die in der folgenden Tabelle aufgeführt sind, beschrieben.
Zeichnen Sie ein Koordinatensystem im Maßstab 1:10 (10 mm Werkstücklänge entsprechen 1 mm im Koordinatensystem), und skizzieren Sie in diesem Koordinatensystem das Werkstück.

G 90		
	X	Y
→ P_1	X150	Y000
→ P_2	X500	Y000
→ P_3	X700	Y150
→ P_4	X700	Y250
→ P_5	X400	Y250
→ P_6	X400	Y350
→ P_7	X650	Y500
→ P_8	X300	Y550
→ P_9	X000	Y300
→ P_{10}	X150	Y000

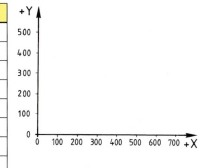

197

2/7   Die Abbildung zeigt eine bemaßte Platte. Übernehmen Sie die Zeichnung.

a) Bemaßen Sie die Zeichnung inkremental.
b) Mit welchem Befehlswort wird eine Inkrementalbemaßung programmiert?

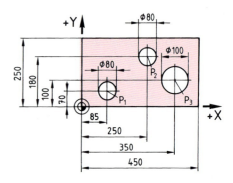

2/8   Das dargestellte Blech, das auf einer CNC-Brennschneidmaschine ausgeschnitten werden soll, ist auf einem Raster von 50 mm x 50 mm dargestellt.

a) Skizzieren Sie das Blech zweimal ab.
b) Bemaßen Sie zur Vorbereitung der Programmierung die erste Skizze absolut in steigender Bemaßung, ausgehend von der linken unteren Ecke. Tragen Sie an der Skizze das für die entsprechende Programmierung richtige G-Wort an.
c) Bemaßen Sie die zweite Skizze inkremental, und fügen Sie das richtige G-Wort an.

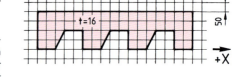

Umrechnungen von Koordinatenangaben

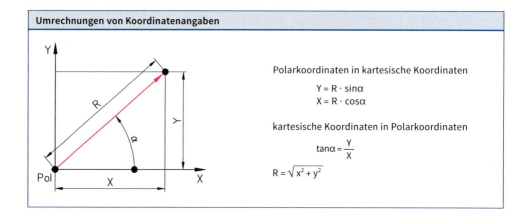

Polarkoordinaten in kartesische Koordinaten

$$Y = R \cdot \sin\alpha$$
$$X = R \cdot \cos\alpha$$

kartesische Koordinaten in Polarkoordinaten

$$\tan\alpha = \frac{Y}{X}$$

$$R = \sqrt{x^2 + y^2}$$

2/9   Zur Erzeugung eines Lochkreises in einem größeren Werkstück wurde der entsprechende Teil des Programms in Polarkoordinaten geschrieben.

Das Programm soll aber nun auf einer älteren Maschine eingesetzt werden, deren Steuerung Polarkoordinaten nicht verarbeiten kann.

Berechnen Sie die X- und Y-Koordinaten der Bohrungsmitten, damit diese in das Programm eingefügt werden können.

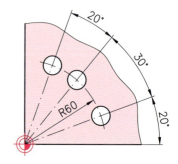

2/10 Es ist ein regelmäßiges Fünfeck zu fräsen. Der Werkstücknullpunkt liegt im Zentrum des Umkreises. Dieser hat einen Durchmesser von 120 mm.

Bestimmen Sie die Polarkoordinaten der Eckpunkte des Fünfecks.

ø120

2/11 In einer humorvoll gestalteten Anweisung zum Programmieren einer Fräsmaschine steht neben einem sehr wichtigen Satz über eine Grundlage des Programmierens die nebenstehende Abbildung.

Formulieren Sie den Satz, der mit diesem Bild erläutert werden sollte.

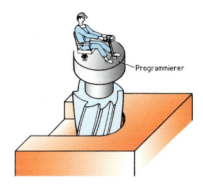

Programmierer

2/12 Geradlinige Bewegungen an CNC-Maschinen mit dem Werkzeug im Eingriff werden mit G 01 (G 1) programmiert. An einer Laserschneidmaschine erfolgt die Konturbeschreibung vom Punkt P_0 über P_1, P_2 bis zu P_0 zurück (Werkzeugwechselpunkt X –100; Y –100). Bei der verwendeten Steuerung soll die Wegbedingung G 01 bis zu einem Änderungsbefehl wirksam sein.

a) Skizzieren Sie das Werkstück und die Tabelle ab; ergänzen Sie die fehlenden Programmschritte.

b) Skizzieren Sie das Werkstück nochmals ab, und bemaßen Sie es inkremental. Beschreiben Sie in einer Tabelle die Wege von P_0 über P_1 usw. bis zurück zu P_0 inkremental.

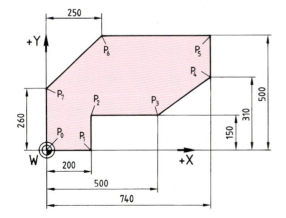

	G 90		
	G	**X**	**Y**
P_0	?	X0	X0
P_1	G 01	X 20	Y0
P_2		?	?
P_3		?	?
P_4		?	?
P_5		?	?
P_6		?	?
P_7		?	?

Die Wegbedingungen für Kreisbögen werden mit den G-Worten G 02 (G 2) und G 03 (G 3) programmiert.

a) Skizzieren Sie die Zeichnungen und Tabellen. Ergänzen Sie die Tabelle bis → P_4.

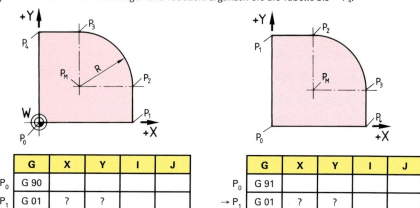

	G	X	Y	I	J
P_0	G 90				
→ P_1	G 01	?	?		

	G	X	Y	I	J
P_0	G 91				
→ P_1	G 01	?	?		

b) Bemaßen Sie die Werkstücke. Der Kreismittelpunkt liegt in 25 mm Abstand von der X-Achse und in 30 mm Abstand von der Y-Achse. Der Radius beträgt 40 mm.

c) Beschreiben Sie ausgehend von P0 die Kontur bei Umlauf rechts herum. Der Kreismittelpunkt soll so programmiert werden, wie es mit G 90 und G 91 angegeben ist.

In eine rechteckige Tafel von 100x90 mm soll das Firmenlogo AP mit einem 5mm breiten Gravierstichel gefräst werden. Das Logo soll mit einer 3 mm breit gefrästen Rille umrandet werden. Es liegt ein Entwurf auf kariertem Papier vor.

a) Ergänzen Sie die Beschreibung des Fräserweges zum Fräsen des Logos mit Absolutmaßangaben. Der Fräser steht in X-50 Y-50 und Z+5.
Von dort fährt er im Eilgang zum unteren Fußpunkt des A. An diesem Punkt taucht er 5 mm tief in das Werkstück ein.
Anschließend fährt er die gewünschte Bahn ab.

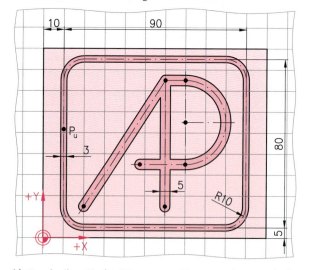

```
G0    X20    Y15
G1    Z-5
G1    X...    Y...
......................
......................
```

b) Beschreiben Sie den Fräserweg zur Erzeugung der 3 mm breiten Umrandung.
Der Fräser soll am Punkt P_u 3 mm tief eintauchen und von dort aus seinen Weg im Uhrzeigersinn nehmen.
Die Eckenradien von R10 programmieren Sie vereinfacht mit RN.

2/15 Entwerfen Sie entsprechend der vorigen Aufgabe ein Logo mit den Initialien ihres Namens und beschreiben Sie inkremental den Weg, den der Fräser zur Erzeugung der Kontur abfahren muss.

2/16 In einem CNC-Programm für ein Drehteil müssen Schaltinformationen verschlüsselt werden.

Schreiben Sie die folgenden Zeilen ab, und ergänzen Sie diese durch die entsprechenden Befehle.

Längsrunddrehen:	Durchmesser 120 mm		X ?
	Spindeldrehzahl n = 1000 1/min	G ?	S ?
	Vorschub f = 0,4 mm	G ?	F ?
Drehen einer Wendelnut:	Durchmesser 116 mm		X ?
	Spindelumdrehungsfrequenz n = 100 1/min	G ?	S ?
	Steigung 10 mm → f = __?__	G ?	F ?
Werkzeugaufruf:	Bohrer (ø 18 mm) hat die Werkzeugnummer 06	? 06	

2/17 Übernehmen Sie die folgende Tabelle und ergänzen Sie die Lücken.

Befehl	Funktion
?	Werkzeugwechsel
?	Spindel EIN, Linkslauf
?	Kühlmittel EIN
M3	?
M0	?
M30	?

2/18 Geben Sie die Reihenfolge der Adressbuchstaben bei der Programmierung von Daten nach DIN 66025 an.

2/19 Die Innenkontur eines Blechs soll auf einer Drahterodiermaschine ausgeschnitten werden. Programmieren Sie den Weg des Erodierdrahtes ab Satz 60. Gehen Sie davon aus, dass der Erodierdraht durch eine Bohrung im Punkt P_0 durchgeführt ist. Der Vorschub wird nicht programmiert, sondern entsprechend den elektrischen Größen geregelt.

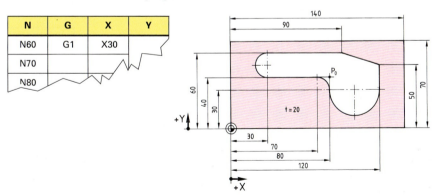

N	G	X	Y
N60	G1	X30	
N70			
N80			

3 Programmieren zur Fertigung von Drehteilen

3/1 Das Koordinatensystem von Werkzeugmaschinen ist an der Lage der Führungsbahnen orientiert und auf das Werkstück bezogen. Auf CNC-Drehmaschinen wird mit Werkzeugen gefertigt, die sich entweder vor der Drehmitte oder hinter der Drehmitte befinden.

a) Welche Achse des Koordinatensystems läuft parallel zur Spindelachse?

b) Welche Regel gilt in allen Fällen für die Festlegung der positiven X-Richtung?

c) Skizzieren Sie die folgenden Bilder ab, und tragen Sie in die Skizzen die Richtungen + X und + Z ein.

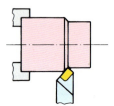 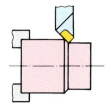

3/2 Der Maschinenhersteller legt für Werkzeugmaschinen den Maschinennullpunkt fest. Dieser gilt für das Koordinatensystem und das Messsystem.

a) Zeichnen Sie das Symbol für den Maschinennullpunkt.

b) Beschreiben Sie die Lage des Maschinennullpunktes an Drehmaschinen.

c) Zeichnen Sie das dargestellte Symbol ab, und schreiben Sie seine Bedeutung auf.

3/3 a) Skizzieren Sie die Zeichnung ab. Stellen Sie dabei die Bemaßung auf eine programmiergerechte Absolutbemaßung in steigender Bemaßung um.

b) Übernehmen Sie die Tabelle, und beschreiben Sie die Kontur des Drehteils ausgehend von P1 bis P7. Fügen Sie die Wegbedingung hinzu.

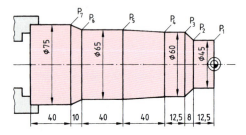

	G	X	Y
	G __?__	?	?
→ P₁	G 1	?	?
→ P₂	?	?	?

3/4 Im Kurs über Programmieren streiten sich zwei Teilnehmer bei folgender Darstellung:

Einer der Teilnehmer sagt, hier bewege sich der Drehmeißel auf einer Kreisbahn im Uhrzeigersinn. Der andere widerspricht.

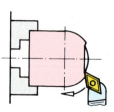

a) Wer hat recht? Ist die Bewegung mit G 2 oder mit G 3 zu programmieren?

b) Wie lautet die Regel zur Festlegung des Richtungssinns bei kreisförmigen Werkzeugbewegungen?

3/5 Beschreiben Sie die Konturen der dargestellten Werkstücke zur Fertigung auf einer CNC-Drehmaschine, deren Steuerung die Eingabe des Radius möglich macht.

Übernehmen Sie dazu die nebenstehende Tabelle.

N	G	X	Z	R
?	?	?	?	?

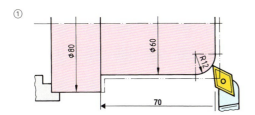
①

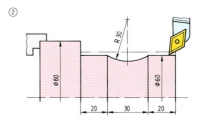
②

3/6 Mit dieser Aufgabe sollen Ihnen die Vorteile einer Bearbeitung mit Zyklen deutlich gemacht werden.

   a) Programmieren Sie die Schruppbearbeitung mit einer Schnitttiefe von 2 mm, ohne einen Schruppzyklus zu verwenden. Die Zugabe für den Schlichtschnitt soll 0,5 mm betragen.

   b) Anschließend programmieren Sie die Drehbearbeitung mit einem Schruppzyklus (PAL).

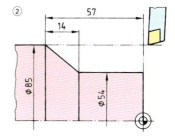
②

3/7 Programmieren Sie die komplette Drehbearbeitung mit einem Schruppzyklus (PAL). Werkstoff des Drehteils: S335J0
Werkzeug: T4
Schneidplatte: E B G N 16 04 E L - P20
Schnittgeschwindigkeit $v_c = 120$ m/min
Maximale Schnitttiefe: $a_p = 3$ mm
Vorschub: $f = 0,4$ mm
Kühlschmiermitteleinsatz

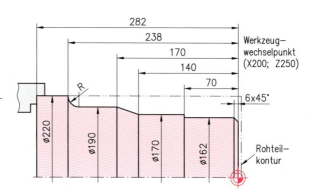

3/8 Programmieren Sie das Gewindedrehen mit dem Gewindezyklus (PAL) und wechselseitiger Zustellung.

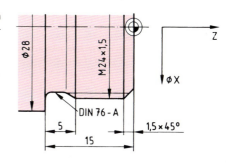

3/9 An eine abgesetzte Welle sind der Zapfen und der Freistich DIN 509 zu drehen.

Werkstoff der Welle C45, Schruppwerkzeug T1, Schlichtwerkzeug T2.

Schreiben Sie das Programm zum Drehen des Zapfens und des Freistichs.

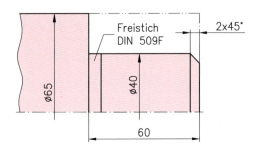

3/10 Eine Welle ist bereits auf den Durchmesser von 50,2 mm bearbeitet. In einem letzten Schnitt ist die Welle zusammen mit den 0,8 mm tiefen Vertiefungen auf den Durchmesser 50 mm zu drehen. Das Werkzeug zur Drehbearbeitung ist eingewechselt und steht auf X50 und Z+2. Ergänzen Sie das Programm. Verwenden Sie zur Erzeugung der Vertiefungen die Funktion G23.

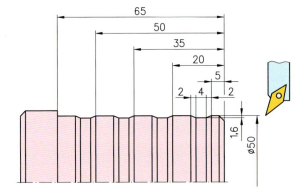

3/11 Schreiben Sie für die Fertigung des Werkstückes aus der vorherigen Aufgabe ein vollständiges Programm mit einem Unterprogramm zur Erzeugung der Vertiefungen. Der Rohling hat einen Durchmesser von 54 mm, der Werkstoff ist Vergütungsstahl C60.

3/12 Sie haben in den beiden vorhergehenden Aufgaben mit der Programmabschnittwiederhoung G23 und dem Unterprogramm auf zwei verschiedene Arten das gleiche Werkstück erzeugt. Unter welchen Umständen empfiehlt sich die Verwendung der Programmabschnittwiederholung und unter welchen Bedingungen sollte man lieber mit einem Unterprogramm arbeiten?

3/13 Die Lage der Schneide eines Drehwerkzeugs muss der Steuerung mit dem Platz im Revolverkopf und mit Bezug auf den Werkzeugeinstellpunkt eingegeben werden.

a) Beschreiben Sie die Lage des Werkzeugeinstellpunkts für Drehwerkzeuge mit Werkzeughalter nach DIN.
b) Durch welchen Adressbuchstaben wird das Werkzeug aufgerufen?
c) Durch welche Zusatzfunktion erfolgt der Werkzeugwechsel?
d) Schreiben Sie die folgenden Sätze mit den richtigen Angaben heraus: Das Maß 120 mm gibt die *(Querablage Q/Länge L)* der Werkzeugschneide vom Werkzeugeinstellpunkt an. Das Maß wird in *(X-Richtung/Z-Richtung)* gemessen. Das Maß 86 mm gibt die *(Querablage Q/Länge L)* der Werkzeugschneide vom Werkzeugeinstellpunkt an. Das Maß wird in *(X-Richtung/Z-Richtung)* gemessen.

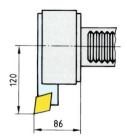

| 3/14 | Bei der manuellen Ermittlung der Werkzeugmaße Q und L werden durch Längsrunddrehen und Querplandrehen die in der Skizze angegebenen Werkstückmaße für den Durchmesser und für die Länge gemessen. Die Lagen des Werkzeugnullpunkts sind für beide Bearbeitungen mit P_{w1} und P_{w2} gekennzeichnet. Ihre Abstände zum Werkstücknullpunkt sind in der Skizze angegeben. Berechnen Sie mithilfe dieser Messwerte die Werkzeugmaße Q und L. |

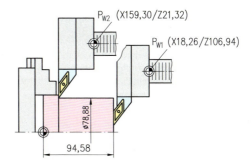

3/15   a) Skizzieren Sie die folgenden Bearbeitungsbeispiele ab. Tragen Sie neben jedem Beispiel das G-Wort für die Schneidenradiuskompensation und den Wegbefehl für die Bearbeitung ein.

       b) Durch welchen Wegbefehl wird die Schneidenradiuskompensation aufgehoben?

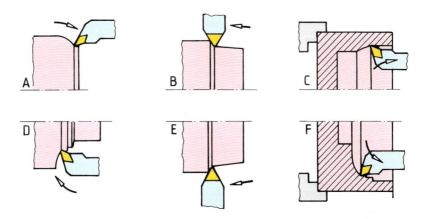

3/16   a) Geben Sie zu den Bearbeitungsbeispielen in Aufgabe 3/15 die Lage des jeweiligen Schneidenradius nach dem nebenstehenden Werkzeugquadranten mit der zutreffenden Zahl an.

       b) Warum ist die Stellung des Radius zum Werkstück unbedingt für die Schneidenradiuskompensation erforderlich?

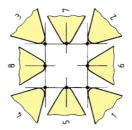

Werkzeugquadranten 1 bis 8

4 Programmieren zur Fertigung von Frästeilen

4/1 a) Skizzieren Sie für die Fräsbearbeitungen jeweils das Werkzeug mit der zugehörigen Z-Achse. Geben Sie durch einen Pfeil die jeweilige Drehrichtung des Werkzeugs an. Schreiben Sie an die jeweiligen Drehpfeile das Befehlswort für die Drehrichtung der Arbeitsspindel.

b) Beschreiben Sie, wie Sie die Blickrichtung bei Drehmaschinen bzw. Fräsmaschinen wählen müssen, um die Spindeldrehrichtungen richtig zu benennen.

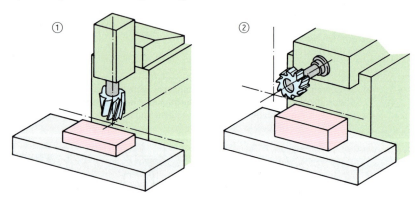

4/2 Zwei Firmenprospekte beschreiben nahezu gleich aussehende Fräsmaschinen. In einem Prospekt ist von einer $2\frac{1}{2}$-D-Bahnsteuerung die Rede – im anderen Prospekt von einer 3-D-Bahnsteuerung.

a) Beschreiben Sie die Unterschiede der beiden Steuerungen.

b) Beschreiben Sie Werkstückkonturen, die mit einer $2\frac{1}{2}$-D-Bahnsteuerung nicht zu fertigen sind.

4/3 a) Skizzieren Sie die Werkstücke ab und wählen Sie eine günstige Lage der Werkstücknullpunkte. Zeichnen Sie diese mit dem entsprechenden Symbol ein.

b) Begründen Sie jeweils die gewählte Lage des Nullpunkts.

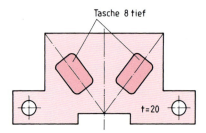

Tasche 8 tief

t = 20

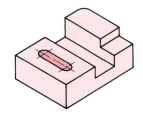

4/4 Das dargestellte Frästeil soll auf einer CNC-Fräsmaschine bearbeitet werden. Die Innenkontur wird mit Nullpunktverschiebung programmiert.

Skizzieren Sie das Teil ab. Tragen Sie einen sinnvollen Anfangsnullpunkt ein, und geben Sie die weiteren Nullpunktverschiebungen an.

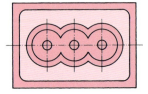

4/5
a) Schreiben Sie für die Fertigung der Zwischenplatte nur den Programmsatz für die Nullpunktverschiebung von W1 zu W2.

b) Beschreiben Sie anhand des Beispiels die Vorteile, die eine Nullpunktverschiebung bei der Programmierung bietet.

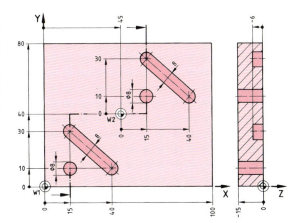

4/6
Bei Bahnsteuerungen wird die Werkzeugbahn mit den Befehlen G 41 und G 42 korrigiert.
Skizzieren Sie die Vorderansicht des Werkstücks ab, und geben Sie die G-Wörter für die Bahnkorrektur an den gekennzeichneten Stellen an.

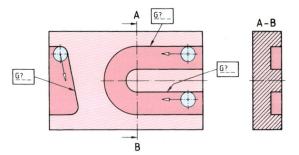

4/7
In das Untergesenk aus Warmarbeitsstahl sind zwei Bohrungen für Führungsbolzen mit dem **„Tieflochzyklus mit Spänebrechen"** G 82 zu bohren. Der **„Zyklusaufruf auf einer Linie"** G 76 ist zu verwenden. Programmieren Sie nach PAL die Bohrbearbeitung mit allen erforderlichen Parametern.

Zusatzinformationen:
Zum Bohren wird ein Bohrer mit Hartmetallschneiden T04 eingesetzt, Schnittgeschwindigkeit v_c = 80 m/min, Vorschub f = 0,4 mm und Kühlschmiermitteleinsatz.

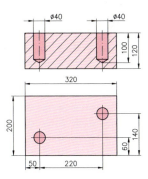

4/8
Programmieren Sie das Fräsen der Rechtecktaschen mit dem Taschenfräszyklus. Beginnen Sie mit dem Anfahren des Startpunktes im Eilgang und programmieren Sie nur die Weginformationen.

Zusatzinformationen:
– Der Fräserhalbmesser muss jeweils dem geforderten Radius der Rechtecktasche entsprechen.
– Als maximale Schnitttiefe der Fräser ist im Arbeitsspeicher 5 mm eingegeben, der Programmierer hat die Einzelschnitttiefe zu ermitteln.

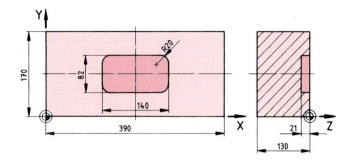

4/9　Aus einem Rohling von 100 x 100 x 32 mm, der auf der Unterseite und den Seitenflächen bereits
bearbeitet ist, soll eine Platte mit Zapfen gefräst werden.
Der Werkstoff des Rohteils ist AlMg3.
Schreiben Sie das Programm zur Bearbeitung:
– Die Oberseite soll mit einem Rechtecktaschenfräszyklus eben gefräst werden.
– Der Zapfen ist mit einem Zapfenfräszyklus auszuarbeiten.
– Der Fräser ist ein Walzenstirnfräser mit 63 mm Durchmesser.

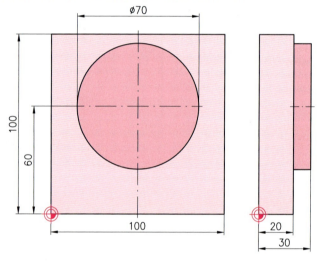

4/10　In ein Rohteil aus S235 ist eine Kreistasche mit Zapfen zu fräsen.
Schreiben Sie entspechend den NC-Satz.
Ergänzen Sie auch Vorschub und Spindeldrehzahl
für einen HSS-Fräser ⌀ 12 mm.

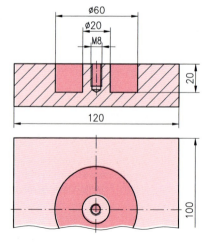

4/11   In die dargestellte Platte aus S235 sind 11 Bohrungen von 8 mm Durchmesser zu bohren.
Zunächst sind die Bohrungen mit einem NC-Anbohrer vorzubohren. Es wird ein HSS-Bohrer verwendet.

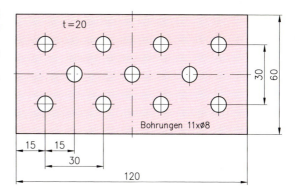

4/12   Programmieren Sie für beide Werkstücke das Bohren der Lochmuster auf den Teilkreisen mit dem Teilkreisbohrzyklus. Die Bohrungen sind durchgehend.
Beim Programmieren der Bohrungstiefe ist die Bohrerspitze zu berücksichtigen.

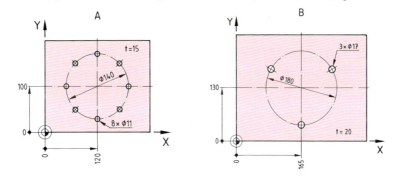

4/13   Programmieren Sie nach PAL das Fräsen der Rechtecktaschen in die Grundplatte aus nicht rostendem Stahl X5CrNi18-19 mit dem Rechtecktaschenfräszyklus G72.

Zusatzinformationen:

Als Fräser werden Walzenstirnfräser mit jeweils drei beschichteten Hartmetallschneiden mit der Werkzeugnummer T40 und T41 eingesetzt. Der Fräserhalbmesser muss jeweils dem geforderten Radius der Rechtecktasche entsprechen. Die maximale Schnitttiefe ap soll 5 mm betragen, Schnittgeschwindigkeit v_c = 200 m/min, Vorschub f_z = 0,1 mm. Der Abstand der Sicherheitsebene V soll 15 mm, die Höhe der Rückzugebene W = 30 mm soll groß sein. Der Werkzeugwechselpunkt liegt bei X300, Y200 und Z100.

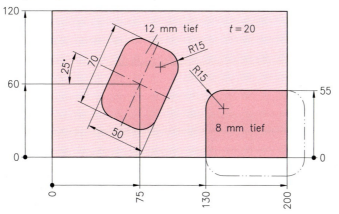

4/14 In die gezeigte Formhälfte aus E 295 für eine Spritzgussform sind vier Taschen zu fertigen, Fräser-durchmesser 18 mm.

a) Planen Sie die Arbeitsschritte für die Ausfräsungen. Vereinfachen Sie den Programmieraufwand, z. B. durch Manipulationsfunktionen.

b) Programmieren Sie für die Ausfräsungen die Weginformationen.
(Als maximale Schnitttiefe des Fräsers ist im Arbeitsspeicher 3 mm eingegeben.)

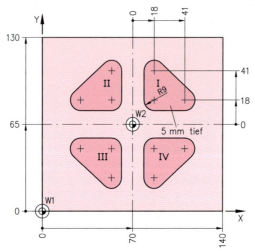

4/15 In Schnittplatten aus 60 WCrV 7 sollen auf einer Drahterodiermaschine Durch-brüche (siehe Abbildung) gefertigt wer-den.

a) Planen Sie die Programmierung des Durchbruchs, indem Sie von der angegebenen Startbohrung aus die Kontur in sich wiederholende Grundelemente zerlegen. Versu-chen Sie mit einer Manipulations-funktion, den Programmierauf-wand möglichst gering zu halten.

b) Berechnen Sie die fehlenden Ziel-punkte für ein Element der Grund-kontur.

c) Erstellen Sie die Fortsetzung des vorgegebenen NC-Unterpro-gramms für die Herstellung eines Durchbruchs. Es sind lediglich die geometrischen Daten zu programmieren.

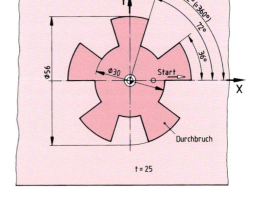

Lösungsvorgabe:

NC-Unterprogramm L 1101				Durchbruch
N1	G90			
N2	G0	X15	Y0	
N3	G1	X28		

4/16
a) Skizzieren Sie die Fräserform ohne die Einzelschneiden.
b) Zeichnen Sie die Lage des Werkzeugeinstellpunktes ein.
c) Tragen Sie in die Skizze die Maße ein, die in den Werkzeugspeicher einzugeben sind.

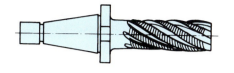

4/17 Das dargestellte Werkstück soll auf CNC-Maschinen gefertigt werden.
Planen Sie den Fertigungsablauf.

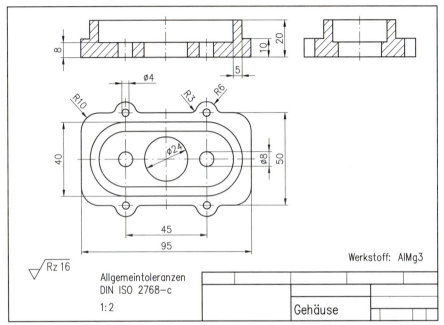

a) Legen Sie die Bearbeitungsfolge fest. Berücksichtigen sie dabei Spannen, Umspannen, Nullpunktlage(n) u. a.
b) Erstellen Sie – Ihrer Fertigungsplanung entsprechend – eine Zeichnung mit CNC-gerechter Bemaßung.
c) Legen Sie die zu verwendenden Werkzeuge fest.
d) Bestimmen Sie Schnittgeschwindigkeiten, Umdrehungsfrequenzen, Vorschübe, Zustellungen u. a.
e) Erstellen Sie das Programm bzw. Teilprogramme für die Fertigung.
f) Testen Sie das Programm durch Simulation.
g) Fertigen Sie ein Werkstück.

4/18   Für einen Bearbeitungsvorgang sind die folgenden Daten festgelegt:

Vorschub je Zahn: $f_z = 0{,}05$ mm
Zähnezahl: $z = 3$
Fräserdurchmesser: $d = 60$ mm
Schnittgeschwindigkeit: $v_c = 45$ m/min
Werkzeug: T 02
Kühlmitteleinsatz

Schreiben Sie die nachfolgende Aufstellung der entsprechenden Wegbefehle und Schaltfunktionen ab und ergänzen Sie diese durch die Codierungen der oben angegebenen Daten.

Vorschub in mm/Umdrehung: G ___?_____ ?_____
Spindeldrehzahl: G ___?_____ ?_____
Drehrichtung der Spindel: ___?____
Kühlmitteleinsatz: ___?____
Werkzeug: ___?____

4/19   Ein Gehäuse aus GJL-200 soll an den Passflächen mit dem Messerkopf T 02 – Durchmesser 240 mm, 14 Schneiden – überfräst werden. Der Vorschub je Zahn soll $f_z = 0{,}3$ mm sein und die Schnitttiefe soll $a_p = 3$ mm betragen.

a) Wählen Sie aus der Tabelle „Richtwerte für das Zerspanen mit Fräsern" (siehe Lehrbuch, Kapitel „Fertigungstechnik") den geeigneten Schneidstoff, und bestimmen Sie die Schnittgeschwindigkeit.

b) Berechnen Sie die Umdrehungsfrequenz des Fräsers und den Vorschub je Umdrehung.

c) Schreiben Sie die Schaltinformationen und die zugehörigen G-Wörter in eine Tabelle.

4/20   Für eine Fräsbearbeitung sind die folgenden Schaltinformationen und Wegbedingungen programmiert.

N	G	X	Y	Z	I	J	K	F	S	T	M
N...	G 94 G 97	X...	Y...	Z...				F 280	S 660	T 01	M 04

Übernehmen Sie den folgenden Text und tragen Sie in diesen die Bedeutung der oben angeführten Informationen ein.

Das Werkzeug ___?___ bewegt sich mit der Vorschubgeschwindigkeit von ___?___. Die Frässpindel dreht sich mit ___?___ Umdrehung je Minute ___?___ den Uhrzeigersinn.

5 Werkstattorientierte Programmierung (WOP)

5/1 Ein Programm zur Werkstattorientierten Programmierung baut die Werkstückkontur aus folgenden Geometrieelementen auf:
- Gerade, achsparallell zur X-Achse
- Gerade, achsparallell zur Z-Achse
- Gerade, schräg
- Gerade, tangential an vorhergehendes Element angeschlossen
- Kreisbogen im Uhrzeigersinn
- Kreisbogen gegen Uhrzeigersinn
- Kreisbogen im Uhrzeigersinn, tangential an vorhergehendes Element angeschlossen
- Kreisbogen gegen Uhrzeigersinn, tangential an vorhergehendes Element angeschlossen

Analysieren Sie die dargestellte Kontur zur WOP-Programmierung in den folgenden Schritten:
- Nummerieren sie vom Werkstücknullpunkt ausgehend die einzelnen Geometrieelemente.
- Geben Sie in der Tabelle die Art des jeweiligen Geometrieelements, z. B. „Gerade achsparallel zu X", an.
- Tragen Sie die Bezeichnungen der Maße, welche über das jeweilige Geometrieelement bekannt sind, z. B. „Beginn", „Mittelpunkt", „Radius", „Winkel", ein.

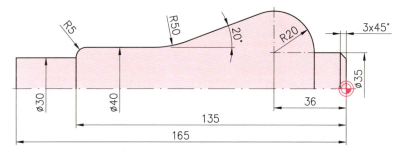

Nr.	Geometrieelement	Koordinaten
1	Gerade, parallel zu X-Achse, Endpunkt X29	Startpunkt
2	Gerade, schräg Endpunkt ...	
3		

6 Bedienfeld von CNC-Maschinen

6/1 Moderne Steuerungen ermöglichen mit vielen Zyklen und Konturelementen eine schnelle Programmierung an der Werkzeugmaschine. Vielfach gibt die Bedienerführung – nachdem eine Teilkontur angewählt wurde – die Programmierung vor und erfragt vom Bediener lediglich die fehlenden Maßangaben.
Welche Vorteile sehen Sie in einer solchen Werkstattprogrammierung im Vergleich zu einer externen Programmierung an einem Bildschirmarbeitsplatz?

6/2 Suchen Sie aus der Zusammenstellung der im Lehrbuch dargestellten Bildzeichen einige heraus, die häufig benutzt werden

a) für die Werkstattprogrammierung oder   **b)** für eine Probefertigung.

7 Werkstückspannsysteme

7/1 Im nachfolgenden Bild ist ein Werkstück mit einem flexiblen Werkstückspannsystem aufgespannt.

a) Wichtige Bauelemente sind durch Zahlen gekennzeichnet.
Tragen Sie die Positionsnummern in die Tabelle ein.

Baugruppe	Positionsnummer
– Grund- bzw. Tragelemente	?
– Stützelemente	?
– Postitionierelemente	?
– Spannelemente	?

b) Benennen Sie zu jeder genannten Baugruppe mindestens zwei Bauteile mit Namen.

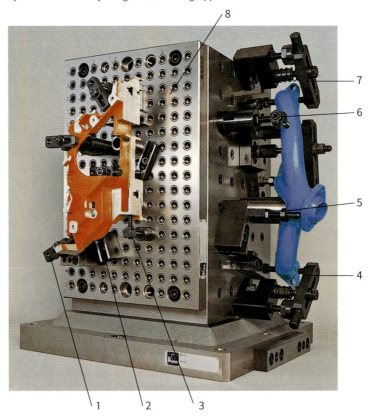

7/2 In der flexiblen Fertigung werden Werkstücke vielfach zunächst mit einem Spannsystem auf Tragelemente gespannt. Das Rastersystem von Tragelementen und Paletten ist aufeinander abgestimmt. Daher kann das Spannsystem auf Paletten einfach positioniert und fixiert werden.

a) Schildern Sie den Weg bzw. die Stationen einer Palette, wenn das aufgespannte Werkstück nacheinander auf mehreren Werkzeugmaschinen bearbeitet wird.

b) Nennen Sie die Vorteile des Einsatzes von Paletten in einem solchen Fertigungsablauf.

7/3 In einer flexiblen, automatisierten Fertigung mit CNC-Bearbeitungsstationen werden folgende Anforderungen an Aufspannsysteme gestellt:
- Planbarkeit der Aufspannung,
- variabler Aufbau,
- Positioniergenauigkeit,
- sicheres Spannen während der Bearbeitung,
- Wiederholgenauigkeit für eine Vielzahl gleicher Werkstücke und bei erneutem Zusammenbau der Spannvorrichtung,
- Automatisierbarkeit.

Beschreiben Sie, in welcher Weise das Rasterspannsystem nach dem Baukastenprinzip in nebenstehendem Bild die genannten Anforderungen erfüllt.

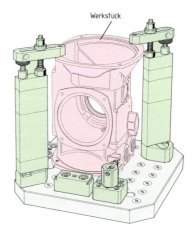

Werkstück

7/4 Für eine große Serie gleicher Werkstücke wird zur Bearbeitung auf einer Waagerecht-Fräsmaschine eine Aufspannung mithilfe eines flexiblen Werkstückspannsystems geplant. Das Werkstück soll in einen Maschinenschraubstock in gestuften Spannbacken gegen einen Anschlag gespannt werden.

Berechnen Sie anhand der bemaßten Zeichnung die Koordinaten des Werkstücknullpunktes in X-, Y- und Z-Richtung gegenüber dem Grundplatten-Nullpunkt. Dieser liegt in der Mitte der Grundplatte und in deren unterer Bodenfläche.

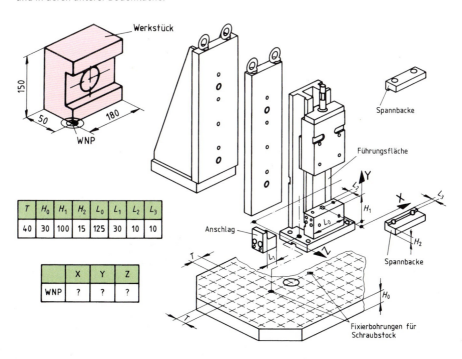

T	H_0	H_1	H_2	L_0	L_1	L_2	L_3
40	30	100	15	125	30	10	10

	X	Y	Z
WNP	?	?	?

Ein Werkstück wird von einem Universalspannzylinder für eine Fräsbearbeitung gespannt. Das Hydrauliköl wirkt auf einen Kolben mit Durchmesser 40 mm, die maximale Hublänge beträgt 60 mm. Das Pumpenaggregat erzeugt einen Betriebsdruck von 20 bar und liefert einen Förderstrom von 1,5 l/min.

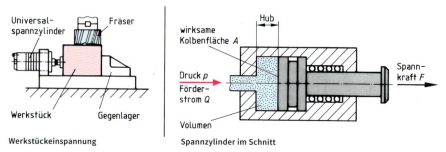

Werkstückeinspannung | Spannzylinder im Schnitt

a) Berechnen Sie die Spannkraft des Spannkolbens.
b) Berechnen Sie das gesamte Hubvolumen des Zylinders.
c) Berechnen Sie die Zeit, die der Kolben benötigt, um beim Spannvorgang 25 % seiner Hublänge auszufahren.
d) Beschreiben Sie die besondere Eignung hydraulischer Spannsysteme für den Einsatz in der flexiblen Fertigung im Vergleich mit mechanischen Spannsystemen. Berücksichtigen Sie bei der Beurteilung der Spannsysteme auch die zuvor errechneten Werte.

8 Werkzeugüberwachungssysteme

8/1 Werkzeugüberwachungssysteme sind an CNC-Maschinen von Vorteil, in flexiblen Fertigungssystemen unerlässlich. Drohende Störungen durch Schneidenverschleiß werden über Sensoren erfasst.

a) Welche Messgrößen können bei der Werkzeugüberwachung durch Sensoren gemessen werden?
b) Schildern Sie die Arbeitsweise eines Werkzeugüberwachungssystems, nach der bei einem Werkzeugbruch ein Maschinenstop herbeigeführt wird.

1 Grundlagen für pneumatische und hydraulische Steuerungen

Druck und Kolbenkraft

Für den auf ein Gas oder eine Flüssigkeit ausgeübten Druck gilt:

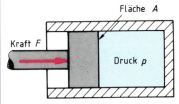

Fläche A

Kraft F

Druck p

Formel

$$p = \frac{F}{A}$$

Formelzeichen

p Druck in dem Medium
A Fläche
F Kraft, die senkrecht auf die Fläche wirkt

Einheiten des Druckes

Wirkt eine Kraft von 1 N senkrecht auf eine Fläche von 1 m², so wirkt ein Druck von 1 Pa (Pascal).

Einheit	Kurzzeichen	Umrechnung
Pascal	1 Pa	1 Pa = 1 N/m²
Bar	1 bar	1 bar = 10^5 Pa
		1 bar = 10 N/cm²

1/1 Übertragen und ergänzen Sie folgende Tabelle.

Energieträger	Technologie	Beispiel zur Anwendung
Druckluft	?	?
?	?	Bagger
?	Elektrik	?
feste Körper	?	?

Physikalische Grundlagen

1/2 Rechnen Sie die gegebenen Drücke in die angegebenen Einheiten um.

gegebener Druck	in andere Einheiten umgerechneter Druck					
	Pa	bar	hPa	daN/cm²	N/mm²	mbar
$4 \cdot 10^6$ N/m²	?	?	?	?	?	?
710 mbar	?	?	?	?	?	–
25 bar	?	–	?	?	?	?
120 N/mm²	?	?	?	?	–	?

1/3 Berechnen Sie den Druck in bar, der in einem Hydraulikzylinder herrscht, wenn auf den Kolben mit $d = 30$ mm eine Kraft von $F = 5$ kN ausgeübt wird.

1/4 Im Wetterbericht lautet z. B. eine Ansage: „Der Luftdruck in Köln betrug 1 010 hPa." Wie groß war er in Pa und in mbar?

1/5 Übertragen und ergänzen Sie folgende Tabelle.

Lufdruck bar	Absoluter Druck bar	Überdruck bar
1,05	?	4,3
1,0	180	?
?	1,73	0,75

1/6 In einer Hydraulikanlage herrscht ein Druck von etwa 200 bar.
Warum ist es für die Abläufe in der Anlage unbedeutend, ob der angegebene Druck der absolute Druck oder der Überdruck ist?

Effektive Kolbenkraft

Einfach wirkender Zylinder

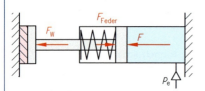

A – Kolbenfläche

Formeln

$F = p_e \cdot A$

$F_w = 0,75 \cdot F$

$$F_w = 0,75 \cdot p_e \cdot d_1^2 \cdot \frac{\pi}{4}$$

Doppelt wirkender Zylinder (Vorhub)

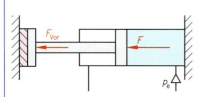

A – Kolbenfläche

$F_{vor} = 0,8 \cdot F$

$$F_{vor} = 0,8 \cdot p_e \cdot d_1^2 \cdot \frac{\pi}{4}$$

Doppelt wirkender Zylinder (Rückhub)

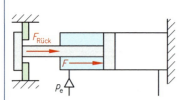

A – Ringfläche

$F_{rück} = 0,8 \cdot F$

$$F_{rück} = 0,8 \cdot p_e \cdot \frac{\pi}{4} (d_1^2 - d_2^2)$$

Formelzeichen

p_e Betriebsdruck ≙ Arbeitsdruck
d_1 Kolbendurchmesser
d_2 Kolbenstangendurchmesser
A Fläche (druckbelastet)
F Druckkraft (Kraft im Druckraum)
F_w effektive Kolbenkraft bei einfach wirkenden Zylindern

F_{vor} effektive Kolbenkraft bei doppelt wirkenden Zylindern im Vorhub
$F_{rück}$ effektive Kolbenkraft bei doppelt wirkenden Zylindern im Rückhub

$$1 \text{ bar} = 10 \, \frac{\text{N}}{\text{cm}^2}$$

1/7 Im Hydraulikbremskreis eines Autos tritt bei einem Bremsvorgang in der Anlage ein Druck von 22 bar auf. Der Kolben im Bremszylinder hat eine wirksame Fläche von 490 mm².
Welche Kraft wirkt auf die Bremse (Angabe in N)?

1/8 Ein einfach wirkender Zylinder soll zum Spannen von Werkstücken eingesetzt werden. Die Spannkraft muss mindestens 1 500 N betragen.
Reicht ein Zylinder von 6 cm Kolbendurchmesser aus, wenn die Anlage maximal mit einem Druck von 7 bar betrieben werden darf? Der Reibungsverlust beträgt 25 %.

1/9 Der Kolben eines doppelt wirkenden Zylinders wird von beiden Seiten mit dem gleichen Druck von 5 bar beaufschlagt. Fährt die Kolbenstange aus, bleibt sie in der gezeichneten Lage, oder nimmt sie eine beliebige Stellung ein? Begründen Sie Ihre Antwort.

1/10 Der Kolben eines doppelt wirkenden Zylinders hat einen Durchmesser von 50 mm; die Kolbenflächenseite wird mit 6 bar beaufschlagt. Die Reibungsverluste im Zylinder betragen 20 %.

a) Wie groß ist die wirksame Kraft an der Kolbenstange?

b) Wie verändert sich die Kraft an der Kolbenstange, wenn der Druck auf 8 bar erhöht wird?

1/11 Berechnen Sie die fehlenden Werte für einfach wirkende Zylinder.

	Effektive Kolbenkraft in N	Druckkraft in N	Kolbendurchmesser in mm	Kolbenfläche in mm²	Betriebsdruck in bar
a)	3 200	?	?	?	8
b)	?	280	?	?	6
c)	1 800	?	63	?	?
d)	?	800	?	1 960	?
e)	?	2 500	80	?	?

1/12 Die effektive Kolbenkraft eines einfach wirkenden Zylinders soll 1 080 N betragen. Der Kolben hat einen Durchmesser von 50 mm. Es werden etwa 70 % der Druckkraft wirksam. Berechnen Sie den Betriebsdruck, mit dem die Anlage mindestens versorgt werden muss.

1/13 Bei einem doppelt wirkenden Zylinder mit dem Kolbendurchmesser von 100 mm beträgt laut Datenblatt die Kolbenkraft im Vorhub 4 550 N und im Rückhub 4 260 N.

a) Berechnen Sie den Betriebsdruck.

b) Berechnen Sie den Kolbenstangendurchmesser.

Grafische Symbole und Schaltpläne in der Fluidtechnik

1/14 In Schaltplänen der Fluidtechnik sind die Bauteile besonders gekennzeichnet. Entschlüsseln Sie die gegebenen Bezeichnungen:

a) 2 – P1.5 **b)** A – H2.3 **c)** L1.8 **d)** 3.6

1/15 Skizzieren Sie die grafischen Symbole für die Wegeventile vergrößert ab. Kennzeichnen Sie alle Anschlüsse nach DIN ISO 5599.
Tragen Sie auch die alte Kennzeichnung für die Anschlüsse in Klammern dahinter ein.

a)
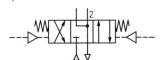

b)
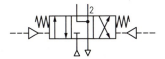

1/16 Übernehmen Sie den pneumatischen Schaltplan in ein Simulationsprogramm, und kennzeichnen Sie die Ventilanschlüsse nach DIN ISO 5599. Ersetzen Sie dabei das Ventil 1.5 durch ein 5/2-Wegeventil. Testen Sie die Steuerung.

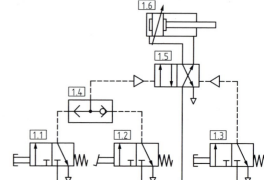

1/17 Die grafischen Symbole stellen Geräte aus dem Bereich der Pneumatik oder der Hydraulik dar.
Skizzieren Sie die grafischen Symbole ab und erläutern Sie diese.

a)   b)

1/18 Woran erkennt man anhand eines Schaltplans, ob es sich um eine pneumatische oder eine hydraulische Anlage handelt?

1/19 In einer Pneumatikanlage ist ein sehr kleiner einfach wirkender Zylinder eingebaut. Die Rückstellbewegung des Kolbens erfolgt durch eine Gummimembrane.
Zeichnen Sie das Bildzeichen.

1/20 In pneumatischen oder hydraulischen Schaltplänen stellt man Geräte und Funktionen durch grafische Symbole dar. Zeichnen Sie jeweils:

a) Verbindung von drei Leitungen,
b) Kreuzung von Leitungen,
c) Arbeitsleitung mit der Durchflussangabe für ein pneumatisches Druckmittel,
d) Steuerleitung mit Öl gefüllt,
e) Durchflussrichtung in einem Ventil.

1/21 Einige der folgenden grafischen Symbole kommen nur in pneumatischen, andere nur in hydraulischen Schaltplänen vor.
Ordnen Sie die Zeichen dem entsprechenden Schaltplan zu, und erklären Sie die jeweilige Bedeutung.

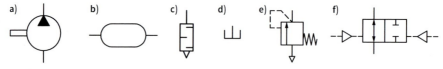

a)   b)   c)   d)   e)   f)

1/22 Die dargestellten Wegeventile entsprechen nicht den Vereinbarungen der Norm.
Zeichnen Sie die grafischen Symbole richtig.

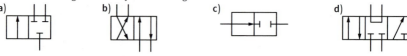

a)   b)   c)   d)

1/23 Erklären Sie folgende grafischen Symbole von Wegeventilen.

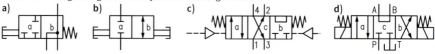

a)   b)   c)   d)

1/24 Zeichnen Sie das grafische Symbol für ein Wegeventil mit drei Anschlüssen und drei Schaltstufen (a, b, c), und tragen Sie die Anschlussbezeichnungen nach neuer Norm ein:
- in der Ruhestellung (b) ein Durchflussweg, ein Anschluss gesperrt,
- in Schaltstellung (a) alle Anschlüsse gesperrt,
- in Schaltstellung (c) alle Anschlüsse verbunden.

1/25 Ein Zylinder soll im ausgefahrenen Zustand einen pneumatischen Endschalter (3/2-Wegeventil) betätigen.
Skizzieren Sie das grafische Symbol des Ventils mit möglichen Betätigungen.

1/26 In der Pneumatik kann die Energie der Druckluft zur Arbeit und zur Steuerung genutzt werden.
Wie sieht das grafische Symbol für ein Ventil aus, das einem doppelt wirkenden Zylinder Druckenergie zuführt und das selbst durch Druckenergie umgesteuert wird?
a) Anschlussbezeichnungen nach alter Norm.
b) Anschlussbezeichnungen nach neuer Norm.

1/27 Ein 4/3-Wegeventil ist defekt und soll ausgetauscht werden.
Welche Angaben für eine Ersatzteilbeschaffung muss man kennen?

1/28 Welche Steuerleitung des Ventils muss mit Druck beaufschlagt werden, damit der Leitung 4 (A) Druckluft zugeführt wird?

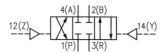

2 Pneumatik

Einheiten zur Bereitstellung der Druckluft

Gesetz von Boyle-Mariotte

Verdichten von Druckluft ohne Temperaturänderung (Anwendung des Gesetzes von Boyle-Mariotte).

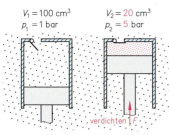

$V_1 = 100 \text{ cm}^3$
$p_1 = 1 \text{ bar}$

$V_2 = 20 \text{ cm}^3$
$p_2 = 5 \text{ bar}$

verdichten F

$100 \text{ cm}^3 \cdot 1 \text{ bar} = 20 \text{ cm}^3 \cdot 5 \text{ bar}$

Formel

$$V_1 \cdot p_1 = V_2 \cdot p_2$$

Formelzeichen

V_1 Volumen im Zustand 1
p_1 Druck im Zustand 1
V_2 Volumen im Zustand 2
p_2 Druck im Zustand 2
p_e vom Messgerät angezeigter Druck
p_{amb} Luftdruck

Beachten Sie: p_1 bzw. p_2 sind der **tatsächliche Druck** des Gases, also vom Messgerät angezeigter Druck plus Luftdruck, z. B.

$$p_1 = p_{e1} + p_{amb}$$

2/1 Bei einem Luftdruck von 1 015 mbar zeigt ein Feinmanometer in einer Drucküberwachungsanlage 1,78 bar an.
Wie groß ist der absolute Druck in der Anlage?

2/2 In einem Kompressor werden je Sekunde 2,4 m³ Luft angesaugt und auf ein Volumen von 0,4 m³ verdichtet (Luftdruck: 1 bar).
a) Welchen absoluten Druck hat die Luft nach dem Verdichtungsvorgang?
b) Welchen Druck zeigt das Messgerät an?

2/3 In einer Druckluftanlage steht ein Speicher von 2 m Länge und einem Durchmesser von 800 mm. Die Druckanzeige weist 8,4 bar auf. Durch Undichtigkeit entweicht die gesamte verdichtete Luft über Nacht aus der Anlage.
Wie viel m^3 Luft sind allein aus dem Speicher verloren gegangen?

2/4 Jemand möchte sich einen Kompressor für seine Hobbywerkstatt kaufen. Bei dem Vergleich der Angebote findet er folgende Angaben:
Firma A: „Kompressor mit einer Liefermenge von 800 Liter/min bei einem Betriebsdruck von 6 bar"
Firma B: „Kompressor mit einer Liefermenge von 700 Liter/min bei einem Betriebsdruck von 7 bar"
Welche Firma liefert den leistungsfähigeren Verdichter?

2/5 Nennen Sie die beweglichen Teile eines Hubkolbenverdichters.

2/6 Skizzieren Sie das grafische Symbol eines Verdichters ab, und ergänzen Sie die Anzüge mit den Fachbegriffen für das jeweils symbolisch dargestellte Element.

2/7 Ordnen Sie die aufgeführten Bauteile oder Begriffe den entsprechenden Verdichtertypen zu:
Bauteile:
    Einlassventil, Schaufel, Strömungsprinzip,
    Kolben, Schieber, Turbinenrad,
    Rotor, Zelle, Verdrängungsprinzip,
Verdichtertypen:
    Axialverdichter, Hubkolbenverdichter, Lamellenverdichter.

2/8 In kühlen Kellerräumen sind im Sommer bei Gewitterluft die Wände sehr feucht.
Erklären Sie diese Erscheinung, indem Sie dabei das Diagramm „Wasserdampfaufnahme der Luft" verwenden.

2/9 Schreiben Sie die folgenden Sätze ab, und wählen Sie die richtigen Aussagen aus:
Kalte Luft kann *(mehr/weniger/gleich viel)* Feuchtigkeit aufnehmen *(als/wie)* warme Luft.
Warme Luft unter hohem Druck kann bei gleichem Volumen *(mehr/weniger/gleich viel)* Feuchtigkeit aufnehmen *((als/wie)* warme Luft unter niedrigem Druck.
Kalte Luft unter hohem Druck kann *(mehr/weniger/gleich viel)* Feuchtigkeit aufnehmen *(als/wie)* warme Luft unter niedrigem Druck.

2/10 Warum fällt bei der Erzeugung von Druckluft Kondensat an?

2/11 Welche Aufgaben hat ein Speicher in einem Druckluftnetz?

2/12 In größeren Druckluftanlagen wird nach dem Verdichter manchmal ein Kühler eingebaut.
Warum kühlt man die Druckluft ab?

2/13 Begründen Sie, welcher der dargestellten Verbraucheranschlüsse einer Druckluftleitung richtig angeschlossen ist.

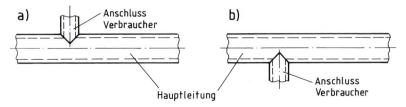

2/14 Wie stellt man ein Leck in einer Druckluftleitung fest?

2/15 Nennen Sie Verunreinigungen in der Druckluft, die vor jeder Pneumatikanlage einen Druckluftfilter erfordern.

2/16 Warum ist in einem Druckluftfilter auch ein Absperrventil eingebaut?

2/17 Skizzieren Sie das grafische Symbol für eine Wartungseinheit in der Durchströmrichtung von links nach rechts:
a) vereinfachtes grafisches Symbol,   **b)** ausführliches grafisches Symbol.

2/18 Welche Aufgabe hat in einer Pneumatikanlage ein Gerät mit nebenstehendem grafischem Symbol?

Arbeitseinheiten in der Pneumatik

2/19 Welche Aufgaben können pneumatische Arbeitselemente haben?

2/20 Beschreiben Sie den Unterschied zwischen einem einfach wirkenden Zylinder und einem doppelt wirkenden Zylinder
a) im Aufbau, **b)** in der Wirkungsweise, **c)** in der Anwendung.

2/21 Neben einer pneumatischen Dämpfung bei Pneumatikzylindern gibt es auch die Möglichkeit der mechanischen Dämpfung durch Gummipuffer.
Untersuchen Sie die Vor- und Nachteile einer solchen Dämpfung.

2/22 Die im Foto dargestellte Testeinrichtung dient zur Funktionsprüfung der Armlehnen an Sesseln.
a) Welche Art der Befestigung für die Zylinder ist gewählt worden?
b) Warum können mit dieser Testeinrichtung Sessel unterschiedlicher Größe geprüft werden?
c) Wie erreicht man in der Testeinrichtung, dass die durch die Druckluft erzeugte Kraft jeweils nur in axialer Richtung der Kolbenstange auf die Armlehnen wirkt?

2/23 Bei einem doppelt wirkenden Zylinder mit dem Kolbendurchmesser von 100 mm beträgt laut Datenblatt die Kolbenkraft im Vorhub 4 550 N und im Rückhub 4 260 N.
a) Berechnen Sie den Betriebsdruck.
b) Berechnen Sie den Kolbenstangendurchmesser.
c) Welchen genormten Durchmesser hat die Kolbenstange?

2/24 Ein einfach wirkender Zylinder hat im Kolbenstangenraum eine Feder und eine Abluftbohrung. Welche Aufgaben hat die Feder, wozu dient die Bohrung?

2/25 An welchen Stellen in einem Zylinder würden in der Druckluft mitgerissene Schmutzteile besonders schädlich sein?

2/26 Skizzieren Sie das grafische Symbol für einen Zylinder ab, und ergänzen Sie die Anzüge mit den folgenden Fachbegriffen: Kolben, Kolbenstange, Zylinderrohr, Deckel, Boden, Druckluftanschluss.

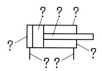

2/27 Die Kolbenstange von Pneumatikzylindern tragen am herausragenden Ende meist Gewinde und zwei Schlüsselflächen. Welche Aufgabe hat das Gewinde, wozu dienen die Schlüsselflächen?

2/28 Wo sitzt beim Membranzylinder die Rückstellfeder?

2/29 Welche Arbeitselemente sind für folgende Aufgaben auszuwählen?

a) Verstellung der Weichen in einem Transportsystem

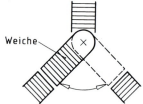

b) Antrieb einer Schleifmaschine

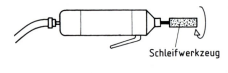

c) Spannen von gleichen Werkstücken in einer Bohrvorrichtung

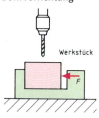

d) Ausstoß eines Werkstückes aus einer Bohrvorrichtung

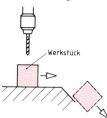

Einheiten zum Steuern der Druckluft

2/30 Ein Kugelsitzventil ist falsch eingebaut worden. Der Monteur hat die Anschlüsse 1 (P) und 2 (A) vertauscht.
Was geschieht, wenn dem Ventil Druckluft zugeführt wird?

2/31 Erklären Sie, warum Längsschieberventile gegenüber den Sitzventilen nur geringe Betätigungskräfte erfordern.

2/32 Welche Probleme ergeben sich bei impulsgesteuerten Längsschieberventilen im Hinblick auf die Ausgangsstellung einer Schaltung?

2/33 In einem pneumatischen Endschalter mit Vorsteuerung ist die Rückstellfeder gebrochen.
Beschreiben Sie jeweils die Folgen für die Steuerung
a) bei einem Federbruch im Vorsteuerventil und
b) bei einem Federbruch im Hauptventil.

2/34 Ordnen Sie die gegebenen Teilaussagen zu einem Fachbericht über die Rückstellung eines Ventiles mit Vorsteuerung.

– Der Druckraum mit der Membrane im Vorsteuerventil wird entlüftet.
– Die zusammengedrückte Feder im Hauptventil kann nun den Steuerkolben nach oben umschalten.
– Wird die Betätigungsrolle entlastet, so erfolgt die Rückstellung des Ventiles.
– Im Vorsteuerventil schließt die Rückstellfeder die Verbindung zwischen dem Druckanschluss und dem Druckraum mit der Membrane.
– Die aus der Arbeitsleitung zurückströmende Luft entweicht über die Bohrung im Steuerkolben nach außen.
– Der umgeschaltete Steuerkolben verschließt im Hauptventil den Weg vom Druckanschluss zur Arbeitsleitung.

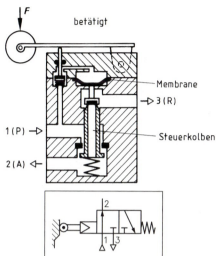

2/35 Warum benötigen Wegeventile mit Federrückstellung keine Handhilfsbetätigung?

Normal-Nenndurchfluss		
	Formeln	**Formelzeichen**
Allgemeine Gasgleichung:	$\dfrac{p_o \cdot V_o}{T_o} = \dfrac{p \cdot V}{T}$	**Normbedingungen** p_o Druck von 1,013 bar V_o Normvolumen in dm^3 T_o Temperatur von 273 K
Normal-Nenndurchfluss:	$q_v = \dfrac{V}{t}$	**Bedingungen für den Berechnungsfall** p Druck in bar V Volumen in dm^3 T Temperatur in K t Zeit in min q_v Normal-Nenndurchfluss in l/min (Volumenstrom)

2/36 Ein Ventil mit einem Normal-Nenndurchfluss von 1 400 l/min soll überprüft werden. Wie viel dm^3 Luft strömen je Sekunde durch das Ventil, wenn die Luft jeweils folgende Temperaturen hat?
(Der Druck beträgt 7 bar vor und 6 bar nach der Messstelle.)
a) – 10 °C   **b)** + 20 °C   **c)** + 60 °C

2/37 Ein Ventil hat die Nennweite NW = 8 mm. Der Durchflussquerschnitt ist kreisringförmig. Dabei ist der größere Durchmesser 10 mm.
Berechnen Sie den kleineren Durchmesser.

2/38 Ein doppelt wirkender Zylinder soll über Handbetätigung ein- und ausgefahren werden. Wahlweise kann der Vorhub auch über einen Fußschalter erfolgen.
Skizzieren Sie einen Schaltplan mit Wechselventil.

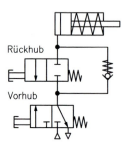

2/39 a) Welche Aufgabe hat das Rückschlagventil in der gegebenen Steuerung?
b) Analysieren Sie die Folgen für die Steuerung, falls die Anschlüsse beim Rückschlagventil vertauscht werden.
c) Entwickeln Sie einen entsprechenden Schaltplan für die Steuerung des Zylinders mithilfe nur eines 3/2-Wegeventiles mit entsprechenden Betätigungen.

2/40 In einer Steuerung wird ein Zylinder über ein Zweidruckventil beim Ausfahren angesteuert.
a) Skizzieren Sie den Schaltplanausschnitt mit Signalgliedern, Steuerglied, Stellglied und Arbeitsglied.
b) Verwirklichen Sie die gleiche Schaltung ohne Zweidruckventil.

2/41 Welchen Nachteil hat ein Drosselventil für die Einstellung der Kolbengeschwindigkeit?

2/42 Ein Drosselrückschlagventil zur Geschwindigkeitseinstellung von Arbeitsgliedern kann auf der Zuluftseite oder auf der Abluftseite des Zylinders eingebaut werden.
Auf welcher Seite des Arbeitsgliedes setzt man Drosselrückschlagventile vorzugsweise ein? Begründen Sie Ihre Antwort.

2/43 In Verzögerungsventilen sind Drosselrückschlagventile eingebaut.
a) Beschreiben Sie die Aufgabe der Drossel.
b) Erklären Sie die Funktion des Rückschlagventiles.

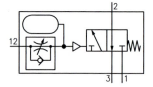

2/44 Ein großer doppelt wirkender Zylinder soll den Rückhub schnell ausführen. Vorgesehen ist ein Schnellentlüftungsventil. Informieren Sie sich über „Schnellentlüftungsventil" im Internet. Zeichnen Sie den Schaltplanauszug.

2/45 Warum sind Druckbegrenzungsventile in Druckerzeugungsanlagen vorgeschrieben?

2/46 Ein Druckregelventil funktioniert nicht mehr. Welche Ursachen können vorliegen?

2/47 Wie heißen die im „Schaltplan einer Pneumatikanlage" gekennzeichneten Bauteile 1 bis 11?
Geben Sie die jeweilige Aufgabe der Bauteile an.

2/48 Stellen Sie in der Werkstatt oder im Pneumatiklabor folgende Ventile zusammen:
– Wegeventil,   – Sperrventil,
– Druckventil,   – Stromventil.
a) Skizzieren Sie jeweils das grafische Symbol mit allen Anschlussbezeichnungen.
b) Bei alten Anschlussbezeichnungen tragen Sie zusätzlich die Anschlussbezeichnungen nach DIN ISO 5599 ein.

Schaltplan einer Pneumatikanlage
(zu Aufgabe 2/47)

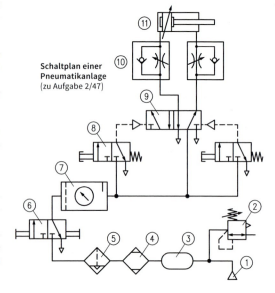

Pneumatische Steuerungen

2/49 Ein einfach wirkender Zylinder soll mit einem 4/2-Wegeventil gesteuert werden, weil kein geeignetes 3/2-Wegeventil vorhanden ist.
Zeichnen Sie den Schaltplan.

2/50 Beantworten Sie die Fragen zu der dargestellten Schaltung mit Begründung.
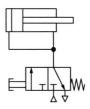

a) Lässt sich in der Ausgangsstellung die Kolbenstange durch eine äußere Kraft bewegen?
b) Nimmt die Kolbenstange bei Schalterbetätigung eine bestimmte Schaltstellung ein?

2/51 Die Drehzahl für einen Druckluftmotor soll im Rechtslauf und im Linkslauf gesteuert werden. Die Druckluft wird dem Motor über ein geeignetes 4/3-Wegeventil zugeführt, das handbetätigt sein soll. In der mittleren Stellung des Ventiles muss die Bewegung des Motors blockiert sein. Zeichnen Sie den Schaltplan.

2/52 Warum baut man die Drossel zur Steuerung der Kolbengeschwindigkeit zwischen Stellglied und Arbeitsglied und nicht vor das Stellglied ein?

2/53 In eine Pneumatikanlage soll ein Drosselrückschlagventil eingebaut werden. Ein solches Ventil ist nicht verfügbar. Man kann sich mit dem Einbau einer Drossel und eines Rückschlagventiles helfen.
Zeichnen Sie den entsprechenden Teil des Schaltplanes.

2/54 In einer Leitung muss die Druckluft in beiden Richtungen gedrosselt werden. Es stehen nur Drosselrückschlagventile zur Verfügung.
Zeichnen Sie die Schaltung.

2/55 Welche Betätigungsarten sind typisch für willensabhängige Steuerungen?
Zeichnen Sie die entsprechenden grafischen Symbole, und geben Sie dazu Erläuterungen.

2/56 Unter welchen Voraussetzungen kann in einer Pneumatikanlage eine Signalfolge verwirklicht werden?

2/57 Wie kennzeichnet man in Schaltplänen für die Pneumatik die Lage von Signalgliedern, die wegabhängig gesteuert werden?

2/58 Zeichnen Sie die typischen Betätigungssymbole für wegabhängig gesteuerte Ventile in der Pneumatik.

2/59 Ein Rüttelsieb soll pneumatisch hin- und herbewegt werden. Die Geschwindigkeit der Rüttelbewegung soll sowohl im Vorlauf als auch im Rücklauf steuerbar sein.
Zeichnen Sie den Schaltplan.

2/60 Skizzieren Sie das grafische Symbol für ein Verzögerungsventil mit nachfolgendem Stellglied, das folgende Funktion haben soll:
– Nullstellung durch Federkraft, dabei Druckluft auf Arbeitsleitung 4 (A), die Arbeitsleitung 2 (B) ist entlüftet,
– in Schaltstellung ist die Druckluft mit 2 (B) verbunden, die Leitung 4 (A) ist entlüftet, die Umsteuerung soll mit Druckluft erfolgen und zeitverzögert sein.

2/61 Eine Prägevorrichtung arbeitet halbautomatisch in vorgegebener Reihenfolge:
– In eine Werkstückaufnahme wird von Hand ein Kunststoffplättchen etwa in der Größe eines 2-EUR-Stückes eingelegt.
– Durch einen Pneumatikzylinder wird die Werkstückaufnahme unter den Prägestempel geschoben.
– Die Prägung erfolgt mithilfe eines zweiten Pneumatikzylinders.
– Nachdem der Zylinder für den Prägestempel in die Ausgangslage zurückgefahren ist, wird die Werkstückaufnahme in die Ausgangsstellung zurückgezogen.
a) Skizzieren Sie das Technologieschema.
b) Geben Sie an, welche Startbedingungen bestehen müssen.
c) Beschreiben Sie die einzelnen Schritte der Ablaufsteuerung.

2/62 Die gezeigte Maschine dient zum Ablängen von Kunststoffstangen.

a) Beschreiben Sie mit Ihren Worten den Ablauf eines Abläng-vorganges.
b) Stellen Sie den Ablauf im Weg-Schritt-Diagramm dar.

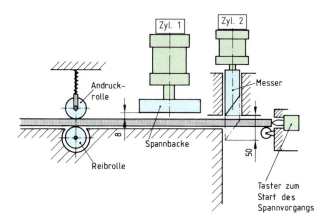

2/63 In einen Metallring sollen zwei Durchgangslöcher gebohrt werden, die radial verlaufen und um 30° versetzt sind. Beide Bohrungen liegen in dem gleichen Kreisquerschnitt.

a) Skizzieren Sie das Technologie-schema mit einem pneumatischen Spannzylinder und zwei Bohrspindeln, die über pneumatische Vorschubeinheiten angetrieben werden.
b) Geben Sie eine genaue und vollständige „Aufgabenstellung" für diese Steuerung.
Beschreiben Sie dabei die Abfolge der Bewegungen der Arbeitselemente.
c) Legen Sie die Startverriegelung fest, und nennen Sie notwendige Absicherungen.

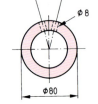

2/64 In einer Biegevorrichtung werden Werkstücke pneumatisch gespannt und anschließend selbsttätig gebogen. Der Steuerungsablauf erfolgt in Schritten:

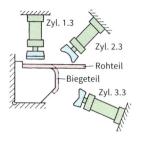

Schritt	Beschreibung des Ablaufes
1.	Zylinder 1.3 fährt aus, spannt Biegeteil
2.	Zylinder 2.3 fährt aus, biegt Werkstück vor
3.	Zylinder 3.3 fährt aus, biegt Werkstück fertig
4.	Zylinder 2.3 und 3.3 fahren ein
5.	Zylinder 1.3 fährt ein, Werkstück wird entnommen

Zeichnen Sie das Zustands-Schritt-Diagramm mit Signallinien.

2/65   Beschreiben Sie anhand des folgenden Funktionsdiagramms:

a) die Startbedingungen,
b) die Schrittfolge der Steuerung,
c) die Wirkung der Endschalter 1.3 und 1.2.

Bauglieder			Schritte					
Benennung	Kurzzeichen	Zustand	0	1	2	3	4	5
Starttaster	1.4 1.5	betätigt						
Endschalter	1.1 2.2	betätigt						
Ventil	0.1	geöffnet / geschlossen						
Zylinder	1.6	ausgefahren / eingefahren						
Zylinder	2.3	ausgefahren / eingefahren						

2/66   Beschreiben Sie anhand des Funktionsdiagramms:

a) die Startbedingungen,
b) die Schrittfolge der Steuerung,
c) den Automatikbetrieb.

Bauglieder			Schritte					
Benennung	Kurzzeichen	Zustand	0	1	2	3	4	5
Handtaster	1.3	betätigt						
Automatik	1.4	betätigt						
Zylinder 1 (Pressen)		ausgefahren / eingefahren						

2/67   Eine Biegevorrichtung für Bleche arbeitet mit einem Pneumatikzylinder. Dabei wird der Zylinder schnell zugestellt, während der Biegevorgang selbst langsam erfolgt.

a) Erstellen Sie für den Pneumatikzylinder das Funktionsdiagramm.
b) Tragen Sie die Signalglieder und die Signallinien in das Diagramm ein, wenn Folgendes bekannt ist:
 – Der Zylinder betätigt im eingefahrenen Zustand den Endtaster 1.1.
 – Bei gleichzeitiger Betätigung der Handtaster 1.4 und 1.5 fährt der Zylinder schnell aus.
 – Am Ende der Zustellung betätigt der Zylinder den Endschalter 1.2 und schaltet so auf den langsameren Biegevorgang um.
 – Nach dem Biegevorgang betätigt der Zylinder den Endschalter 1.3 und schaltet sich selbst um.
 – Im eingefahrenen Zustand fährt der Zylinder wieder auf den Endschalter 1.1.

2/68   In der Pneumatik und Hydraulik unterscheidet man folgende Pläne und Diagramme:
 – Technologieschema,   – Weg-Schritt-Diagramm,
 – Schaltplan,   – Zustands-Schritt-Diagramm,
 – Weg-Zeit-Diagramm,   – Funktionsdiagramm.
Erläutern Sie die Aufgabe dieser Pläne bzw. Diagramme.

2/69 Untersuchen Sie die Aussagen, und geben Sie an, ob es sich um eine Ablauf- oder Verknüpfungssteuerung handelt.

a) In einer Flaschenabfüllanlage durchlaufen die Flaschen vom Reinigen über Kontrolle, Abfüllung, Verschließen, Etikettieren und Verpacken verschiedene Stationen. Die Weiterleitung zur nächsten Station erfolgt jeweils nach Abschluss des vorherigen Schrittes. Dies ist über eine ___?___ zu verwirklichen.

b) Ein Rolltor öffnet nur, wenn die Steuerung auf Automatik steht und ein bestimmtes Funksignal gegeben wird oder der Schlüsselschalter betätigt wird. Dies ist eine ___?___.

2/70 Ein Schieber am Speicher einer Abfüllanlage wird durch einen Pneumatikzylinder betätigt.

– Der Zylinder fährt ein und öffnet damit, wenn der Knopf „Füllen" gedrückt wird,

– ein Behälter unter dem Silo steht,

– der Taster unter der Gewichtskontrolle nicht gedrückt ist.

a) Zeichnen Sie das Funktionsdiagramm.

b) Zeichnen Sie den Pneumatikschaltplan.

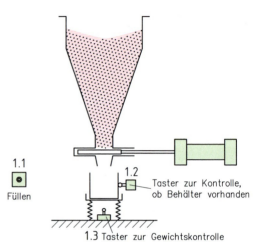

1.1 Füllen

1.2 Taster zur Kontrolle, ob Behälter vorhanden

1.3 Taster zur Gewichtskontrolle

2/71 Mit der dargestellten Vorrichtung werden Lagerbuchsen in Laufrollen eingepresst. Der Einpressvorgang soll nur dann erfolgen, wenn

– mit den Händen die Handtaster 1.1 **und** 1.2 gleichzeitig gedrückt sind

oder wenn

– der Fußtaster 1.3 gedrückt wird **und** der Taster 1.4 für das Schutzgitter **nicht** gedrückt ist, weil das Schutzgitter vollständig herabgelassen ist.

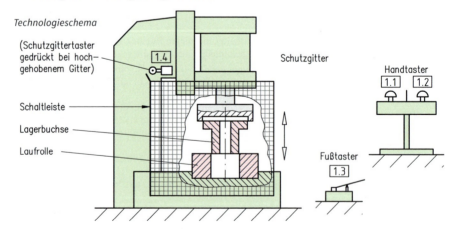

Technologieschema

(Schutzgittertaster gedrückt bei hochgehobenem Gitter)

1.4

Schutzgitter

Handtaster
1.1 1.2

Schaltleiste

Lagerbuchse

Laufrolle

Fußtaster
1.3

a) Beschreiben Sie den Steuerungsablauf in Schritten.

b) Zeichnen Sie das Funktionsdiagramm.

c) Entwerfen und zeichnen Sie den Pneumatikschaltplan.

d) Untersuchen Sie, zwischen welchen Sensoren eine UND-, ODER- bzw. NICHT-Verknüpfung vorliegt.

2/72 In einer halbautomatischen Klebe- und Bohrvorrichtung sollen Werkstücke unter Druck geklebt und anschließend gebohrt werden. Das Profilteil wird von Hand auf die Werkstückaufnahme gelegt (1.5 ist eingefahren) und anschließend wird die mit Reaktionskleber beschichtete Auflage auf dem Profilteil justiert.

a) Beschreiben Sie den Steuerungsablauf in Schritten.

b) Zeichnen Sie das Funktionsdiagramm mit Signallinien.

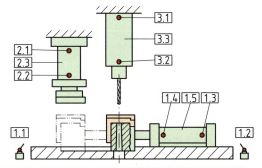

Planungsunterlagen zu den Aufgaben 2/73 bis 2/75

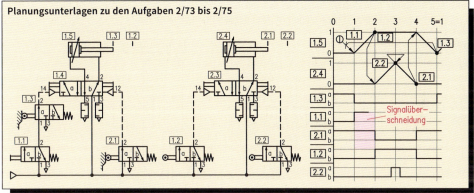

2/73 Warum liegt in dem Schaltplan auch eine Signalüberschneidung zwischen den Ventilen 1.2 und 2.2 vor?

2/74 Aus den Planungsunterlagen kann man verschiedene Informationen entnehmen. Welche Bedeutung haben die Ziffern 0 und 1 bzw. die Buchstaben a und b im Funktionsdiagramm, die bei den Kurzzeichen für die Bauglieder stehen?

2/75 Testen Sie die Schaltung im Pneumatiklabor. Schalten Sie dabei die Dauersignale von 2.1 und 1.2 über Verzögerungsventile ab.

Planungsunterlagen zu den Aufgaben 2/76 bis 2/78

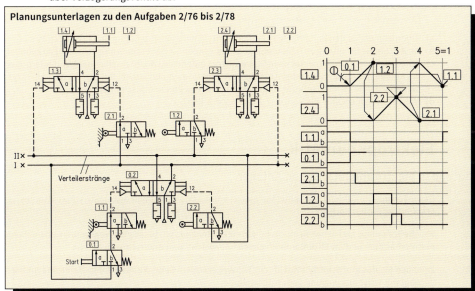

2/76   a) Übernehmen Sie den Pneumatikschaltplan in ein Simulationsprogramm und testen Sie es aus.
    b) Stellen Sie im Pneumatiklabor die notwendigen Ventile zusammen und bauen Sie die Schaltung auf.

2/77   a) Testen Sie die Steuerung aus Aufgabe **2/76** auf ihre Funktionstüchtigkeit. Erstellen Sie ein Prüfprotokoll.
    b) Nach einer Reparatur sind die Anschlüsse von dem Umschaltventil 0.2 an die Verteilerstränge vertauscht worden.
    Was passiert, wenn die Anlage über das Hauptventil mit Druckluft versorgt wird?

2/78   Analysieren Sie die Aufgabe des Signalgliedes 1.1 in der Schaltung nach den vorliegenden Planungsunterlagen. Beschreiben Sie Ihre Feststellungen.

2/79   Ein langer Druckluftzylinder (1.9) soll mit unterschiedlichen Geschwindigkeiten beim Ausfahren gesteuert werden. Vorgeschlagen ist dazu der skizzierte Schaltplan.

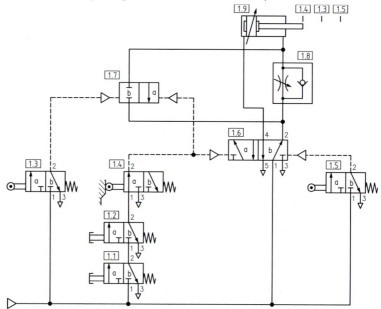

    a) Übernehmen Sie den Pneumatikschaltplan in ein Simulationsprogramm und testen Sie es aus.
    b) Testen Sie die Schaltung im Pneumatiklabor, verwenden Sie dabei einen möglichst langen Zylinder.
    c) Üben Sie sich in der Fehlersuche in Steuerungen, indem Sie von Ihrem Nachbarn Veränderungen im Aufbau der zunächst funktionstüchtigen Anlage vornehmen lassen. Suchen Sie die Fehler systematisch mithilfe des Funktionsdiagrammes und des Pneumatikschaltplanes.
    d) Welche Aufgabe sollen die Ventile 1.1 und 1.2 erfüllen?

3   Elektropneumatik

Bauteile in elektropneumatischen Anlagen

3/1   Das mechanische Öffnen bzw. Schließen eines Ventiles erfolgt mithilfe des elektrischen Stromes. Erklären Sie diesen Vorgang.

3/2   Welche Teile eines grafischen Symbols für ein elektromagnetisch betätigtes Wegeventil sind im Pneumatikschaltplan und im Stromlaufplan gleich und welche sind unterschiedlich?

3/3   Zeichnen Sie das grafische Symbol für ein 3/2-Wegeventil in Sperr-Ruhestellung, elektromagnetisch betätigt mit Vorsteuerung und Federrückstellung.

3/4 Aus welchem Grund benutzt man beim Einsatz von Magnetventilen vorzugsweise solche mit Vorsteuerung?

3/5 Welche Aufgabe hat die Handhilfsbetätigung bei Magnetventilen?

3/6 Erläutern Sie folgende Fachbegriffe:
a) EP-Wandler, b) PE-Wandler.

3/7 Erklären Sie die Aufgabe und Wirkung eines RC-Gliedes.

3/8 Entschlüsseln Sie die folgenden Kennzeichen von Schutzarten nach VDE 0470:
a) IP 20, b) IP 22, c) IP 54.

3/9 a) Untersuchen Sie Magnetventile in elektropneumatischen Steuerungen aus Ihrem Betrieb oder aus dem Pneumatiklabor auf die Schutzart.
b) Welchen Hinweis auf Personenschutz finden Sie im Kennzeichen für die Schutzart?

3/10 Warum bevorzugt man in elektropneumatischen Steuerungen bei Magnetventilen die Spannung von 24 V?

3/11 Bei welchem Näherungsschalter können nichtmetallische Körper den Schaltvorgang auslösen?

3/12 Welche besonderen Vorteile bieten fotoelektronische Grenztaster?

3/13 Wie unterscheiden sich Schütz und Relais:
– im Aufbau, – in ihrer Leistung, – in der zeichnerischen Darstellung?

3/14 Zeichnen Sie das grafische Symbol für ein Relais nach DIN EN 60617
a) mit drei Öffnern,
b) mit einem Öffner und einem Schließer.
c) Ergänzen Sie jeweils die Anschlusskennzeichen an dem Relais.

Elektropneumatische Steuerungen

3/15 a) In welche Richtung ist der Signalfluss im Stromlaufplan vereinbart und wie ist die Polung festgelegt?
b) Wie wird der Energiefluss im Pneumatikschaltplan angenommen?

3/16 Übernehmen (kopieren) Sie den folgenden Stromlaufplan, und ergänzen Sie die Skizze durch die Schaltgliedertabellen.

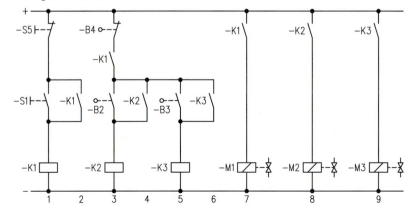

3/17 a) Skizzieren Sie für den gegebenen Logikplan den Stromlaufplan.

b) Übertragen Sie Ihre Lösung in ein Simulationsprogramm (wählen Sie für die Eingänge Taster als Schließer, den Ausgang simulieren Sie mit einer Lampe).

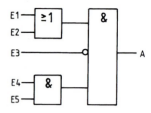

3/18 a) Wie muss man 5/2-Wegeventile elektropneumatisch ansteuern, damit sie Signale speichern?

b) Aus welchem Grunde benötigen solche Speicherventile einen Mindestbetriebsdruck zum Durchschalten?

3/19 Ein 5/2-Wegeventil soll von zwei Stellen eingeschaltet und von einer Stelle ausgeschaltet werden können.

a) Zeichnen Sie die betreffenden Ausschnitte vom Pneumatikschaltplan und vom Stromlaufplan.

b) Übertragen Sie Ihre Lösung in ein Simulationsprogramm und testen es.

3/20 Ein einfach wirkender Zylinder soll mit einer Schützschaltung auf Tastendruck ausfahren und in der Endlage selbsttätig zum Einfahren schalten.

a) Zeichnen Sie den Pneumatikplan und den Stromlaufplan.

b) Übertragen Sie Ihre Lösung in ein Simulationsprogramm und testen Sie es.

3/21 Zwei übereinander angeordnete Rüttelsiebe werden von doppelt wirkenden Zylindern angetrieben. Auf Tastendruck beginnen die Siebe zu rütteln, nach einer einstellbaren Zeit hört die Vorrichtung auf zu arbeiten.

a) Entwickeln Sie das Zustands-Schritt-Diagramm.

b) Zeichnen Sie den elektropneumatischen Schaltplan.

c) Zeichnen Sie den Stromlaufplan.

d) Geben Sie eine stichwortartige Funktionsbeschreibung.

e) Übertragen Sie Ihre Lösung in ein Simulationsprogramm, und testen Sie die Schaltung.

3/22 In einer halbautomatischen Klebe- und Bohrvorrichtung sollen Werkstücke unter Druck geklebt und anschließend gebohrt werden. Entsprechend dem Technologieschema wird das Profilteil von Hand auf die Werkstückaufnahme gelegt und anschließend die mit Reaktionskleber beschichtete Auflage auf dem Profilteil justiert.

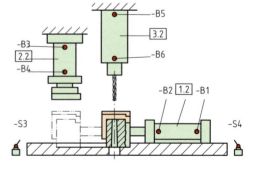

a) Beschreiben Sie den Steuerungsablauf in Schritten.

b) Zeichnen Sie den elektropneumatischen Schaltplan.

c) Zeichnen Sie den Stromlaufplan.

d) Übertragen Sie Ihre Lösung in ein Simulationsprogramm, und testen Sie die Schaltung.

Vorlage „Klemmenbelegungsliste" zu den Aufgaben 3/23 und 3/24

Ziel		Verbindungsbrücke	Klemmen-Nr. –X1–	Ziel	
Bauteil-Bezeichnung	Anschluss-Bezeichnung			Bauteil-Bezeichnung	Anschluss-Bezeichnung
		○	1		
		○	2		
		○	3		
		○	4		
		○	5		
		○	6		
		○	7		
		○	8		
		○	9		
		○	10		
		○	11		
		○	12		
		○	13		
		○	14		
		○	15		
		○	16		
		○	17		
		○	18		
		○	19		
		○	20		
		○	21		
		○	22		
		○	23		
		○	24		
		○	25		
		○	26		
		○	27		
		○	28		
		○	29		
		○	30		
		○	31		
		○	32		
		○	33		
		○	34		
		○	35		
		○	36		
		○	37		
		○	38		
		○	39		
		○	40		

Projektaufgabe zum Installieren und Inbetriebnehmen einer Rüttelvorrichtung

3/23 In einem Werkstoffprüflabor sollen Proben gerüttelt werden.

Situation:

Vom Konstruktionsbüro ist eine Rüttelvorrichtung mit pneumatischem Antrieb und Schützsteuerung vorgesehen. Vorgelegt werden der Pneumatikschaltplan und der Stromlaufplan. Die Schaltung ist noch nicht ausgetestet.

Der Rüttelvorgang soll nach dem Betätigen des Starttasters (S0) beginnen und eine einstellbare Zeit andauern.

Drückt man auf die Taste „Halt" (S1), so soll der Rüttelvorgang abgebrochen werden.

Die Installation und Inbetriebnahme der Steuerung soll vorbereitet und durchgeführt werden.

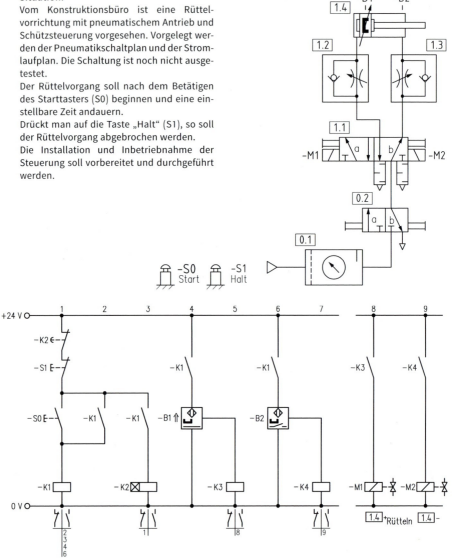

1. **Auftrag analysieren**
   a) Testen Sie die vorgelegte Steuerung mithilfe eines Simulationsprogramms auf ihrer DV-Anlage.
   b) Beschreiben Sie den Ablauf der Steuerung.
   c) Untersuchen Sie, welche Stellung der Zylinder einnimmt, wenn das „Halt"-Signal gegeben wird.
   d) Geben Sie eine zusammenfassende Darstellung des Steuerungsablaufs als Funktionsplan (GRAFCET) oder in Tabellenform und in einem Funktionsdiagramm mit Signalelementen.

2. **Installation der Steuerung planen**
   a) Ergänzen Sie den Pneumatikschaltplan um die Anschlussbezeichnungen.
   b) Ergänzen Sie den Stromlaufplan um die Anschlussbezeichnungen.
   c) Nehmen Sie im Stromlaufplan die Vergabe der Klemmennummern vor.
   d) Füllen Sie eine entsprechende Klemmenbelegungsliste aus.

   Hinweis: Zur Bearbeitung der obigen Aufgaben ist es sinnvoll, die vorgegebenen Pläne vergrößert zu kopieren.

3. **Installation der Steuerung ausführen**
   a) Führen Sie die Installation der Steuerung durch, indem Sie den pneumatischen Teil der Anlage, die Sensoren und die Taster auf einer Labortafel montieren.
   b) Bereiten Sie die Verdrahtung vor, indem Sie dazu beispielhaft in der Klemmenbelegungsliste die Verdrahtung der Strompfade 1, 2 und 3 durch farbige Linien simulieren.
   c) Verdrahten Sie die Anlage über eine Klemmenleiste.

   Hinweis: Zur Bearbeitung der obigen Aufgaben kann ein im Lehrmittelhandel angebotenes System eingesetzt werden.

4. **Inbetriebnahme der Steuerung durchführen und dokumentieren**
   a) Führen Sie die Inbetriebnahme der Steuerung in Schritten durch. Als Hilfe dazu entwickeln Sie ein Inbetriebnahmeprotokoll.
   b) Erstellen Sie ein Übergabeprotokoll mit den notwendigen Dokumenten und Informationen.

Projektaufgabe zum Installieren und Inbetriebnehmen einer Klebepresse

3/24 Die Installation und Inbetriebnahme der Steuerung einer Klebepresse soll vorbereitet und durchgeführt werden.

Situation:
In einer Klebepresse werden aus Platten mithilfe von drei Pneumatikzylindern Werkstücke gebogen und anschließend aufeinander gepresst. Der Pressvorgang soll eine

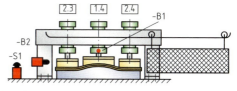

einstellbare Zeit andauern. Die Anlage ist durch ein Schutzgitter abzusichern.
Vom Konstruktionsbüro ist eine elektropneumatische Steuerung ausgearbeitet, jedoch noch nicht ausgetestet worden.
Der Start soll über einen Taster (S1) erfolgen, wenn das Schutzgitter (B2) geschlossen ist. Mithilfe des „Reset"-Tasters (S3) kann die Anlage in Ausgangsstellung gebracht werden.

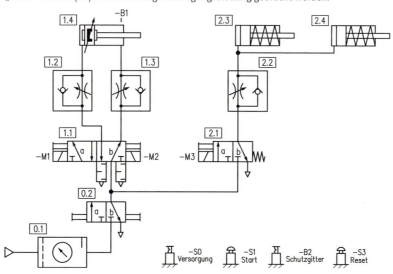

237

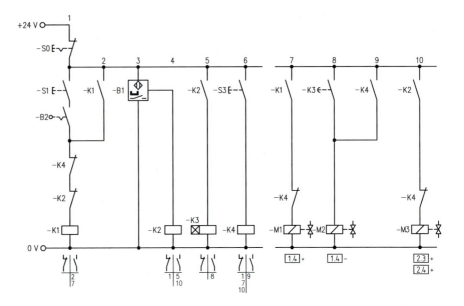

1. Auftrag analysieren

a) Testen Sie die vorgelegte Steuerung mithilfe eines Simulationsprogramms auf ihrer DV-Anlage.

b) Untersuchen Sie, welche Stellung die Zylinder einnehmen, wenn das „Reset"-Signal gegeben wird.

c) Geben Sie eine zusammenfassende Darstellung des Steuerungsablaufs als Funktionsplan (GRAFCET) oder in Tabellenform und in einem Funktionsdiagramm mit Signalelementen.

2. Installation der Steuerung planen

a) Ergänzen Sie den Pneumatikschaltplan um die Anschlussbezeichnungen.

b) Ergänzen Sie den Stromlaufplan um die Anschlussbezeichnungen.

c) Nehmen Sie im Stromlaufplan die Vergabe der Klemmennummern vor.

d) Füllen Sie eine entsprechende Klemmenbelegungsliste aus.

Hinweis: Zur Bearbeitung der obigen Aufgaben ist es sinnvoll, die vorgegebenen Pläne vergrößert zu kopieren.

3. Installation der Steuerung ausführen

a) Führen Sie die Installation der Steuerung durch, indem Sie den pneumatischen Teil der Anlage, die Sensoren und die Taster auf einer Labortafel montieren.

b) Bereiten Sie die Verdrahtung vor, indem Sie dazu beispielhaft in der Klemmenbelegungsliste die Verdrahtung der Strompfade 1 und 2 durch farbige Linien simulieren.

c) Verdrahten Sie die Anlage über eine Klemmenleiste.

Hinweis: Zur Bearbeitung der obigen Aufgaben kann ein im Lehrmittelhandel angebotenes System eingesetzt werden.

4. Inbetriebnahme der Steuerung durchführen und dokumentieren

a) Führen Sie die Inbetriebnahme der Steuerung in Schritten durch. Als Hilfe dazu entwickeln Sie ein Inbetriebnahmeprotokoll.

b) Erstellen Sie ein Übergabeprotokoll mit den notwendigen Dokumenten und Informationen.

Für die Projektaufgabe **3/23** zum Installieren und Inbetriebnehmen einer Rüttelvorrichtung liegt der Pneumatikschaltplan und der Stromlaufplan wie unten gegeben vor. Die Kennzeichnung der Bauteile ist wie folgt ausgeführt:

– pneumatische Bauteile nach **ISO 1219-2**,
– elektrische Bauteile nach **EN 81346-2** mit einem Kennbuchstaben (Hauptklasse).

Pneumatikschaltplan

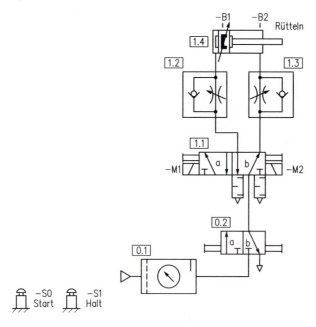

Stromlaufplan

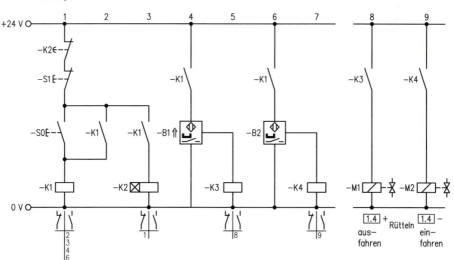

Aufgabe

Übernehmen Sie die nachfolgende Seite und ersetzen Sie jeweils die Kennzeichnung der Bauteile in beiden Plänen gemäß der Norm EN 81346-2 mit Haupt- und Unterklasse.

Pneumatikschaltplan

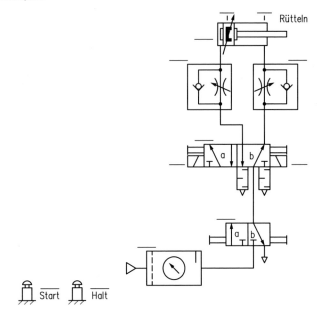

Stromlaufplan

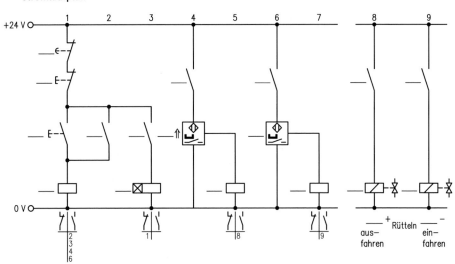

4   Hydraulik

Leistungsumwandlung und Leistungsübertragung in der Hydraulik

4/1 Untersuchen Sie, warum sich in den genannten Systemen die Hydraulik bzw. Pneumatik als Technologie durchgesetzt hat.

    a) Hydraulische Vorschubeinheit in einer Fräsmaschine.
    b) Hydraulisch angetriebene Schaufel an einem Bagger.
    c) Pneumatisches Transportsystem zum Verpacken von Zucker.
    d) Hydraulisch betriebene Schließeinheit an einer Spritzgießmaschine.
    e) Pneumatisch arbeitende Milchabfüllanlage.
    f) Suchen Sie weitere Beispiele aus Ihrem Betrieb.

4/2 Vergleichen Sie die Einsatzbereiche der Hydraulik und der Pneumatik im Hinblick auf Kräfte und Bewegungsabläufe.

4/3 Zeichnen Sie das gegebene Schema ab und vervollständigen Sie dieses, indem Sie die folgenden Begriffe einordnen:
Vorschubeinheit, Druckbegrenzungsventil, Hydraulikzylinder, Elektromotor mit Zahnradpumpe, Hydraulikleitung, 4/2-Wegeventil.

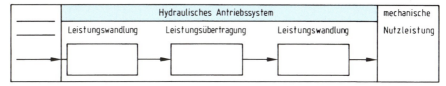

Physikalische Grundlagen

Volumenstrom, hydraulische Leistung

Der Volumenstrom ist das Volumen der Druckflüssigkeit, das je Zeiteinheit durch einen Leitungsquerschnitt fließt.
Die hydraulische Leistung berechnet sich aus dem Produkt von Druck und Volumenstrom. Dieser Zusammenhang lässt sich aus der allgemeinen Gleichung für die Leistung herleiten.

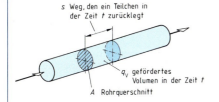

Formeln

$$q_v = \frac{V}{t}$$

mit $V = A \cdot s$

$$q_v = \frac{A \cdot s}{t}$$

Formelzeichen

q_v Volumenstrom
V durchströmendes Volumen
A durchströmender Querschnitt
s Weg
t Zeit
P Leistung
F Kraft
p Druck
v Geschwindigkeit

mechanische Leistung

$$P = \frac{F \cdot s}{t}$$

mit $F = p \cdot A$ folgt:

hydraulische Leistung

$$P = \frac{p \cdot A \cdot s}{t}$$

bzw. $P = p \cdot q_v$ bzw. $P = F \cdot v$

Berechnen Sie die fehlenden Werte für eine Hydraulikanlage.

	Volumenstrom			Druck			Leistung
	in l/min	in cm³/s	in m³/s	in bar	in N/cm²	in N/m²	in kW
a)	?	?	$2 \cdot 10^{-3}$	?	?	$12 \cdot 10^{5}$	?
b)	36	?	?	?	?	$80 \cdot 10^{5}$	?
c)	4	?	?	200	?	?	?
d)	?	?	0,001	?	?	?	4
e)	?	?	?	135	?	?	0,85
f)	7,2	?	?	?	?	?	1,4

4/5 Der Durchmesser eines Hydraulikkolbens beträgt 63 mm. Der Kolben soll eine Last von 8 500 N über eine Strecke von 0,8 m in 3,5 Sekunden bewegen.
Berechnen Sie (ohne Reibungsverluste und Beschleunigungsanteile):

a) Kolbenfläche,   b) Druck,   c) Volumenstrom,   d) hydraulische Leistung.

4/6 Eine Hydraulikanlage wird durch einen Elektromotor angetrieben, der eine Anschlussleistung von 4 kW hat.

a) Welche hydraulische Leistung kann am Arbeitselement wirksam werden, wenn in der Anlage ein Verlust von 45 % auftritt?
b) Wie hoch ist der maximale Druck am Arbeitszylinder, wenn die Pumpe 15 l/min fördert und dabei der Leistungsverlust berücksichtigt wird (Angabe in Pa und in bar)?

4/7 Der Hydraulikkolben für einen Lastenaufzug hat einen wirksamen Durchmesser von 100 mm. Die Hydraulikanlage betreibt man mit einem maximalen Druck von 350 bar. Die Last soll mit einer Geschwindigkeit von 14 m/min gehoben werden.

a) Welche maximale Last kann mit dem Hydraulikkolben gehoben werden?
b) Wie groß muss die elektrische Leistung bei einem Wirkungsgrad von 0,6 sein?

4/8 Berechnen Sie mithilfe der Kontinuitätsgleichung die fehlenden Größen:

a) Durch ein Rohr mit einem Querschnitt von 20 cm² fließt Hydrauliköl mit der Geschwindigkeit von 1,5 m/s. Wie groß wird die Geschwindigkeit, wenn sich der Querschnitt auf 30 cm² vergrößert?
b) Hydrauliköl strömt in ein Ventil mit der Geschwindigkeit von 0,8 m/s hinein. Das Anschlussrohr hat einen Innendurchmesser von 15 mm. Welche Fließgeschwindigkeit tritt in einer Engstelle im Ventil auf, wenn diese einen Querschnitt von 30 mm² hat?

4/9 Begründen Sie, warum Hydraulikleitungen bei Richtungsänderungen mit möglichst großen Radien verlegt werden müssen.

4/10 In einem Ventil sind Kavitationsschäden aufgetreten.

a) Nennen Sie Ursachen, die zur Kavitation führen.
b) Schlagen Sie Maßnahmen vor, durch die man die Kavitation weitgehend vermeiden kann.

4/11 Welche Vorteile und welche Nachteile haben Hydrauliköle mit niedriger Viskosität?

4/12 In einer Zahnradpumpe treten während des Betriebs Verluste auf. Erläutern Sie die volumetrischen Verluste und die hydraulisch-mechanischen Verluste.

4/13 Der Wirkungsgrad in einer Hydraulikpumpe ist druckabhängig. Die volumetrischen Verluste in einer Zahnradpumpe betragen bei 100 bar etwa 10 % und bei 200 bar etwa 25 %. Die mechanisch-hydraulischen Verluste betragen bei 100 bar etwa 9 % und bei 200 bar etwa 10 %.
Berechnen Sie den Gesamtwirkungsgrad der Pumpe bei 100 bar und bei 200 bar.

Messtechnische Grundlagen

4/14 In einer Hydraulikanlage, die längere Zeit in Betrieb war, treten Leistungsverluste auf. Bevor man die Pumpe austauscht, soll die Anlage messtechnisch überprüft werden, weil man nicht weiß, welches Bauteil defekt ist. Beschreiben Sie, wie man vorgehen kann.

4/15 Vergleichen Sie die messtechnischen Möglichkeiten der Untersuchung von hydraulischen Systemen mit den entsprechenden Untersuchungsmöglichkeiten in elektrischen Stromkreisen.
Benutzen Sie folgende Begriffe bei der Beschreibung:
Druck, elektrische Leistung, hydraulische Leistung, Spannung, Strom, Volumenstrom.

4/16 Berechnen Sie die fehlenden Werte für die gegebenen Druckmessgeräte:

	Genauigkeits- klasse	Messbereich in bar	Gerätefehler in bar	Anzeigewert in bar	wirklicher Druck- bereich in bar
a)				350	?
b)	2	0 bis 400	?	200	?
c)				100	?
d)				350	?
e)	1,2	0 bis 400	?	200	?
f)				100	?

4/17 Ein Druckmessgerät hat den Messbereich von 0 bis 500 bar und die Genauigkeitsklasse 1,6.
   a) Berechnen Sie den Gerätefehler in bar.
   b) Wie groß ist der tatsächliche Druckbereich in bar bei folgenden Anzeigewerten: 80 bar, 160 bar, 240 bar, 320 bar und 400 bar?
   c) Berechnen Sie die prozentuale Abweichung des Messwertes zu dem angezeigten Druck.
   d) Tragen Sie die Ergebnisse in ein Diagramm ein (senkrechte Achse: prozentuale Abweichung zum angezeigten Druck, waagerechte Achse: Anzeigewert des Druckes in bar).

4/18 Überprüfen Sie in Ihrem Betrieb eine Hydraulikanlage nach folgenden Gesichtspunkten:
   a) An welchen Stellen in der Anlage sind Druckmessgeräte fest eingebaut?
   b) Welche Genauigkeitsklasse und welchen Messbereich weist das jeweilige Messgerät auf?
   c) An welchen Stellen in der Anlage finden Sie Messanschlüsse zur Druckmessung?

4/19 In einem Zahnraddurchflussmesser wird je Zahnlücke ein Volumen von 1,2 cm^3 gefördert. Der angeschlossene Frequenzmesser zeigt 2 800 Impulse je Minute an. Dabei verursacht jeder Zahn einen Impuls.
   a) Berechnen Sie den Volumenstrom in l/min.
   b) Bestimmen Sie die Leistung der Pumpe, wenn der maximale Druck 300 bar beträgt und ein Wirkungsgrad von 0,75 angesetzt wird.

4/20 Im Schaltplan der im Lehrbuch dargestellten Schaltung für eine Einpressvorrichtung sind Messstellen für die Messung von Druck und Volumenstrom eingezeichnet. Benutzen Sie diesen Schaltplan, um die folgenden Aufgaben zu lösen.

1. Die Pumpe fördert einen Volumenstrom von 10 l/min. Dieser Wert wird an der Messstelle q_{v1} gemessen. Wie verändert sich der Wert an der Messstelle q_{v2} bei den verschiedenen Schaltstellungen des 4/3-Wegeventiles, wird er kleiner oder größer, ist er gleichbleibend?
   a) Bei Schaltstellung 0 des 4/3-Wegeventiles?
   b) Bei Schaltstellung a des 4/3-Wegeventiles und Ausfahren des Zylinders?
   c) Bei Schaltstellung b des 4/3-Wegeventiles und Einfahren des Zylinders?
2. Beschreiben Sie, wie man vorgehen muss, um das fest installierte Druckmessgerät p_1 am Druckbegrenzungsventil zu überprüfen.
3. Welcher Druck muss am Druckminderventil sekundärseitig (p_6) eingestellt werden, wenn die Einpresskraft an der Kolbenstange 10 KN betragen soll und der Zylinder einen Kolbendurchmesser von 40 mm hat? (Widerstände im System bei der Rechnung vernachlässigen)

4/21 Für eine Pumpe liegt die Kennlinie vor (q_v-p-Diagramm).
Ermitteln Sie für einen Druck von 300 bar die theoretische Leistung, die Nutzleistung, die Verlustleistung und den Wirkungsgrad.

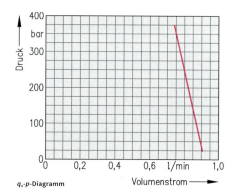

q_v-p-Diagramm

4/22 Die Pumpenkennlinie des Diagramms aus Aufgabe **5/21** ist vom Pumpenhersteller angegeben. In einer Kontrollmes-sung stellte man nebenstehende Messwerte fest.

a) Zeichnen Sie das Diagramm nach Aufgabe **5/21** vergrößert ab und tragen Sie zusätzlich die Kontrollmesswerte ein. Zeichnen Sie die neue Pumpenkennlinie.
b) Wie groß ist der Wirkungsgrad der Pumpe bei 300 bar?
c) Erklären Sie die Abweichung der beiden Kennlinien.

Nr. der Messung	Druck in bar	Volumenstrom in l/min
1	25	0,88
2	75	0,85
3	150	0,80
4	225	0,75
5	300	0,70
6	350	0,65
7	375	0,60

Aufbau und Wirkungsweise einer Hydraulikanlage

4/23 Welche Vorteile hat der Einsatz eines 4/3-Wegeventiles als Stellglied in einer Hydraulikanlage gegenüber einem 4/2-Wegeventil?

4/24 In einer Hydraulikanlage, die unter Druck steht, platzt ein Schlauch.
a) Wie ist die Druckverteilung in der Anlage kurz nach dem Störfall?
b) Welche Unfallgefahren können auftreten?
c) Welche Unfallgefahren würden beim Platzen eines Druckschlauches in einer Pneumatikanlage auftreten?

4/25 Für welche unterschiedlichen Aufgaben müssen in hydraulischen Anlagen Leitungen verlegt werden?

4/26 Vergleichen Sie den Aufbau von Hydraulikanlagen und Pneumatikanlagen. Benutzen Sie dazu folgende Begriffe: Druckbegrenzungsventil, Filter, geschlossenes System, offenes System, Wartungseinheit.

Teilsystem zur Leistungswandlung und Leistungsbereitstellung (Antriebsaggregat)

4/27 Warum treten bei Konstantpumpen – außer in Arbeitspausen – mehr Verluste als bei Verstellpumpen auf? (Beide Pumpen sollen ohne Umdrehungsfrequenzregelung arbeiten.)

4/28 Bei der Leistungsbereitstellung in hydraulischen Anlagen sollen Pumpen in „Arbeitspausen" mit möglichst geringer Leistungsaufnahme betrieben werden.
Beschreiben Sie, wie diese Forderung bei Konstantpumpen bzw. bei Verstellpumpen erfüllt wird.

4/29 Das Rohr auf der Saugseite einer Pumpe hat einen größeren Durchmesser als das Rohr auf der Druckseite. Begründen Sie diesen Unterschied.

4/30 Bei einer Zahnradpumpe wird bei ansteigendem Druck der Volumenstrom geringer. Erklären Sie diese Abhängigkeit.

4/31 Eine hydraulische Pumpe soll messtechnisch überprüft werden.
  a) Planen Sie die messtechnische Durchführung, indem Sie den Schaltplan mit Messstellen entwickeln.
  b) Führen Sie gegebenenfalls eine entsprechende Messung im Betrieb oder im Messlabor durch.

4/32 Wie wird in einer Flügelzellenpumpe der Volumenstrom erzeugt?

4/33 Wodurch erreicht man bei verstellbaren Flügelzellenpumpen die Veränderung des Volumenstromes?

4/34   **a)** Um welches Bauteil dreht sich die Trommel einer Axialkolbenpumpe?
  b) Durch welches Bauteil wird die Trommel angetrieben?

4/35   **a)** Begründen Sie, warum das Druckbegrenzungsventil in der Nähe der Pumpe eingebaut werden muss.
  b) Bei Druckbegrenzungsventilen spricht man vom „Offenhaltedruck". Erklären Sie diesen Begriff.

4/36 Begründen Sie mithilfe der Druckbegrenzungsventil-Kennlinie, warum das Druckbegrenzungsventil zwingend bei dem maximal auftretenden Volumenstrom in der Hydraulikanlage eingestellt werden muss.

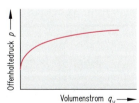

Druckbegrenzungsventil – Kennlinie

4/37	a) Beschreiben Sie die Aufgaben eines Druckflüssigkeitsbehälters.
	b) Wie sind Druckflüssigkeitsbehälter konstruiert, damit sie diese Aufgaben erfüllen?

4/38   Hydraulikpumpen werden heute zunehmend seitlich an den Druckflüssigkeitsbehälter angebaut. Begründen Sie diese Entwicklung.

4/39   Die Qualitätssicherung in einem Unternehmen stellt fest, dass zu bestimmten Zeiten in einer Fertigungsstraße die Toleranzen häufig nicht eingehalten werden. Die Fertigungsstraße besteht im Wesentlichen aus hydraulisch betriebenen Präzisionswerkzeugmaschinen. Darüber hinaus ist die Fertigungshalle klimatisiert.
Untersuchen Sie dieses Problem, und stellen Sie eine Rangfolge von möglichen Fehlerursachen auf.

4/40   Woran erkennt man in einer Hydraulikanlage, wann der Filter gewechselt werden muss?

4/41   Welche Aufgabe hat der „Bypass" in einem Rücklauffilter?

4/42   Worin besteht der wesentliche konstruktive Unterschied zwischen dem Speicher in einer Hydraulikanlage und dem Speicher in einer Pneumatikanlage?

4/43   Vergleichen Sie die Aufgaben, die ein Speicher in einer pneumatischen Anlage hat, mit den Aufgaben, für die ein Speicher in einer hydraulischen Anlage vorgesehen ist.

4/44   Welches Fügeverfahren darf angewendet werden, um an einem hydraulischen Speicher ein Schild zu befestigen?

4/45   Der Hubtisch einer hydraulisch betätigten Hebebühne soll über einige Stunden in ausgefahrener Stellung unter Last in seiner Position bleiben.
Wie löst man dieses Problem?

Teilsystem zur Leistungsübertragung

4/46   Bei der Verlegung von Hydraulikrohren muss besondere Sorgfalt eingehalten werden. Fertigen Sie eine Checkliste an, mit der Sie nach der Montage die Anlage überprüfen.

4/47   Bewegliche Arbeitsglieder werden mit Hydraulikschläuchen verbunden. Dabei sind bestimmte Montageregeln einzuhalten.
Die Beispiele zeigen den falschen Einbau von Schläuchen. Schlagen Sie jeweils den richtigen Einbau vor.

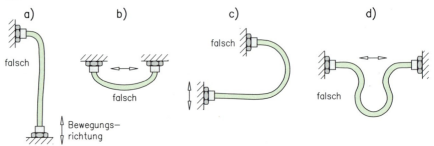

4/48 Beschreiben Sie die Vorteile von Anschlussplatten und Steuerblöcken.

4/49 Welche baulichen Besonderheiten haben Hydraulikventile im Vergleich zu Pneumatikventilen?

4/50 a) In der Zeichnung ist ein vorgesteuertes Wegeventil dargestellt. Beschreiben Sie, welche Bauteile nacheinander in dem Ventil bewegt werden, wenn am Anschluss B Drucköl vorliegen soll.
Gehen Sie bei Ihrer Beschreibung von der Null-Stellung aus.
   b) Bei dem angesprochenen Ventil ist im Vorsteuerventil eine Feder gebrochen.
Was könnte geschehen, wenn die Leitung P unter Druck steht?

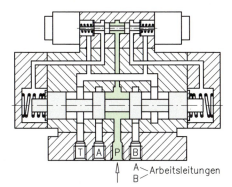

A⌐Arbeitsleitungen
B⌐

4/51 Das Druckmessgerät vor einem Wegeventil zeigt einen geringfügig höheren Druck an als das Druckmessgerät nach dem Ventil.
Sind die Druckmessgeräte defekt, ist das Ventil nicht in Ordnung oder entspricht das Messergebnis der Funktionsweise des Ventiles?

4/52 Warum wird in jeder Hydraulikanlage zwischen Speicher und Pumpe ein Sperrventil eingebaut?

4/53 Verfolgen Sie den Rohrleitungsverlauf an einer ausgeführten Hydraulikanlage in Ihrem Ausbildungsbetrieb. Suchen Sie dabei ein Rückschlagventil und notieren Sie, wie die Durchflussrichtung gekennzeichnet ist.

4/54 Erklären Sie die Funktion und die Aufgabe eines entsperrbaren Rückschlagventils.

4/55 In einem Druckminderventil ist die Feder gebrochen. Wie wirkt sich dieser Defekt auf die Funktionsweise des Ventiles aus?

4/56 Die Wirkungsweise eines hydraulischen Systems mit einem Drosselventil ist nur gegeben, wenn parallel ein Druckbegrenzungsventil geschaltet ist. Erklären Sie diesen Zusammenhang.

4/57 Mit einem Drosselventil soll die Geschwindigkeit eines Hubzylinders beeinflusst werden. Welche Bedingungen müssen gegeben sein, damit die Drossel wirksam wird?

4/58 Vergleichen Sie den Aufbau und die Wirkungsweise eines Drosselventiles in der Pneumatik und in der Hydraulik.

4/59 Hydraulische Ventile können nach ihren Aufgaben unterteilt werden. Übernehmen Sie das folgende Schema, und ergänzen Sie die fehlenden Begriffe.

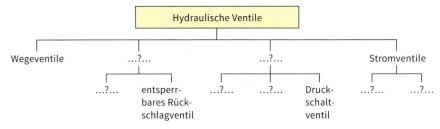

4/60   An einer Fräsmaschine erfolgt der Vorschub durch einen Hydraulikantrieb. Begründen Sie, warum in der Druckleitung zum Zylinder ein Stromregelventil eingesetzt wird.

4/61   Welche Kräfte halten sich bei einer „Druckwaage" in einem Stromregelventil im Gleichgewicht?

Teilsystem zur Leistungswandlung (Motorgruppe)

4/62   Warum ist es vorteilhafter, die Kolbenstangen von Hydraulikzylindern zu honen, anstatt zu schleifen?

4/63   Ein Hydraulikzylinder mit den angegebenen Maßen soll eine Last von 30 kN in 20 Sekunden um 1,5 m heben.
    a) Berechnen Sie die notwendige Leistung.
    b) Bestimmen Sie den Volumenstrom.
    c) Mit welchem Druck muss der Zylinder beaufschlagt werden, wenn der Wirkungsgrad des Zylinders 0,95 beträgt?

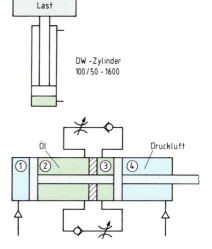

4/64   Hydropneumatische Vorschubeinheiten verwendet man in der Pneumatik, um gleichförmige Vorschubbewegungen bei unterschiedlichen Belastungen ausführen zu können.
Beschreiben Sie anhand der Skizze die Wirkungsweise der Vorschubeinheit.

4/65   Hydraulikzylinder müssen sorgfältig entlüftet werden. Nennen Sie Gründe für diese Maßnahme.

4/66   Beschreiben Sie den Bewegungsablauf eines Kolbens in einem Axialkolbenmotor bei einer vollen Umdrehung des Motors. Benutzen Sie in Ihrer Beschreibung folgende Fachbegriffe:
    – Axialkolben,   – Drucköl von der Pumpe,   – feststehende Steuerscheibe,
    – Rücklaufzone,   – Schrägscheibe,   – Zylindergehäuse.

4/67   Nennen Sie die Einsatzbereiche von Hydraulikmotoren (Rotationsmotoren).

Grundsteuerungen in der Hydraulik

4/68   Zählen Sie die Geräte auf, die grundsätzlich zum Teilsystem der Leistungswandlung und Leistungsbereitstellung gehören.

4/69   Welchen Nachteil hat ein 4/2-Wegeventil bei der Ansteuerung von doppelt wirkenden Zylindern?

4/70   Ein Hydraulikmotor soll über ein 4/3-Wegeventil (elektrisch betätigt, Mittelstellung über Federn) in zwei Drehrichtungen gesteuert werden können.
Skizzieren Sie den Schaltplan von der Energieversorgung bis zum Antriebsglied.

4/71   Beschreiben Sie, unter welchen Bedingungen die Geschwindigkeitssteuerung für einen Hydraulikzylinder im Zulauf wirksam wird.

4/72 In einem Katalog über hydraulische Spannvorrichtungen für den Einbau von Werkzeugen in Spritz-
gießmaschinen ist der folgende Schaltplan abgebildet.

Hinweise: – Die Keilspannelemente sind doppelt wirkende Zylinder.
– Aus Sicherheitsgründen wird der Druck in jedem Spannkreis über zwei elektrische
Druckschalter abgefragt.

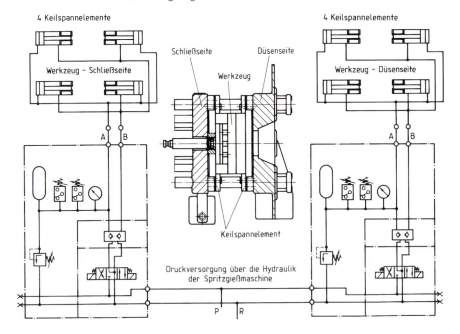

a) Beschreiben Sie den Spannvorgang.
b) Erklären Sie, wie der Spannvorgang aufrechterhalten wird.
c) Beschreiben Sie das Ausspannen des Werkzeuges.

4/73 Zeichnen Sie zu dem Schaltplan der „Eilgang-Vorschub-Steuerung" aus dem Lehrbuch das Weg-Zeit-
Diagramm für den Zylinder. Der Eilgang-Vorlauf beträgt 30 mm und der Vorschub 10 mm. Der Eilgang
ist nach 1 Sekunde abgeschlossen, der Vorschub nach weiteren 10 Sekunden. Für den Rücklauf benötigt der Kolben 2 Sekunden.

4/74 Die „Eilgang-Vorschub-Steuerung" aus dem Lehrbuch soll erweitert werden. Das mechanische
Spannelement wird durch ein hydraulisches Keilspannelement wie in Aufgabe **5/72** ersetzt.
Erweitern Sie den Schaltplan.

5 Inbetriebnahme, Wartung und Fehlersuche bei Steuerungen

Inbetriebnahme von Steuerungen

5/1 a) Beschreiben Sie die Gefahren für das Instandsetzungspersonal, die zu Beginn der Reparatur an
einer stillgesetzten elektropneumatischen Steuerungsanlage bestehen.
b) Geben Sie notwendige Sicherheitsmaßnahmen an, die bei der Demontage oder beim Umrüsten
einer Anlage eingehalten werden müssen.
c) Nehmen Sie Stellung zu dem Hinweis: „Diese Anlage muss vor Inbetriebnahme vom TÜV abge-
nommen werden."

5/2   Eine Steuerung wurde einer gründlichen Inspektion unterzogen und soll wieder in Betrieb genommen werden. Ordnen Sie die Einzelanweisungen zur Inbetriebnahme so, dass die Anlage unfallfrei angefahren werden kann.

     A   Aktoren in Grundstellung bringen
     B   Spannung anlegen und Arbeitsdruck langsam erhöhen
     C   Anlage drucklos und spannungslos schalten
     D   Drosselventile schließen
     E   Probelauf ohne Werkzeug und ohne Werkstück durchführen
     F   Druckeinstellungen und Geschwindigkeiten optimieren
     G   Funktion der Anlage in Schritten prüfen (Drosselventile langsam öffnen)
     H   Ventile mit Speicherverhalten über die Handhilfsbetätigung in die vorgesehene Stellung bringen
     I   Testlauf mit allen geforderten Daten durchführen
     K   Probelauf mit Werkzeug und Werkstück vornehmen
     L   Sicherheitsventile auf niedrigst zulässigen Betriebsdruck einstellen

5/3   Sie sollen in einer Produktionsanlage mit einem Industrieroboter ein Pneumatikventil, das elektrisch betätigt wird, austauschen.
     Listen Sie Ihre Arbeitsschritte auf.

5/4   a)   Begründen Sie, warum das Druckbegrenzungsventil in der Nähe der Pumpe eingebaut werden muss.
     b)   Bei Druckbegrenzungsventilen spricht man vom „Offenhaltedruck". Erklären Sie diesen Begriff.

5/5   Eine Hydraulikanlage soll am Produktionsstandort erweitert werden. Dazu werden Leitungen und Ventile ergänzt.
     Worauf muss der Monteur bei der Montage besonders achten?

Wartung von Steuerungen

5/6   a)   Untersuchen Sie in Ihrem Betrieb oder im Pneumatiklabor vorhandene Pneumatiksteuerungen im Hinblick auf die Anzahl und die Anordnung der eingebauten Wartungseinheiten.
          Schreiben Sie einen kurzen Bericht.
     b)   Erklären Sie die Aufgaben aller Elemente einer Wartungseinheit.

5/7   In einer Pneumatikanlage tritt insbesondere an kalten Tagen ein hoher Kondensatanfall auf.
     Welcher Fehler kann in der Anlage vorliegen?

5/8   In pneumatischen Anlagen kann das Leitungssystem aus Rohren oder aus Kunststoffschläuchen bestehen.
     a)   Nennen Sie die Vor- und Nachteile des jeweiligen Leitungssystems.
     b)   Geben Sie Gründe an, warum für die Gesamtversorgung mit Druckluft eine Ringleitung bevorzugt wird.
     c)   In einem Leitungssystem tritt unverhältnismäßig hoher Kondensatanfall auf. Welche Ursachen können vorliegen?
     d)   Wie lassen sich Leckverluste in Leitungssystemen feststellen?

5/9 Untersuchen Sie in Ihrem Betrieb eine vorhandene Hydraulikanlage im Hinblick auf die Anordnung und die Art der verwendeten Filter.
Stellen Sie auch fest, welche Wartungsanzeige jeweils verwendet wird.

5/10 Die Explosionszeichnung des 3/2-Wegeventils gibt Hinweise für die Montage bzw. Demontage des Ventiles und zeigt die Einzelteile für eventuell notwendige Ersatzbestellungen. In einer Liste werden die Einzelteile des Ventiles wie folgt aufgeführt:

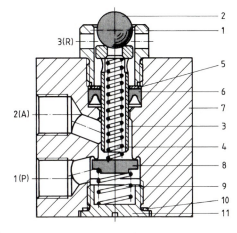

Druckfeder (kurz)
Druckfeder (lang)
Kugel
Kugelhalter
Nutring
O-Ring
Scheibe
Ventilgehäuse
Ventilrohr
Ventilteller
Verschluss

a) Übernehmen Sie die Benennungen der Einzelteile in eine Tabelle. Ordnen Sie die Positionsnummern aus der Zeichnung den Einzelteilen zu.

b) In Firmenkatalogen werden für Teile, die verschleißen können, nicht einzelne Ersatzteile angeboten, sondern ganze Verschleißteilsätze. Welche Teile gehören bei dem gegebenen Ventil zum Verschleißteilsatz?

c) Die lange Druckfeder im Ventil ist gebrochen. Wie wirkt sich diese Störung auf die Funktion des Ventils aus?

d) Das Ventil ist schwergängig. Welche Gründe können vorliegen? Wie lässt sich der Schaden beheben?

e) Die Druckleitungen sind durch Montagearbeiten verschmutzt. Welches Verschleißteil wird besonders stark in Mitleidenschaft gezogen?

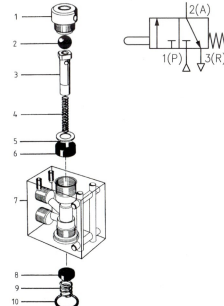

5/11 An welchen Bauteilen einer Steuerung kann der allmähliche Verschleiß frühzeitig erkannt werden? An welchen Bauteilen ist dies nicht der Fall?

5/12 In einem Ventil sind Kavitationsschäden aufgetreten.
a) Nennen Sie Ursachen, die zur Kavitation führen.
b) Schlagen Sie Maßnahmen vor, durch die man die Kavitation weitgehend vermeiden kann.

5/13 In dem aufgeführten Beispiel für Wartungsarbeiten an einem hydropneumatischen Speicher steht in der Wartungsanleitung u. a.
– „während des Entleerungsvorganges Manometer (3) beobachten; sobald der Fülldruck im Speicher erreicht ist, fällt der Zeiger schlagartig auf Null ab." (Firma: Bosch-Rexrodt)
Erklären Sie diese Beobachtung.

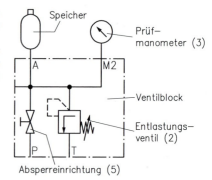

Fehlersuche in Steuerungen

5/14 Durch welche Maßnahmen bei der Planung von Steuerungen kann man eine Fehlersuche in Anlagen vereinfachen?

5/15 In Steuerungen setzt man zunehmend Ventile mit Handhilfsbetätigungen ein. Begründen Sie diese Maßnahme unter dem Gesichtspunkt der Fehlersuche.

5/16 Warum ist es in größeren Steuerungen sinnvoll, die Arbeitskreise und die Steuerkreise über getrennte Leitungssysteme mit Druck zu versorgen?

5/17 In einer Werkhalle werden an eine Versorgungsstelle zusätzlich die Anlagen 2 und 3 angeschlossen. Man stellt fest, dass zeitweise die Luftversorgung in Anlage 3 nicht ausreicht. Durch welche Maßnahmen lässt sich der Mangel beheben?

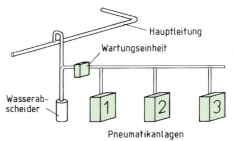

5/18 Die Taktfolge in einer pneumatischen Anlage ist gegenüber dem bisherigen Ablauf gestört. Die Zylinder fahren in einer falschen Reihenfolge aus.
a) Welche Ursachen können vorliegen, wenn dieser Fall nach einer Reparatur der Anlage eintritt?
b) Wodurch kann der Fehler bedingt sein, wenn die Störung während des normalen Betriebes auftritt?

5/19 In einem hydraulischen Stellglied ist der Leckölstrom unverhältnismäßig hoch. Analysieren Sie die Ursachen.

5/20 Ein Hydraulikzylinder fährt nicht mit der geforderten Geschwindigkeit aus. Welche Fehler können in der Hydraulikanlage vorliegen?

5/21 Der Hubtisch einer hydraulisch betätigten Hebebühne soll über einige Stunden in ausgefahrener Stellung unter Last in seiner Position bleiben. Wie löst man dieses Problem?

6   Regelungstechnik

Unterscheidung Steuern – Regeln

6/1   Erklären Sie den Unterschied zwischen Steuern und Regeln.

6/2   Beschreiben Sie die Aufgabe folgender Bauteile unter dem Gesichtspunkt der Regelung:
- Druckregelventil in der autogenen Schweißanlage,
- Wartungseinheit in der Pneumatikanlage,
- Stromregelventil in der Hydraulikanlage.

a) Welche Regelgröße wird jeweils beeinflusst?
b) Welche Störgrößen können jeweils auftreten?

Funktionseinheiten und Größen im Regelkreis

6/3   a) Zeichnen Sie die „Schematische Darstellung" der Regelung der Maschinentischposition ab, und tragen Sie die angeführten Begriffe aus der Regelungstechnik ein.
– Regelstrecke, – Regelgröße,   – Führungsgröße,   – Stellglied.

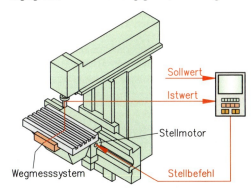

Systemdarstellung

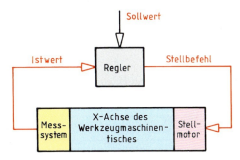

Schematische Darstellung

b) Begründen Sie am obigen Beispiel die Notwendigkeit des dauernden Messens für den Regelvorgang.

Arten von Reglern

6/4   Erläutern Sie die Regelung eines Kühlschrankes.

6/5   In den nebenstehenden Diagrammen wird in dem einen Diagramm das zeitliche Verhalten der Regelgröße „Druck in einem Windkessel" und in dem anderen Diagramm das zeitliche Verhalten der Stellgröße „elektrischer Strom" dargestellt.

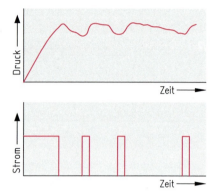

    a) Skizzieren Sie die Diagramme ab, und beschriften Sie jeweils die senkrechten Achsen.

    b) Erläutern Sie anhand der Diagramme das Regelverhalten.

    c) Welche Störgrößen wirken auf den Regelkreis ein?

6/6   Untersuchen Sie, ob Druckregelventile in der Pneumatik als unstetiger oder als stetiger Regler anzusehen sind.

6/7   Erläutern Sie den Regelvorgang mit einem Stromregelventil in der Hydraulik.

6/8   Ein Druckregelventil arbeitet wie folgt:
- Über die Einstellschraube wird der Druck eingestellt, indem die Membranfeder vorgespannt wird.
- Die Membranfeder hebt den Stößel vom Dichtsitz. Dadurch kann die Druckluft von der Versorgungsseite zur Verbraucherseite fließen.
- Der Druck von der Verbraucherseite wirkt auf die Membranfläche.
- Druckschwankungen auf der Verbraucherseite werden wie folgt ausgeregelt:

  • Ist der Druck zu hoch, so wölbt sich die Membrane nach unten und der Stößel verringert den Einströmquerschnitt.
  • Ist der Druck zu niedrig, so wölbt sich die Membrane nach oben und der Stößel vergrößert den Einströmquerschnitt.

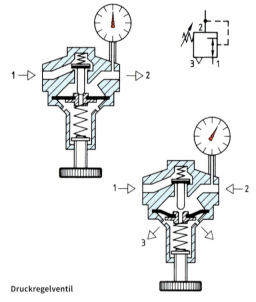

Druckregelventil

    a) Bestimmen Sie für diesen Regler die Führungsgröße, die Regelgröße und die Stellgröße.

    b) Wie wird die Führungsgröße in die Regelstrecke eingegeben?

Elektrotechnik

1 Wirkungen und Einsätze elektrischer Energie

1/1 Noch zu Beginn dieses Jahrhunderts wurden in kleinen Betrieben Werkzeugmaschinen durch zentrale Dampfmaschinen über Transmissionen und Riementriebe angetrieben.
Welche Auswirkungen hatte die Einführung elektrischer Energie zum Betrieb einzelner Elektromotoren hinsichtlich Wirtschaftlichkeit, Arbeitssicherheit und Umweltbelastung?

1/2 In welcher Weise wird an Ihrem Arbeitsplatz und in Ihrer Betriebsabteilung elektrische Energie eingesetzt?
Geben Sie an, welche Arten der Nutzung elektrischer Energie jeweils im Vordergrund stehen.

1/3 Neben elektrischer Energie werden in Haushalt und Betrieb auch andere Energieformen – z. B. zum Heizen – genutzt.
Geben Sie an, inwieweit die Nutzung dieser Energieformen vom Vorhandensein elektrischer Energie abhängig ist.

2 Physikalische Grundlagen

2/1 Aus welchen Grundbausteinen sind der Atomkern und die Atomhülle aufgebaut?

2/2 Aus welchem Grunde ist ein Atom nach außen elektrisch neutral?

2/3 Beim Zerspanen von Kunststoffen bleiben häufig die Späne an trockenen Kunststoffflächen und lackierten Maschinenteilen haften und sind nur schwer zu entfernen.
Wie ist das Haften der Teilchen zu erklären?

2/4 In einem Aufbewahrungsraum für Verdünnungs- und Fettlösungsmittel (z. B. Aceton) ist der Ab-fülltrichter aus verzinntem Stahlblech durch ein Kupferkabel mit der Wasserleitung verbunden.
Welchen Sinn hat diese Maßnahme?

2/5 Die Trennung von elektrischen Elementarladungen lässt sich mithilfe eines Wolltuches und eines Kunststoffstabes demonstrieren.
a) Welche physikalische Größe bewirkt die Ladungstrennung?
b) Welche elektrische Ladung hat nach dem physikalischen Vorgang der Kunststoffstab, wenn dort Elektronenüberschuss besteht?
c) Welche elektrische Ladung hat dann das Wolltuch?

2/6 Geben Sie mithilfe der Elementarladung an, wie man sich die Stromstärke 1 Ampere vorstellen kann.

2/7 Übernehmen Sie die Tabelle, und tragen Sie die fehlenden Größen und Aussagen ein.

	Gleichstrom	Wechselstrom
Schaubild für Stromstärke in Abhängigkeit von der Zeit	?	?
Beispiele für entsprechende Stromquellen	?	?

2/8 Was versteht man unter einer Spannung von 1 Volt?

2/9 Schreiben Sie folgenden Merksatz mit den richtigen Ergänzungen auf:
Bei der Ladungstrennung entstehen Pole mit Elektronenüberschuss und Elektronenmangel. Der Pol mit Elektronenüberschuss wird *Pluspol/Minuspol* und der Pol mit Elektronenmangel wird *Pluspol/Minuspol* genannt.

2/10 In einem kleinen Kofferradio fließt bei mittlerer Lautstärke ein Strom von $I = 25\ mA$.
In welcher Zeit haben die Batterien die Ladung von einem Coulomb durch den Stromkreis bewegt?

2/11   a) Welche Spannungen haben die abgebildeten Spannungsquellen?
         b) Geben Sie die Lage von Plus- und Minuspol für jede Batterie an.

| Kohle-Zink-Batterie rund | Kohle-Zink-Batterie flach | Knopfzelle | Bleiakkumulator Kfz |

2/12   Vielfach wird zum Erleichtern des Verständnisses für Strom, Spannung und Stromkreis der Vergleich mit einem Ölhydraulikkreislauf herangezogen. Es werden dabei Begriffe wie Durchflussvolumen, Hydraulikpumpe, Rohrleitung, Hydraulikmotor und Öldruck herangezogen.
Ordnen Sie den genannten Begriffen die entsprechenden Begriffe des elektrischen Stromkreises zu.

2/13   Ergänzen Sie folgenden Merksatz durch die zutreffende Aussage, und schreiben Sie ihn auf:
Die Elektronenflussrichtung stimmt nicht mit der festgelegten „technischen" Stromrichtung in Leitern überein. Nach der technischen Stromrichtung fließt der Strom von *Pluspol/Minuspol* zum *Pluspol/Minuspol*.

2/14   Ergänzen Sie folgenden Merksatz mit der richtigen Aussage und schreiben Sie ihn auf:
Strommessgeräte werden *mit Verbraucher in den Stromkreis/parellel zum Verbraucher* geschaltet, weil sie den Durchfluss einer bestimmten Elektronenzahl anzeigen.

2/15   a) Skizzieren Sie den Schaltplan ab.
         b) Tragen Sie in die Kreise die Abkürzungen für Voltmeter (V) und Amperemeter (A) ein.
         c) Kennzeichnen Sie die Pole der Batterie mit Plus und Minus.
         d) Zeichnen Sie mit Pfeilen die Elektronenstromrichtung und die technische Stromrichtung ein.

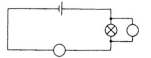

2/16   Zwei Schüler streiten sich darüber, ob das Strommessgerät vor oder hinter dem Verbraucher in der vorherigen Abbildung (Aufgabe **2/15**) anzuschließen ist.
Entscheiden Sie und begründen Sie Ihre Entscheidung.

2/17   Metalle haben einen kristallinen Aufbau.
         a) Aus welchen Grundbausteinen ist das Metallgitter aufgebaut?
         b) Welche elektrische Ladung haben diese Grundbausteine?
         c) Erklären Sie, wie der Zusammenhalt innerhalb eines Metallgitters erzielt wird, obwohl alle Grundbausteine des Metallgitters die gleiche elektrische Ladung haben.

2/18   Wie ist die gute elektrische Leitfähigkeit von Metallen zu erklären?

2/19   Die elektrische Leitfähigkeit der Metalle Aluminium, Kupfer, Silber und Eisen ist unterschiedlich.
Ordnen Sie diese Metalle nach steigender elektrischer Leitfähigkeit.

2/20   Welche besondere Eigenschaft macht einen Werkstoff zum Isolator?

2/21   Wichtige Isolierstoffe sind: Weich-PVC, Kunstharz, Keramik und Glas.
Nennen Sie Fälle für die Verwendung dieser Isolatoren, und begründen Sie die jeweilige Wahl.

2/22   a) Von welchen Faktoren hängt die Größe des Widerstandes eines elektrischen Leiters ab?
         b) In welcher Weise beeinflussen diese Faktoren den elektrischen Widerstand?

Widerstandsberechnung

Der Widerstand eines Leiters ist abhängig vom Werkstoff, der Länge, dem Querschnitt und der Temperatur. Die Einheit des elektrischen Widerstandes ist 1 Ohm (1 Ω).

Formel

$$R = \frac{\varrho \cdot l}{S}$$

Formelzeichen

R Widerstand
l Länge des Leiters
S Querschnitt des Leiters
ϱ spezifischer Widerstand des Leiters

Der spezifische Widerstand eines Werkstoffes ist sein Widerstand bezogen auf 1 m Länge und 1 mm² Querschnitt bei 20 °C.

Spezifische Widerstände

Werkstoff	ϱ in $\frac{\Omega mm^2}{m}$ bei 20 °C
Silber	0,0149
Kupfer	0,0178
Aluminium	0,0241
Eisen	0,1400

2/23   Berechnen Sie die fehlenden Werte.

	a)	b)	c)
R	? Ω	0,5 Ω	20 mΩ
l	0,5 km	? m	40 m
d	2 mm	1,5 mm	? mm
Werkstoff	Cu	Al	Ag

2/24   Zu einem Schweißgerät legen Facharbeiter bzw. Facharbeiterinnen auf einer Baustelle zweiadriges Kabel von drei Kabeltrommeln mit je 30 m Kupferleitung (1,5 mm² Querschnitt). Beim Schweißen stellen sie fest, dass bei zahlenmäßig richtiger Einstellung des Schweißgeräts Schwierigkeiten beim Schweißen auftreten. Ein zufällig anwesender Elektroniker bzw. eine Elektronikerin sagt: „Ursache eurer Schwierigkeiten ist die lange Zuleitung."
Berechnen Sie den Widerstand der Leitung.

2/25   In einem Werkstofflabor wird an einem Draht für Heizwicklungen von 2,5 m Länge und 0,2 mm Durchmesser ein Widerstand von 39,82 Ω gemessen.
Welchen spezifischen Widerstand hat der Werkstoff?

2/26   Ein zweiadriges Kupferkabel mit je 0,5 mm Durchmesser verbindet ein elektromagnetisch betätigtes Pneumatikventil mit dem Signalglied. Das Ventil steuert den Hubzylinder zum Öffnen und Schließen der Tür eines Durchlaufglühofens. Das Kabel liegt auf 8 m Länge an der Ofenwand und erwärmt sich auf 60 °C.
a) Welchen Widerstand hat das Kabel bei 20 °C?
b) Auf welchen Wert steigt der Widerstand bei vollem Ofenbetrieb?

2/27   In einem Kühlhaus sind 50 m Kupferleitung mit 1,5 mm² Querschnitt verlegt.
Um welchen Betrag sinkt der Widerstand dieser Leitung, wenn das Kühlhaus im Betrieb eine Temperatur von – 22 °C hat?

2/28   Wie kann man sich die Widerstandsgröße von 1 Ω mithilfe des Ohmschen Gesetzes mit einfachen Zahlenbeispielen anschaulich machen?

2/29   In einer Versuchsanlage wird eine Spannung von 6 V und eine Stromstärke von 0,2 A gemessen.
Wie groß ist der Widerstand des Verbrauchers?

2/30 Eine Heizspirale hat einen Widerstand von $R = 120\ \Omega$. Die anliegende Spannung beträgt $U = 230$ V. Welcher Strom fließt durch die Heizspirale?

2/31 Zu einem elektromagnetisch betätigten Wegeventil eines pneumatisch betätigten Schiebers führt vom Taster – dem Eingabeglied – aus ein 35 m langes zweiadriges Kupferkabel. Das Kabel hat Adern von je 0,75 mm² Querschnitt. Durch das Kabel fließt ein Strom von 240 mA.

a) Welchen Widerstand hat das Kabel?
b) Welcher Spannungsabfall tritt an jeder Ader auf?
c) Welche Spannung liegt an dem Magnetventil an, wenn die Spannungsquelle 24 V liefert?

2/32 Beim Anschweißen von Flanschen an Kühlschlangen aus hochlegiertem Stahl wurde das Schweißkabel an einem Ende angeklemmt und dann an beiden Enden die Flansche geschweißt.

a) Welchen Widerstand hat die Kühlschlange, wenn das Rohr 8 m gestreckte Länge hat?
b) Welchen Spannungsabfall verursacht die Kühlschlange beim Schweißen in der dargestellten Position, wenn der Schweißstrom 80 A beträgt?

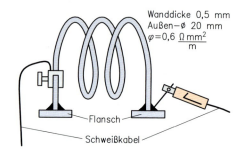

Wanddicke 0,5 mm
Außen–⌀ 20 mm
$\varphi = 0,6\ \dfrac{\Omega\,\text{mm}^2}{\text{m}}$

Flansch

Schweißkabel

2/33 Ein Strom von 30 mA kann tödliche Folgen haben, wenn er über das Herz fließt. Der menschliche Körper hat einen Widerstand von etwa 1 800 Ω.
Unter welcher Grenze muss aus diesen Gründen die höchste zulässige Spannung in Anlagen liegen, bei denen eine Berührung durch den Menschen nicht ausgeschlossen ist, damit der tödlich wirkende Strom nicht fließen kann?

3 Grundschaltungen

Reihenschaltung

In einer Reihenschaltung gelten folgende Beziehungen:

Formeln	Formelzeichen	
$I_{ges} = I_1 = I_2 = I_3 = \dots$	I_{ges}	Gesamtstrom
	$I_1; I_2; I_3$	Teilströme
$R_{ges} = R_1 + R_2 + R_3 + \dots$	R_{ges}	Gesamtwiderstand
	$R_1; R_2; R_3$	Einzelwiderstände
$U_{ges} = U_1 + U_2 + U_3 + \dots$	U_{ges}	Gesamtspannung
	$U_1; U_2; U_3$	Teilspannungen

3/1 Drei Widerstände sind in Reihe geschaltet.

a) Skizzieren Sie diesen Stromkreis ab.
b) Tragen Sie die technische Stromrichtung mit einem Pfeil ein.
c) Berechnen Sie den Gesamtwiderstand R_{ges} der drei Einzelwiderstände.
d) Mit welchem Messgerät können Sie die Stromstärke I messen, und wie müssten Sie dieses Gerät schalten?
e) Berechnen Sie den Spannungsabfall U_1, U_2 und U_3 an jedem Widerstand.
f) Wie könnten Sie den Spannungsabfall an jedem Widerstand messen?

$R_1 = 20\,\Omega$ $R_2 = 30\,\Omega$

$U = 24$ V

$R_3 = 50\,\Omega$

3/2 Die Beleuchtung einer Dekoration hat 16 Glühlampen mit der Aufschrift 14 V.

a) Wie müssen die Lampen geschaltet sein, wenn die Beleuchtung an 230 V angeschlossen wird?

b) Wie groß ist der Strom, der in der Beleuchtung fließt, wenn jede Lampe einen Widerstand von 46 Ω hat?

c) Wie groß ist der Gesamtwiderstand der Beleuchtung?

3/3 Ein Kassettenrecorder mit einer Betriebsspannung von $U_1 = 7,5$ V nimmt einen Strom von $I = 0,4$ A auf. Er soll mit einer Spannung von $U = 12$ V betrieben werden. Der Strom soll 0,4 A nicht übersteigen.

a) Wie groß ist der Widerstand des Kassettenrecorders?

b) Wie kann man dieses Problem lösen? Berechnen Sie alle fehlenden Kenndaten.

Parallelschaltung

In einer Parallelschaltung gelten folgende Beziehungen:

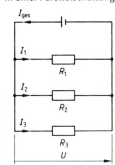

Formeln

$$U_{ges} = U_1 = U_2 = U_3 = \ldots$$

$$I_{ges} = I_1 + I_2 + I_3 + \ldots$$

$$\frac{1}{R_{ges}} = \frac{1}{R_1} + \frac{1}{R_2} + \frac{1}{R_3} + \ldots$$

Formelzeichen

U_{ges}	Gesamtspannung
$U_1; U_2; U_3$	Teilspannungen
I_{ges}	Gesamtstrom
$I_1; I_2; I_3$	Teilströme
R_{ges}	Gesamtwiderstand
$R_1; R_2; R_3$	Einzelwiderstände

3/4 Ein elektrischer Heizofen enthält zwei Heizdrähte mit dem gleichen Widerstand von $R = 55$ Ω, die parallel geschaltet sind. Der Heizkörper wird an die Netzspannung von $U = 230$ V angeschlossen.

a) Wie groß ist für jeden Heizdraht die Spannung?

b) Wie groß ist die Stromstärke, die durch jeden Heizdraht fließt?

c) Wie groß ist die Gesamtstromstärke?

d) Welchen Widerstand R_3 müsste ein Heizdraht haben, der diese beiden Heizdrähte ersetzt?

e) Welche allgemeine Aussage können Sie aus dem Vergleich der drei Widerstände machen?

3/5 Durch zwei parallel geschaltete Widerstände von $R_1 = 12$ Ω und $R_2 = 8$ Ω fließt ein Gesamtstrom von $I = 6$ A.

a) Wie groß ist der Gesamtwiderstand R_{ges} der beiden Einzelwiderstände?

b) Wie groß muss die anliegende Spannung sein?

c) Wie groß sind die Teilströme I_1 und I_2?

3/6 Berechnen Sie für alle gezeichneten Schaltungen der drei Widerstände $R_1 = 11$ Ω, $R_2 = 22$ Ω und $R_3 = 33$ Ω den Gesamtwiderstand.

a)

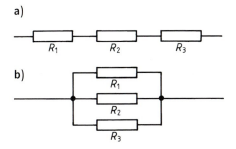

c)

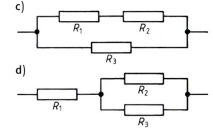

b)

d)

4 Schaltzeichen für elektrische Bauelemente und Schaltpläne

4/1 Im Stromlaufplan einer elektropneumatischen Steuerung sind die dargestellten Taster eingezeichnet.
Erklären Sie die Unterschiede.

4/2 Skizzieren Sie die nebenstehende Schaltung ab, und benennen Sie ausführlich die gekennzeichneten Bauelemente.
Geben Sie bei den Tastern auch die Art der Betätigung an.

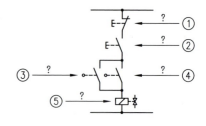

4/3 In einer Pneumatikanlage soll ein Magnetventil so lange betätigt sein, wie der Tastschalter S1 **nicht** betätigt ist.
Zeichnen Sie den nebenstehenden Stromlaufplan ab, und ergänzen Sie ihn durch Eintragen der richtigen Symbole für die Bauelemente.

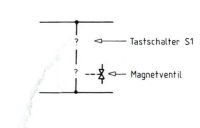

4/4 Welche Symbole und Bezeichnungen sind den dargestellten Tastschaltern zuzuordnen?

a)
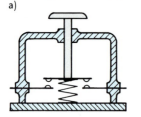

b)
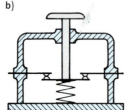

c)
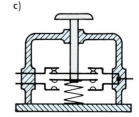

5 Maßnahmen zur Unfallverhütung

5/1 Ein Monteur arbeitet in der Werkstatt auf einer Aluminiumleiter mit Gummifüßen. Er berührt eine Rohrleitung, die aufgrund eines Fehlers Spannung gegen die Erde hat.
Welcher Gefahr ist der Monteur ausgesetzt?

5/2 Beschreiben Sie Körperschäden, die durch elektrischen Strom hervorgerufen werden können.

5/3 Zählen Sie mindestens drei Bedingungen auf, durch die der Übergangswiderstand von stromführenden Teilen auf den menschlichen Körper verringert wird.

5/4 Die Skizze zeigt einen Stromkreis, der infolge eines Isolationsfehlers über einen menschlichen Körper geschlossen wird. Die Spannung gegen Erde beträgt 230 V.

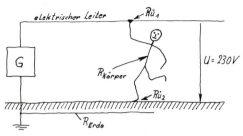

a) Bei welchem Gesamtwiderstand wäre der Mensch eben noch nicht mit der gefährlichen Stromstärke von 30 mA belastet?

b) Vergleichen Sie die Übergangswiderstände und den Gesamtwiderstand.

c) Welche Grundschaltung bilden in diesem Fall die Übergangswiderstände und der Körperwiderstand – Reihen- oder Parallelschaltung?

5/5 Beschreiben Sie die Aufgaben, den Aufbau und die Wirkungsweise von Schmelzsicherungen im Stromkreis.

5/6 Welche Gefahren ergeben sich, wenn in einer Wohnung mit einer 16-A-Sicherung nur elektrische Leiter mit 0,75 mm² Querschnitt verlegt sind?

5/7 Beschreiben Sie die Gefahren, die durch das unsachgemäße „Flicken" einer Schmelzsicherung mit einem dickeren Schmelzdraht entstehen.

5/8 Beurteilen Sie die folgenden Schmelzsicherungen im Hinblick auf Wirksamkeit und Sicherheit.

a) Eine 10-A-Sicherungspatrone wird in einen Sockel mit gelbem Passring geschraubt.

b) In einen Sockel mit rotem Passring wird eine 16-A-Sicherung geschraubt.

5/9 Beim Einschalten einer Kreissäge löst der Sicherungsautomat aus. Die Säge ist aber in Ordnung und läuft an anderen Stromkreisen.
Wo liegt die Ursache?

5/10 Das Metallgehäuse einer elektrischen Handsäge und das Kunststoffgehäuse einer Küchenmaschine sollen eine Schutzsicherung erhalten.
Durch welche Maßnahmen erreicht man dies in beiden Fällen?

5/11 Der Stecker einer Handschleifmaschine weist keinen Schutzkontakt auf.
Welche elektrischen Schutzmaßnahmen wurden bei dieser Maschine ergriffen?

5/12 Beschreiben Sie, was man unter Schutzkleinspannung versteht und weshalb diese eine netzunabhängige Schutzmaßnahme gegen gefährliche Körperströme ist.

5/13 Schildern Sie die Stationen, über die ein Fehlerstrom von einem defekten Elektrogerät mit Steckeranschluss in die Erde geleitet wird.

5/14 Begründen Sie, warum eine gesetzliche Verpflichtung besteht, in einem Wohnhaus das Rohrnetz der Heizung und die Badewanne zu erden?

5/15 **a)** Mit welchem Symbol wird die Erdung in Schaltplänen dargestellt?
b) Welche Kennfarbe hat der Schutzleiter?

5/16 Eine Anlage soll einen eigenen „Erder" erhalten.
Welche Anforderungen muss dieser „Erder" erfüllen? Welche Ausführung ist möglich?

5/17 Welchen entscheidenden Vorteil haben FI-Fehlerstromschutzschalter?

5/18 An einer Tauchpumpe sind die nebenstehenden Zeichen angebracht.
Was bedeuten sie?

  1 bar

6 Elektrische Antriebstechnik

6/1 **a)** Skizzieren Sie die Pole der Hufeisenmagnete mit den stromdurchflossenen Leitern ab. Tragen Sie die Feldlinien der sich überlagernden Felder und die zu erwartenden Bewegungsrichtungen ein.

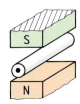

b) Ziehen Sie aus Ihrer Skizze Schlüsse hinsichtlich der Schaltung zur Umkehrung der Drehrichtung bei Gleichstrommotoren.

6/2 Zeichnen Sie die Verbindung der Spannungsquelle mit dem Motor und dem Schalter in der richtigen Weise.

Skizzieren Sie dazu die Bauteile ab, und ergänzen Sie die fehlenden Verbindungsleitungen.

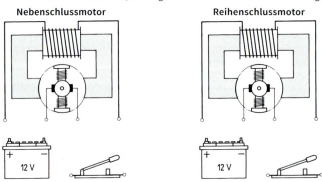

6/3 Elektromotoren unterscheiden sich u. a. durch ihr Verhalten beim Anlaufen und bei Überlastung sowie ihre Eignung zur Drehzahländerung.

Beschreiben Sie folgende Merkmale des Synchronmotors:
  a) das Verhalten beim Anlaufen,
  b) das Verhalten bei Überlastung,
  c) die Eignung zur Drehzahländerung.

6/4 Eine Bohrmaschine und ein großer Schleifbock werden durch Asynchronmotoren angetrieben.

Die Bohrmaschine kann direkt eingeschaltet werden. Der Schleifbock hingegen muss in zwei Stufen eingeschaltet werden.

  a) Was kann man aufgrund des einfachen Anlassens über die Leistung des Bohrmaschinenantriebs sagen?
  b) Was geschieht beim zweistufigen Einschalten des Schleifbockmotors hinsichtlich der Schaltung der Ständerwicklungen des Motors?
  c) Was wird geschehen, wenn man beim Einschalten des Schleifbocks sofort auf die zweite Stufe durchschaltet?

6/5 **a)** Welche Drehrichtung sollte sich für einen Drehstrommotor ergeben, wenn er durch einen Stecker ans Netz angeschlossen wird?
  b) Durch welche Schaltungsmaßnahme kann die Drehrichtung eines Drehstrommotors umgekehrt werden?
  c) Darf ein Industriemechaniker oder eine Industriemechanikerin im Betrieb eine Änderung der Verdrahtung zum Zweck der Drehrichtungsumkehr durchführen?

6/6 Drehstrommotoren können auch mit Wechselstrom betrieben werden, sofern nur kleine Leistungen gefordert werden.

Finden Sie aus den Schaltplanbildern im Lehrbuch eine Regel heraus, nach welcher der zum Betrieb notwendige Kondensator zu schalten ist.

6/7 Ein Schrittmotor macht 72 Winkelschritte bei einer vollen Umdrehung. Er ist mit einem Getriebe mit $i = 1:4$ verbunden.

Wie groß ist ein Winkelschritt am Ausgang des Getriebes in Grad?

1 Entwicklung zur digitalen Automatisierung

1/1 Die Entwicklung von der Mechanisierung zur Automatisierung hat in fast allen Industriebereichen schon im vorigen Jahrhundert ohne den Einfluss der Digitalisierung begonnen.

Suchen Sie Beispiele aus dem Firmenbereich, in dem Sie tätig sind und erläutern Sie Ihre Beobachtungen mit den Klassenkollegen. Stellen Sie fest, welche Arbeitsgänge in der beschriebenen Anlage automatisiert sind. Welche Arbeiten werden von Hand ausgeführt?

1/2 In einem Fachbericht über Kellereimaschinen aus dem Jahr 1933 steht folgende Aussage:

„Unter einer vollautomatischen Flaschenkellereianlage versteht man ein System von Reinigungs-, Füll-, Verschließ- und Etikettiermaschinen, welche hintereinandergeschaltet und durch Transportbänder verbunden sind, derart, dass die schmutzige Flasche vom Arbeiter in die Reinigungsmaschine eingeführt wird und dann automatisch von einer Maschine zur anderen wandert, bis sie im gefüllten und verschlossenen Zustande vom Arbeiter wieder angefasst und in die Versandkisten gepackt wird."

a) Stellen Sie fest, welche Arbeitsgänge in der beschriebenen Anlage automatisiert sind.

b) An der oben beschriebenen Flaschenkellereianlage wurde noch verhältnismäßig viel Personal eingesetzt. Erläutern Sie, welche Arbeiten die Beschäftigten an einer solchen sogenannten „vollautomatischen" Anlage noch auszuführen hatten.

1/3 Ab der Mitte des vorigen Jahrhunderts ist die Vollautomatisierung im Flaschenkeller der Getränkeindustrie sehr weit fortgeschritten. Man erreichte enorme Leistungssteigerungen, weil man die allgemeinen Erkenntnisse zur Automatisierung von Prozessen im Zusammenwirken der Getränkeindustrie und der Maschinenhersteller konsequent beachtete.

Die damalige erfolgreiche Automatisierung von Produktionsprozessen setzte voraus:
- Beschränkung auf ein Produkt,
- Einhaltung der notwendigen Toleranzen der Zulieferteile und Vorprodukte,
- abgestimmte Taktung der notwendigen Arbeitsprozesse.

a) Beschreiben Sie welche „Zulieferteile bzw. Vorprodukte" dem Flaschenkeller eines Getränkeherstellers zugeführt werden und welches „Produkt" den Flaschenkeller verlässt.

b) Einige „Zulieferteile bzw. Vorprodukte", die dem Flaschenkeller zugeführt werden, müssen besondere Toleranzen haben. Versuchen Sie herauszufinden, um welche Teile es sich handelt und wo tolerierte Angaben notwendig sind.

c) Mit welchen Maßnahmen hat man erreicht, dass der Gesamtdurchsatz einer Anlage möglichst konstant und verlässlich ist?

1/4   In den vollautomatischen Anlagen im Flaschenkeller der Getränkeindustrie im vorigen Jahrhundert bestand längere Zeit eine sogenannte **Automatisierungslücke**.

Auch bei modernsten Reinigungsmaschinen konnte kein hundertprozentiger Reinheitsgrad aller Flaschen erreicht werden, daher mussten die Flaschen auf ihren Reinheitsgrad geprüft werden. Geeignete Inspektionsmaschinen gab es noch nicht. Diese Überprüfung hatten daher Arbeiterinnen oder Arbeiter zu leisten.

In der gezeigten Anlage führte man die Flaschen aus der Reinigungsmaschine kommend einzeln zur Kontrolle an Ausleuchtungsvorrichtungen vorbei.
Die Kontrolleure mussten je nach Flaschenart und Anlagenleistung alle 15 bis 30 Minuten gewechselt werden. Aus Sicherheitsgründen wurden die Flaschen jeweils an je zwei Kontrolleuren vorbei geleitet.

a) Ermitteln Sie wie viele Flaschen etwa eine Person je Sekunde überprüfen muss, wenn folgende Anlagendaten gegeben sind:
Leistung der Anlage 28 000 Flaschen je Stunde, zwei parallele Kontrollbänder.

b) Beschreiben Sie die Anforderungen an den oben gezeigten Arbeitsplatz.

c) In heutigen Anlagen mit digitalen Systemen übernehmen Inspektionsmaschinen die Kontrolle der Flaschen auf Sauberkeit und auch auf Tauglichkeit. So werden z. B. bei Flaschen mit Schraubverschlüssen auch das Gewinde und die Dichtfläche automatisch geprüft.
Nehmen Sie Stellung zu der Befürchtung, dass die Digitalisierung Arbeitsplätze bedroht.

1/5   Die Automatisierung von Arbeitsprozessen konnte in den letzten Jahrzehnten erheblich verbessert werden. Dazu wurden neue Technologien und besondere technische Systeme eingesetzt. In diesem Zusammenhang werden oft die folgenden Abkürzungen bzw. Begriffe **SPS**, **IPC**, **Sensor**, **CNC** und **Roboter** benutzt.

Klären Sie diese Bezeichnungen durch entsprechende Recherchen in dem zugeordneten Lehrbuch und im Internet.

1/6   Heute benutzt man die Nahfunktechnik und das Internet, um Maschinen und Anlagen besser Instandhalten und Warten zu können.

Geben Sie Beispiele für dieses Vorgehen aus dem Produktionsbereich, in dem Sie ausgebildet werden.

1/7   Der Einfluss der Digitalisierung auf die Automatisierung ist heute überall spürbar. Insbesondere die Kommunikation zwischen Mensch und Maschine bzw. zwischen Maschine und Mensch ist bedeutsam.

Suchen Sie Beispiele aus dem Firmenbereich, in dem Sie tätig sind und notieren Sie Ihre Beobachtungen nach folgenden Vorgaben:

–   Welche Daten werden von der Maschine nach außen weitergegeben?
–   Mit welchen Sensoren werden die Daten erfasst?
–   Wie werden die Daten weitergegeben?
–   An wen werden die Daten übermittelt?

2 Sensortechnik

Überblick über Sensoren und Messprinzipien

2/1 Untersuchen Sie die Messkettenstruktur eines Mess-Systems in Ihrem Arbeitsbereich.
Dies kann ein außen angebrachter Sensor mit Kabel, Elektronik und Anzeige sein. Oft ist durch die kompakte Bauweise die Struktur: „Sensor – Elektronik – Anzeige – Kabelanschlüsse" nicht auf den ersten Blick zu erkennen. Verwenden Sie technische Dokumentationen, evtl. ergänzend eine Internetrecherche.

Zur Orientierungshilfe:
- Suchen Sie den Messort.
- Was wird gemessen?
- Sensortyp, Messprinzip erkennen.
- Kabelanschlüsse,
- Spannungsversorgungskabel und Signalkabel möglichst unterscheiden.
- Anzeige und Darstellung des Messwertes.
- Bearbeiten Sie die Aufgabe mit einem erfahrenen Mitarbeiter

Aufgaben:
Skizzieren Sie Ihre Messkette.
Sprechen Sie mit Ihrem Meister bzw. Mitarbeiter über Ihre Beobachtungen.
Schreiben Sie Ihre Beobachtungen und Erkenntnisse auf.

2/2 Zählen Sie Messgrößen aus Ihrem Arbeitsbereich auf.
Welche Messgrößen werden von Ihnen gemessen?

2/3 Ordnen Sie Messgrößen bestimmten Sensoren zu.
Was können Sie über den Sensor und das Messprinzip sagen?

2/4 An welchem Ort sollte der Temperatursensor zur Heizungssteuerung in einer Produktionshalle angebracht sein? Beschreiben Sie günstige Anbringungsorte und beschreiben Sie Anbringorte, die wahrscheinlich zu Fehlmessungen führen können.
Hinweis: Da die Temperaturmessung direkt die Beheizung der Halle steuert, ist ein quasi statisches Signal für die Heizungssteuerung notwendig.

2/5 Zur industriellen Temperaturmessung werden hauptsächlich Thermoelemente und Platinmesswiderstände eingesetzt.
Vergleichen Sie beide Sensortypen in Bezug auf Funktionsprinzip, Messbereich und Schaltungstechnik.

2/6 Passive Sensoren liefert noch kein elektrisch verwertbares Strom- bzw. Spannungs-Signal. Welche Funktion hat die ergänzende Baugruppe?

2/7 Ein Messumformer für Pt-100 hat die Kenndaten: Eingang: 0–100 °C, Ausgang: 0–10 V. Welche Ausgangsspannung liegt an bei 20 °C und bei 83 °C?

2/8 Ein Messumformer für Pt-100 hat die Kenndaten: Eingang: 0–100 °C, Ausgang: 4–20 mA. Welcher Ausgangsstrom fließt bei bei 20 °C und bei 83 °C?

2/9 Ein programmierbarer Messumformer hat die Kenndaten Eingang: 0–100 °C Ausgang: wahlweise: 0–10 V, 0-20 mA, 4–20 mA. Welche Ausgangsgrößen werden dargestellt bei 0 °C, 25 °C, 50 °C, 75 °C, 100 °C?
Zur Erklärung:
In der Prozessautomatisierung werden viele Messumformer mit dem Ausgangsbereich 4–20 mA verwendet. Zum Beispiel wird dabei der Eingangswert 0 °C am Ausgang mit 4 mA und der Eingangsendwert mit 20 mA dargestellt. Diese Verschiebung des Nullpunktes am Ausgang hat einen entscheidenden Vorteil für die Fehlersuche in Anlagen. Fällt der Ausgang unter 4 mA, kann hier nur ein Sensor bzw. Elektronikdefekt vorliegen. Die nachfolgenden Baugruppen verwenden diesen Wert 4 mA als Nullpunkt. Messumformer können häufig alternativ programmiert werden, 0–20 mA oder 4–20mA.

2/10 Der Messgrößenumformer für Pt-100 Sensoren ist mit folgenden Kenndaten beschriftet:
Messbereich: –30 °C bis 100 °C
Ausgang: –3 V bis +10 V
Welche Temperatur wurde gemessen, wenn die Ausgangsspannung

a) –1,2 V und
b) +8,5 V beträgt?

2/11 Bei der Fernwartung wählt sich der Maschinen-Hersteller im Störungsfall in die Steuerung der Anlage ein und gibt dem Personal vor Ort Hinweise bei der Fehlersuche. Sensordaten und Maschinenzustände können so weit entfernt direkt vor Ort abgefragt werden.
Sprechen Sie mit Ihren Mitarbeitern bzw. Mitarbeiterinnen und Ausbildern bzw. Ausbilderinnen darüber, wo solche Anwendungen bei Ihnen umgesetzt sind und welche Aufgaben der Techniker an der Anlage vor Ort ausführt.

2/12 Das „Internet der Dinge", auch „Industrie 4.0" genannt, wird auf Rechnernetze betrieben, die als sogenannte Client-Server-Architekturen bezeichnet werden.
Das heißt, man wird von außen Teil eines Systems der Maschine bzw. Anlagen. Die Vernetzung erfolgt mit Ethernet-Komponenten, wie sie in der Computertechnik und Netzwerktechnik Standard sind.
Bei der Fernwartung geht es deshalb zunehmend darum, die Netzwerkleitung des fernzuwartenden Systems zu verlängern. Da das System des Service-Technikers und das der Anlage netzwerkfähig sind, möchte man beide Systeme bequem miteinander koppeln.
Das „Internet der Dinge" und „Industrie 4.0" setzen eine umfassende Vernetzung von Menschen und Geräten voraus. (man spricht häufig auch von IoT – Internet of Things).

Sprechen Sie mit Ihren Mitarbeitern bzw. Mitarbeiterinnen und Ausbildern bzw. Ausbilderinnen darüber, wo solche Strukturen bei Ihnen umgesetzt sind.

Sensoren

2/13 Ein Dehnungsmessstreifen hat einen Widerstand von 120 Ω. Er ist in einem Fachwerk aus einer Aluminiumlegierung (E = 70 000 N/mm^2) zur Messung der Spannung an einem runden Druckstab angeklebt worden. Der DMS ist in Viertelbrückenschaltung geschaltet und hat einen k-Wert von 2. Bei der Messung wurde eine Widerstandsänderung von 12 mΩ ermittelt.

a) Berechnen Sie die Spannung im Druckstab.
b) Welche Druckkraft belastet den Stab? Er hat 30 mm Durchmesser.

2/14 Ein Stahlholm von 150 mm Durchmesser und einer Länge von 3 000 mm wird 3 mm gestreckt. Wie groß ist die Dehnung in µm/m? Wie groß ist die absolute Widerstandsänderung, wenn der auf dem Holm applizierte DMS folgende Kenndaten hat R = 120 Ω, k = 2,05?

2/15 Für den Sensorbau werden Biegebalken aus Stahl verwendet. Welche Eigenschaft sollen diese Stähle besitzen und beschreiben Sie, wie diese Eigenschaft im Spannungsdehnungsdiagramm dargestellt wird.

2/16 Induktive Durchflusssensoren sind nicht für jede Flüssigkeit geeignet. Ermitteln Sie aus Angaben von Herstellern dieser Sensoren im Internet die Mindestbedingungen, die eine Flüssigkeit erfüllen muss, damit eine Messung mit induktiven Durchflusssensoren möglich ist.

2/17 In einer Fertigungsanlage für Marmormosaike soll eine diamantbeschichtete Trennscheibe kontinuierlich auf Flattern hin überwacht werden (condition monitoring). Schlagen Sie einen entsprechenden Sensor vor, begründen Sie seine Auswahl und skizzieren Sie seinen Einsatz.

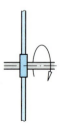

2/18 Nennen Sie Vor- und Nachteile des induktiven Näherungsschalters gegenüber herkömmlichen elektrischen Schaltern.

2/19 Die elektrische Verbindung wird bei herkömmlichen Schaltern durch das mechanische Zusammenbringen zweier Kontaktflächen hergestellt. Dies geschieht beim induktiven Schalter durch einen Transistor auf elektronischer Basis.
Welcher Vorteil ergibt sich daraus?

2/20 Induktive Näherungsschalter reagieren mit magnetischen Feldern. Diese durchdringen Feuchtigkeit und Verschmutzungen.
Was bedeutet dies für den Einsatz in verschiedenen Produktionsbereichen?

2/21 Vervollständigen Sie den folgenden Satz:
Induktive Sensoren reagieren nur auf ...

2/22 Induktive Näherungsschalter reagieren mit magnetischen Feldern. Sie reagieren also nur auf Annäherung mit elektrisch leitfähigen Materialien.
Auf welche Materialien reagiert der Induktive Näherungsschalter nicht?
Erstellen Sie eine Tabelle. Materialauswahl: Stahl, l C15, Stahl X6CrNi18 8 Aluminium, Messing, Holz, Kunststoff.

2/23 Auf einem Laufband werden mit Hilfe eines mechanischen Schalters Flaschen gezählt. Im Rahmen einer Betriebsumstellung soll nun ein induktiver Näherungsschalter eingesetzt werden.
Welche Vorteile ergeben sich durch diese Maßnahme?

2/24 Ein Sicherheitsgitter an einer Presse, das mit einem induktiven Näherungsschalter gesteuert wird, soll beim Absenken 30 mm oberhalb des Maschinentisches stehen bleiben. Das Gitter flattert jedoch ständig im abgesenkten Zustand im Bereich der eingestellten 30 mm Höhe.
Worauf beruht die Störung und wie kann man sie beseitigen?

2/25 Bei Sensoren mit analogen Ausgängen ändert sich das elektrische Ausgangssignal (Strom oder Spannung) kontinuierlich mit der Änderung der zu erfassenden Größe. Bei induktiven Sensoren kann man die Frequenzänderung (Bedämpfung) elektronisch ausgewertet werden, um Abstände zu erfassen.

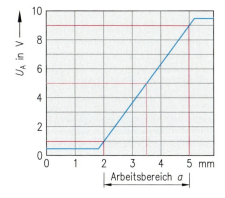

Typisches Funktionsdiagramm; Spannung in Abhängigkeit des Annäherungsweges eines Näherungssensors mit analogem Ausgang.
Überlegen Sie mögliche Anwendungsbereiche dieses Sensors. Recherchieren Sie im Internet.

2/26 Die meisten Näherungssensoren haben einen schaltenden Ausgang. Er wird auch als binärer Ausgang bezeichnet, dies bedeutet dann, dass er zwei Zustande hat. Wir benennen diese Zustände häufig mit 0 für Aus oder 1 für Ein. Dies kann man auch Spannungen zuordnen: 0 (Aus) steht dann für 0 Volt und 1 (Ein) für 5 Volt. Diese Spannungen werden häufig in der Elektronik nicht erreicht. Aber wichtig ist ja auch 0 (Aus) für kleine Spannung und 1 (Ein) für die höhere Spannung. Beide Zustände müssen eindeutig unterscheidbar sein.

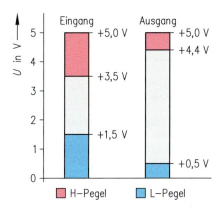

Im Bild sind die Spannungspegel High-Zustand (Ein) und den Low-Zustand (Aus) dargestellt. Diese Zustände werden eindeutig in den entsprechenden Spannungsbereichen erkannt.
Überlegen und beschreiben Sie:

a) Warum sind diese Spannungsbereiche für eine funktionierende Elektronik wichtig?

b) Warum liegt zwischen dem Low und dem High-Pegel ein nicht zu verwendender Bereich?

c) Warum ist der Ausgangspegel einer Schaltung mit einem kleineren Spannungsbereich gegenüber dem Eingangsbereich definiert?

2/27 Ist die folgende Aussage richtig oder falsch:
„Kapazitive Sensoren reagieren auf metallische und nichtmetallische Materialien."
Nennen Sie mögliche Vor- und Nachteile gegenüber induktiven Sensoren.

2/28 Kapazitive Näherungsschalter reagieren mit elektrischen Feldern. Sie sprechen auf Änderungen des elektrischen Feldes durch Annäherung von dielektrischen Materialien an. Erstellen Sie eine Tabelle und kreuzen Sie an, auf welche Materialien der Sensor reagiert. Welche Bedeutung hat dieses Ergebnis in der Technik?
Materialauswahl: Stahl, Aluminium, Messing, Holz, Kunststoff. Ergänzen Sie weitere Materialien.

2/29 Im Rahmen der kontinuierlichen Zustandsüberwachung einer Hydraulikpumpe soll die Vibration mit Hilfe eines Piezoelektrischen Vibrationssensors aufgezeichnet werden. Beschreiben Sie die Funktion und Wirkungsweise derartiger Messsysteme. Nutzen Sie auch die Angaben von Herstellern derartiger Sensoren im Internet.

2/30 Berechnen Sie die Thermospannung zwischen Kupfer und Eisen.

2/31 Zum Funktionstest eines handelsüblichen Thermoelementes können Sie die Drahtenden direkt an ein Spannungsmessgerät anschließen.
Beschreiben Sie, welche Wirkung eine Temperaturänderung auf die angezeigte Spannung hat und was Sie daraus für die Funktion des Thermoelementes schließen können.

2/32 Zur genaueren Untersuchung des thermoelektrischen Effektes verbinden Sie zwei Drähte aus unterschiedlichen Materialien zu einer Kontaktstelle und die anderen Enden legen Sie an ein Messgerät. Der thermoelektrische Effekt ist direkt messbar. Beachten Sie: Es sind sehr kleine Spannungen. Das Messgerät muss einen genügend kleinen Spannungsmessbereich haben.
Vergleichen Sie Ihre Messwerte mit den Werten gemäß der Tabelle im Lehrbuch, Seite 669, Thermoelektrische Spannungsreihe.

2/33 Welche Thermospannung besteht zwischen den Materialien Konstantan und einer Ni-Cr-Legierung bei 100 °C?

2/34 Zur Verwendung von Thermoelementen in der Steuerungstechnik müssen die sich ergebenden kleine Spannungen noch verstärkt werden.
Berechnen Sie den Faktor dieser Spannungsverstärkung bei einem Thermoelement Eisen – Konstantan E_{FeKo} = +5,37 mV/100K, wenn für den Messbereich von 0–100 °C 0–10 V am Ausgang anliegen sollen.

2/35 Berechnen Sie die Größe des elektrischen Widerstandes eines Temperatursensors Pt-100 bei 725 °C. Auf welchen Wert steigt der Widerstand des Temperatursensors Pt-100 an, wenn die Erwärmung auf 850 °C ansteigt?

2/36 Für den Sensor Pt-100 gilt: Bei 0 °C beträgt der Widerstand 100 Ω. In unserem Fall wurden 100,16 Ω gemessen. Wie lang muss das Kupferkabel gewesen sein?

d = 0,5 mm

ρ Kupfer = 0,01724 $\frac{\Omega \, mm^2}{m}$

2/37 Zur Beschreibung der 4-Leiterschaltungstechnik an einem Pt-100 Sensor heißt es: Ein Adernpaar versorgt den Messwertgeber mit Energie und das Messsignal wird hochohmig über ein zweites Adernpaar abgegriffen. Es ist keine Korrektur des Messergebnisses notwendig. Änderungen der Zuleitungswiderstände, z. B. durch einen Temperatureinfluss, verändern das Messergebnis nicht. Diese Schaltung ist geeignet auch für lange Leitungslängen.
Erklären Sie diesen Text einem Partner.

2/38 Das nichtdotierte, elektrisch neutrale Silizium wird durch das Dotieren auf die spätere Aufgabe der Herstellung einer Diode vorbereitet.
Was ist mit Dotieren gemeint?

Ergänzen Sie die Lücken in den Aufgaben 2/39 bis 2/43 durch Eintragung der richtigen Aussage aus der folgenden Liste:
… mit Elektronen überschwemmt
… Spannung
… Aluminiumatomen
… größer
… Phosphoratomen

2/39 Dotiert man einen Siliziumkristall mit …, entsteht ein p-dotierter Kristall mit geringem Elektronenmangel.

2/40 Dotiert man einen Siliziumkristall mit …, entsteht ein n-dotierter Kristall mit geringem Elektronenüberschuss.

2/41   In Durchlassrichtung wird die Sperrschicht einer Diode ...

2/42   In Sperrrichtung wird die Sperrschicht einer Diode ...

2/43   Die Diode kann zerstört werden, wenn die ... in Sperrrichtung den Maximalwert übersteigt.

2/44   Bei einer Lichtschranke fällt ein Lichtstrahl auf eine Fotodiode und schaltet bei Unterbrechung eine Maschine ab.
Welche Prozesse laufen dabei in der Fotodiode ab?

2/45   Einweglichtschranke
Sender und Empfänger befinden sich in unterschiedlichen Gehäusen
Nennen Sie Vorteile der Einweglichtschranke.

2/46   Reflexlichtschranke
Sender und Empfänger befinden sich im gleichen Gehäuse. Das Objekt unterbricht die bestehende Lichtverbindung zwischen Sender und Empfänger über den Reflektor
Nennen Sie Vorteile der Reflexlichtschranke.

2/47   Reflexlichttaster
Sender und Empfänger befinden sich im gleichen Gehäuse. Das Objekt wirft einen Teil des Lichts wieder zurück auf den Empfänger.
Nennen Sie Vorteile des Reflextasters.

2/48   Optokoppler trennen elektrische Systeme und geben die Information über das Licht weiter. Dadurch sind die informationstechnischen Systeme, z. B.: SPS, elektrisch nicht direkt mit der Anlage verbunden. Die Baugruppen können auf unterschiedlichen Spannungspotentialen liegen. Die Gefahr von Ausgleichsströmen durch Stromschleifen zwischen den unterschiedlichen Systemen wird verhindert.
Informieren Sie sich über solche Sicherheitsmaßnahmen in Ihrem Betrieb und fassen Sie die Informationen zusammen.

2/49   In der industriellen Bildverarbeitung werden Zeilenkameras, Flächenkameras, Laser-Linien-Projektor und Kamera, sowie Smart-Kameras unterschieden. Informieren Sie sich über die Kameratypen in ihrem Arbeitsbereich und ordnen Sie ihnen mögliche Aufgaben zu.

2/50   An einem System zur kameragestützten Qualitätssicherung wünscht das Unternehmen eine Veränderung bei der Planung des Systems. Statt der Ausschleusung der Teile bei nicht ok sollen die geprüften Teile bei ok ausgeschleust werden. Welche Vorteile verspricht sich das Unternehmen?

Digitalisierung und Signalverarbeitung

2/51   Digitalisierung und Industrie 4.0 beschreibt die Trends in der Automatisierung von Prozessen und Anlagen. Beschreiben Sie diese Entwicklung mit Ihren eigenen Erfahrungen.

2/52   Erläutern Sie den Begriff „Smart Sensor".

2/53 Stellen Sie statische und dynamische Signale von Messsituationen in einer Tabelle zusammen. Begründen Sie ihre Aussagen. Beispielhafte Messsituationen: Druckmessung im Zylinder eines Verbrennungsmotors, Temperatur in einem Wohnraum, Messung des barometrischen Luftdruckes, Füllstandsüberwachung an einem Silo.
Suchen Sie weitere Beispiele.

2/54 Zur Umsetzung des analogen Signals in ein digitales Signal wird zunächst der mögliche Spannungsbereich in Abschnitte unterteilt. Mit einer Auflösung von 16 Bit sind dies 2^{16} Stufen(Digits). Welchen Spannungswert hat die Auflösung bei einem Messbereich von 0 bis 10 V? Auflösung ist der kleinste unterscheidbare Spannungswert.

$$\text{Auflösung} = \frac{\text{Messbereich (analog)}}{2^n \text{ (Digits)}}$$

2/55 Datenkabel und Energiekabel werden in getrennten Kabelschächten verlegt.
Begründen Sie diese Verlegeweise.

3 Speicherprogrammierbare Steuerungen (SPS)

Steuerungstechnische Grundlagen

3/1
a) Wodurch erfolgt die Verwirklichung der Steueranweisungen bei „verbindungsprogrammierbaren Steuerungen (VPS)"?
b) Wie wird die Veränderung von Steueranweisungen in „verbindungsprogrammierbaren Steuerungen (VPS)" vorgenommen?
c) Wie wird die Veränderung des Steuerungsablaufes in „speicherprogrammierbaren Steuerungen (SPS)" vorgenommen?

3/2 Das dargestellte Logiksymbol ist ein UND-Glied mit drei Eingängen.
Stellen Sie die Funktionstabelle auf.

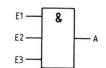

3/3 Ein Schieber am Silo einer Abfüllanlage wird durch einen Pneumatikzylinder betätigt.
Der Zylinder fährt ein und öffnet damit den Abfülltrichter, wenn
– der Knopf „Füllen" gedrückt wird,
– ein Behälter unter dem Silo steht,
– der Taster unter der Gewichtskontrolle nicht gedrückt ist.
Zeichnen Sie den Logikplan, und stellen Sie die Funktionstabelle auf.

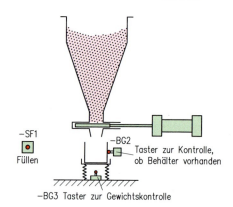

3/4 Eine Presse soll erst dann arbeiten, wenn das Schutzgitter zugefahren ist und entweder beide Taster der Handschaltung am Ständer der Maschine betätigt werden oder ein Taster am 2 m entfernten Steuerstand betätigt wird. Nach Loslassen der Taster fährt die Maschine in die Ausgangsstellung zurück.
Es sind Logikplan und Funktionstabelle anzulegen.

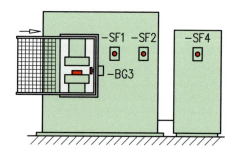

3/5 Eine Steuerung soll ein Ausgangssignal geben, wenn am Eingang E1 ein Signal anliegt UND E2 NICHT beaufschlagt ist.
Skizzieren Sie das Logiksymbol, und stellen Sie die Funktionstabelle auf.

3/6 Eine Steuerung erfüllt folgende Funktion:
Ausgangssignal nur dann, wenn E1 ODER E2 UND E3 Signal geben.
Stellen Sie die Funktionstabelle auf.

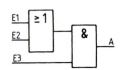

3/7 Ein Spannzylinder spannt, wenn aus Sicherheitsgründen zwei Handtaster (E1 und E2) gleichzeitig gedrückt werden. Er fährt zurück, wenn der Taster „Lösen" (E3) gedrückt wird.
Übertragen Sie den Logikplan und die Funktionstabelle und ergänzen Sie diese.

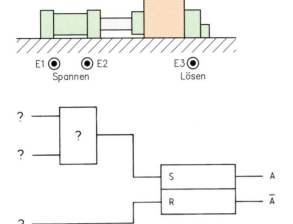

E1	E2	E3	A	Ā
0	0	0	?	?
0	0	1	?	?
0	1	0	?	?
0	1	1	?	?
1	0	0	?	?
1	0	1	?	?
1	1	0	?	?
1	1	1	?	?

GRAFCET (Funktionsplan)

3/8 In einer Vorrichtung werden Werkstücke gebördelt. Dazu werden die Werkstücke in eine Werkstückaufnahme gegeben und mithilfe eines Pneumatikzylinders (Zyl. „zustellen") zugestellt und genau positioniert. Ein zweiter Pneumatikzylinder (Zyl. „bördeln") fährt aus und bördelt das Werkstück. Nach dem Bördelvorgang schaltet sich der Zylinder selbst um und fährt in seine Ausgangslage zurück. Wenn der zweite Zylinder ganz eingefahren ist, wird der erste Zylinder zurückgestellt. Übernehmen Sie den Funktionsplan und vervollständigen Sie ihn, indem Sie dabei folgende Begriffe verwenden:

– *für die Aktionen:* Bördeln, Zurücksetzen (Werkzeug), Zurücksetzen (Werkstück), Zustellen.

Ergänzen Sie die Aktionen mit der Kurzbeschreibung für die Zylinderbewegungen (Zyl. „zustellen" +; Zyl. „zustellen" –; Zyl. „bördeln" +; Zyl. „bördeln"–).

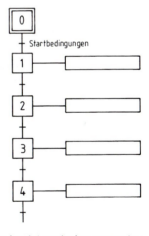

3/9 Zeichnen Sie für die angeführten Beispiele jeweils den GRAFCET-Plan (Funktionsplan) auszugsweise:

a) In einem Treppenhaus ist die Beleuchtung von drei Etagen aus einschaltbar.

b) Der Brenner eines Härteofens kann erst dann gezündet werden, wenn die Ofentür geschlossen ist.

c) Das Signalhorn in einer automatischen Fertigungsstraße ertönt aus unterschiedlichen Gründen:
    – das Werkstückmagazin ist leer,   – die Taktzeit weicht vom Sollwert ab.

d) Die Nebelschlussleuchte am Pkw lässt sich nur einschalten, wenn die Beleuchtung eingeschaltet ist.

3/10 Der 5. Schritt in einer Steuerung – das Spannen (–MM1) – darf nur ausgeführt werden:
   – wenn ein Weiterschaltsignal (–BG4) vom Schritt zuvor erfolgt ist,
   – wenn ein Sicherheitsschalter betätigt wurde (–SF6),
   – wenn das Werkstückmagazin noch nicht leer ist (–BG5).
Zeichnen Sie den Ausschnitt aus dem zugehörigen GRAFCET-Plan (Funktionsplan).

3/11 Die Startbedingungen für eine Steuerung sind im folgenden Zustands-Schritt-Diagramm dargestellt. Zeichnen Sie für diese Startbedingungen den Ausschnitt aus dem GRAFCET-Plan (Funktionsplan).

Bauglieder			Schritte					
Benennung	Kurzzeichen	Zustand	0	1	2	3	4	5
Handtaster	−SF3	betätigt						
Automatik	−SF4	betätigt						
Zylinder 1 (Pressen)	−MM1	ausgefahren (−MB1)						
		eingefahren (−MB2)						

3/12 Eine Biegevorrichtung für Bleche arbeitet mit einem Pneumatikzylinder. Dabei wird der Zylinder schnell zugestellt, während der Biegevorgang selbst langsam erfolgt.

a) Erstellen Sie für den Pneumatikzylinder das Zustands-Schritt-Diagramm.

b) Tragen Sie die Signalglieder und die Signallinien in das Zustands-Schritt-Diagramm ein, wenn Folgendes bekannt ist:
- Der Zylinder betätigt im eingefahrenen Zustand den Endtaster −BG1.
- Bei gleichzeitiger Betätigung der Handtaster −SF4 und −SF5 fährt der Zylinder schnell aus.
- Am Ende der Zustellung betätigt der Zylinder den Endschalter −BG2 und schaltet so auf den langsameren Biegevorgang um.
- Nach dem Biegevorgang betätigt der Zylinder den Endschalter −BG3 und schaltet sich selbst um.
- Im eingefahrenen Zustand fährt der Zylinder wieder auf den Endschalter −BG1.

3/13 Zeichnen Sie für die Biegevorrichtung nach Aufgabe **4/12** den GRAFCET-Plan (Funktionsplan).

3/14 Ein Hallentor wird auf unterschiedliche Art geöffnet (−MA1 Rechtslauf) bzw. geschlossen (−MA1 Linkslauf). Mit den Betätigungen werden auch die Beleuchtung (−PF1) und ein Ventilator (−MA2) geschaltet.
In den folgenden Teil-GRAFCET-Plänen sind die Zusammenhänge dargestellt.

a) Beschreiben Sie die Steuerung beim Öffnen des Tores.
   (−SF1 – Tor öffnen)

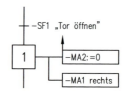

b) Beschreiben Sie die Steuerung beim Schließen des Tores.
   (−SF2 – Tor schließen)

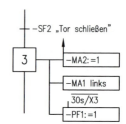

3/15 In einer halbautomatischen Pressvorrichtung werden zwei Bauteile zu einem Werkstück zusammengepresst. Man legt die einzelnen Teile von Hand ein und entnimmt das gefügte Werkstück ebenfalls von Hand.

Durch die gleichzeitige Betätigung von zwei der drei Taster auf dem Rundtisch schaltet dieser um 120° weiter. Anschließend presst der Zylinder –MM4 die Bauteile zusammen und bleibt für eine einstellbare Zeit in dieser Stellung stehen.

Zeichnen Sie den GRAFCET-Plan (Funktionsplan). Beachten Sie dabei folgende Gesichtspunkte:

– ein neuer Zyklus darf nur erfolgen, wenn der Zylinder –MM4 eingefahren ist und der Endschalter –BG1 betätigt ist,

– die Verstellung des Rundtisches wird mit einem Schrittmotor durchgeführt und in der jeweiligen Stellung mit dem Endschalter –BG6 rückgemeldet,

– Zylinder –MM4 betätigt im ausgefahrenen Zustand Endschalter –BG2.

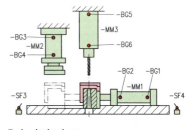

3/16 In einer halbautomatischen Klebe- und Bohrvorrichtung sollen Werkstücke unter Druck geklebt und anschließend gebohrt werden. Entsprechend dem Technologieschema wird das Profilteil von Hand auf die Werkstückaufnahme gelegt und anschließend die mit Reaktionskleber beschichtete Auflage auf dem Profilteil justiert.

Zeichnen Sie den GRAFCET-Plan (Funktionsplan)

Schritt	Beschreibung des Ablaufes
1	Zylinder –MM1 fährt aus und schiebt die Werkstückaufnahme unter den Zylinder –MM2 mit der Heizplatte,
2	Zylinder –MM2 presst Profilteil und Auflage unter Wärmezufuhr zusammen,
3	Zylinder –MM2 fährt nach einer einstellbaren Klebezeit in die Ausgangslage zurück,[1]
4	Zylinder –MM1 zieht die Werkstückaufnahme in ihre Ausgangsstellung zurück, Zylinder –MM3 bohrt die gefügten Teile,
5	Zylinder –MM3 fährt in die Ausgangsstellung zurück,
6	das Werkstück wird von Hand entnommen.
7	men.

[1] Klebezeit t = 30 s

Technologieschema
„Klebe- und Bohrvorrichtung"

Gerätetechnischer Aufbau der SPS (Hardware)

3/17 Beschreiben Sie in einem kurzen Fachbericht die Programmierung von Automatisierungsgeräten in der SPS unter dem Gesichtspunkt des On-line- bzw. Off-line-Betriebs. Benutzen Sie dazu – soweit erforderlich – auch die nachfolgend angeführten Begriffe aus einem Fachlexikon.

on line rechnerabhängig, verbunden, mitlaufend, angeschlossen, direkt [gekoppelt]

off line rechnerunabhängig [arbeitend], nicht angeschlossen (verbunden), selbstständig [betrieben], indirekt

3/18 In einem Firmenkatalog finden sich folgende Aussagen:

– „Die meisten Automatisierungsgeräte in der SPS besitzen serienmäßig einen RAM-Speicher, der über eine Batterie gepuffert ist."

– „Automatisierungsgeräte für die Ausbildung in der SPS sind vorteilhafter mit einem EEPROM als Speicher ausgerüstet."

Analysieren Sie diese Aussagen im Hinblick auf die angesprochenen Speicher.

3/19 Die halbschematisch dargestellte Steuerung hat als Signalverarbeitungsgerät ein Automatisierungsgerät. Mithilfe dieses Gerätes sind unterschiedliche Steuerungsabläufe möglich, ohne dass die Anschlüsse geändert werden müssen.

Ersetzen Sie die speicherprogrammierbare Steuerung durch eine entsprechende elektropneumatische Steuerung. Folgende Verknüpfung wird angenommen:

– Start auf Tastendruck nur möglich bei eingefahrenem Kolben.
– Rückhub nur möglich, nachdem der Kolben ganz ausgefahren ist und ein Tastendruck erfolgt.

Zeichnen Sie dazu den Stromlaufplan und den Pneumatikschaltplan.

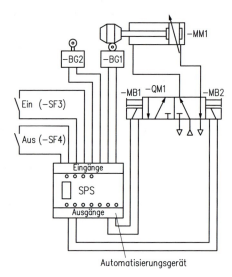

Arbeitsweise der SPS

3/20 Erklären Sie den Begriff „Zykluszeit" in der SPS.

3/21 Ergänzen Sie den nachfolgenden Text an den Leerstellen sinngemäß mit den Worten „Eingangssignale" oder „Ausgangssignale".

„Die ...?... an einem Automatisierungsgerät ändern sich durch die Betätigung der Sensoren in der Steuerung. Die Steuerung der Aktoren erfolgt durch die ...?... der SPS. In der SPS werden ...?... erst gesetzt, wenn der Mikroprozessor alle Programmschritte ausgeführt hat und dabei alle ...?... abgefragt wurden."

Programmieren von speicherprogrammierbaren Steuerungen

3/22 Setzen Sie die unten gezeichneten Schaltplanausschnitte gemäß dem nebenstehenden Beispiel jeweils in eine Textbeschreibung und in eine Anweisungsliste um.

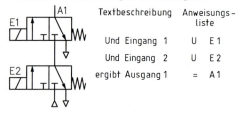

a)

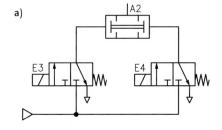

b)

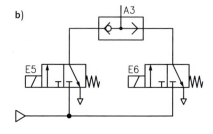

3/23 Die nachfolgende Textbeschreibung des Steuerungsteils einer pneumatischen Steuerung soll in einem entsprechenden Schaltplanausschnitt dargestellt werden.

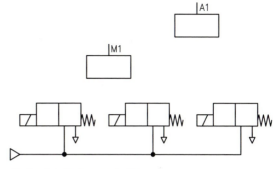

Textbeschreibung

Und **E**ingang	1
Und **E**ingang	2
ergibt Merker	1
Oder Merker	1
Oder **E**ingang	3
ergibt **A**usgang	1

a) Übernehmen und vervollständigen Sie den Schaltplanausschnitt.
b) Schreiben Sie die zugehörige Anweisungsliste.

3/24 Bilden Sie einen Merksatz über die Steueranweisung in einer Anweisungsliste; benutzen Sie dabei folgende Begriffe bzw. Aussagen:
AWL, Operandenteil, Operationsteil, Steueranweisung, was zu tun ist, womit etwas zu tun ist.

3/25 Übernehmen Sie den gegebenen Ausschnitt aus einer Anweisungsliste, und ordnen Sie die gegebenen Fachbegriffe zu:
Adresse,
Operandenteil,
Operationsteil,
Satz,
Steueranweisung.

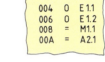

Anmerkung:
Adressen werden häufig im hexadezimalen Zahlensystem angegeben.

3/26 Das Automatisierungsgerät für die Steuerung eines Pneumatikzylinders ist nach der vorgegebenen AWL programmiert und beschaltet.

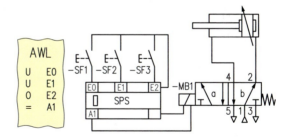

a) Welche Bedingungen müssen be-stehen, damit die Kolbenstange des Zylinders ausfährt?
b) Unter welchen Bedingungen fährt die Kolbenstange wieder ein?

3/27 a) Erklären Sie, inwieweit der Stromlaufplan für den Kontaktplan als Vorlage dient.
b) Schreiben Sie zu dem gegebenen Stromlaufplan den Kontaktplan (KOP).

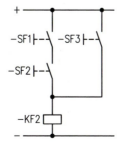

Bauteil	Zuordnung in der SPS
–SF1	E1
–SF2	E2
–SF3	E3
–KF2	A3

3/28

a) Erläutern Sie den Zusammenhang zwischen dem Funktionsplan als Programmiersprache (FUP) und dem GRAFCET-Plan als Planungsunterlage.

b) Setzen Sie den gegebenen GRAFCET-Plan in die Programmiersprache Funktionsplan (FUP) für die SPS um.

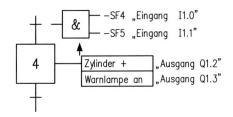

3/29

a) Übernehmen Sie den nach Aufgabe **4/27** entwickelten Kontaktplan (KOP), und übersetzen Sie ihn in die Programmiersprache AWL und FUP.

b) Übernehmen Sie den nach Aufgabe **4/28** entwickelten Funktionsplan (FUP), und schreiben Sie ihn in die Programmiersprache AWL und KOP um.

3/30

Übersetzen Sie den gegebenen Funktionsplan (FUP) in die Anweisungsliste (AWL) und den Kontaktplan (KOP).

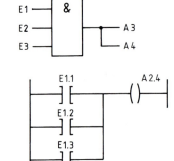

3/31

Schreiben Sie den gegebenen Kontaktplan (KOP) in die Anweisungsliste (AWL) und den Funktionsplan (FUP) um.

3/32

Zeichnen Sie jeweils für den gegebenen FUP ohne Merker einen entsprechenden FUP mit Merker.

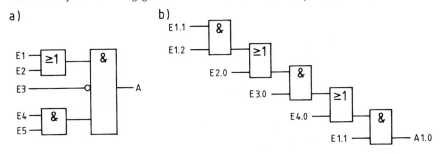

3/33

Zeichnen Sie für die unten angeführten Beispiele (Brenner und Signalhorn) jeweils den GRAFCET-Plan als Planungsgrundlage und entwickeln Sie daraus die Programme in den Programmiersprachen FUP und AWL. (Wählen Sie dabei E1, E2 ... für die Eingänge und A1, A2 ... für die Ausgänge an der SPS.)

a) Der Brenner eines Härteofens kann erst dann gezündet werden, wenn die Ofentür geschlossen ist und der Abluftventilator läuft.

b) Das Signalhorn in einer automatischen Fertigungsstraße ertönt aus unterschiedlichen Gründen:
   - das Werkstückmagazin ist leer,
   - die Taktzeit weicht vom Sollwert ab,
   - der Istwert des Werkstückes liegt über dem Höchstmaß oder unterhalb des Mindestmaßes.

3/34 Die halbschematisch dargestellte Steuerung hat als Signalverarbeitungsgerät ein Automatisierungsgerät. Mithilfe der SPS wird folgende Steuerung verwirklicht:
- Start auf Tastendruck nur möglich bei eingefahrenem Kolben,
- Rückhub nur möglich, nachdem der Kolben ganz ausgefahren ist und ein entsprechender Tastendruck erfolgt.

a) Entwickeln Sie für die Startbedingung den FUP und die AWL.

b) Entwickeln Sie für den Rückhub den FUP und die AWL.

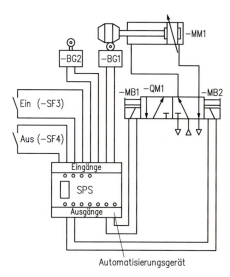

3/35 Der 5. Schritt in einer Steuerung – das Spannen (A1) – darf nur ausgeführt werden:
- wenn ein Weiterschaltsignal (B4) vom Schritt zuvor erfolgt ist,
- wenn ein Sicherheitsschalter (B5) betätigt wurde,
- wenn das Werkstückmagazin (B6) noch nicht leer ist.

Zeichnen Sie den Ausschnitt aus dem zugehörigen GRAFCET-Plan als Planungsunterlage und entwickeln Sie daraus für die Steuerung in der SPS den FUP und die AWL.

3/36 Die Startbedingungen für eine Steuerung sind im folgenden Weg-Schritt-Diagramm dargestellt. Zeichnen Sie für diese Startbedingungen den GRAFCET-Plan als Planungsunterlage und entwickeln Sie daraus die Programme in den Programmiersprachen FUP und AWL.

Bauglieder			Schritte					
Benennung	Kurzzeichen	Zustand	0	1	2	3	4	5
Handtaster	−SF3	betätigt						
Automatik	−SF4	betätigt						
Zylinder 1 (Pressen)	−MM1	ausgefahren (−MB1)						
		eingefahren (−MB2)						

3/37 Der Biegevorgang in einer Presse soll erst dann beginnen, wenn folgende Bedingungen erfüllt sind:
- Zwei Handtaster −SF1 und −SF2 müssen gleichzeitig gedrückt sein.
- Statt der Handtaster kann auch ein entfernt liegender Fußtaster −SF3 betätigt werden.
- Das Schutzgitter, kontrolliert durch den Schalter −BG4, muss geschlossen sein.
- Eine Lichtschranke −BG5 im Arbeitsbereich darf nicht unterbrochen sein.

a) Stellen Sie die Zuordnungsliste auf.

b) Zeichnen Sie den GRAFCET-Plan (Ausschnitt für den Start).

c) Entwickeln Sie jeweils die Programme in FUP ohne Merker und in FUP mit Merkern (Startvorgang).

d) Entwickeln Sie jeweils die Programme in AWL mit Klammern und in AWL mit Merkern (Startvorgang).

e) Entwickeln Sie ein Programm in KOP (Startvorgang).

3/38 Ein einfach wirkender Zylinder soll entsprechend dem gegebenen vereinfachten Schema geschaltet werden.

Durch die Betätigung eines Handtasters – SF1 schaltet man den Strom für die Spule des Magnetventiles ein. Durch die Betätigung eines zweiten Handtasters – SF2 wird das Magnetventil stromlos.

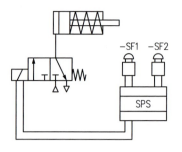

a) Stellen Sie die Schaltung, die in der SPS vorliegen muss, im FUP dar. Benutzen Sie dazu einen Speicherbaustein mit dominantem Rücksetzsignal.

b) Übersetzen Sie den FUP in die AWL.

c) Wie reagiert die Steuerung, wenn beide Taster gleichzeitig gedrückt werden?

d) Übersetzen Sie den FUP in den KOP.

3/39 Ein doppelt wirkender Zylinder – MM1 wird über ein Magnetventil mit Federrückstellung angesteuert. Durch kurzen Druck auf Taster – SF1 fährt die Kolbenstange aus und schaltet in der Endlage den Endschalter –BG1.

Durch erneuten Tastendruck auf – SF1 fährt die Kolbenstange wieder ein.

a) Zeichnen Sie den Pneumatikschaltplan.

b) Schreiben Sie eine Zuordnungsliste.

c) Stellen Sie die Schaltung, die in der SPS vorliegen muss, im FUP dar. Benutzen Sie dazu einen Speicherbaustein.

d) Übersetzen Sie den FUP in die AWL.

e) Wie reagiert die Steuerung, wenn der Taster beim Startvorgang mehrmals gedrückt wird?

3/40 Entwickeln Sie aus den gegebenen Unterlagen zu einer Ablaufsteuerung (Ausschnitt) den entsprechenden Programmausschnitt in der Programmiersprache FUP.

Betriebsmittel		Operand mit Signalzuordnung und Funktion	
Taster (Schließer)	– **SF3**	E3 = 1	Taster betätigt
Sensor (Schließer)	– **BG1**	E4 = 1	Zylinder – MM1 ist ausgefahren
Sensor (Schließer)	– **BG2**	E5 = 1	Zylinder – MM2 ist ausgefahren
Magnetspule	– **MB1**	A3 = 1	Spannung auf Spule – MB1; Zyl. – MM1 fährt aus
Magnetspule	– **MB2**	A4 = 1	Spannung auf Spule M2 ; Zyl. – MM2 fährt aus

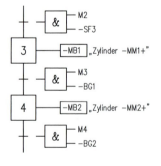

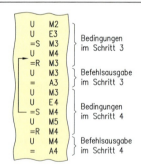

3/41 In der Anweisungsliste nach Aufgabe **3/40** sind die Programmschritte Setzen und Rücksetzen in der dritten und fünften Zeile vertauscht worden (siehe den rechts dargestellten Ausschnitt aus der AWL). Welche Folgen hat dieser Irrtum für den Ablauf der Steuerung?

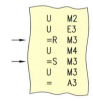

Beispiele für Steuerungen

3/42   Die Steuerung für die Klebe- und Bohrvorrichtung nach Aufgabe **3/16** soll als speicherprogrammierbare Steuerung ausgeführt werden.
Vorgegeben sind: das Technologieschema, die Ablaufbeschreibung, die Zuordnungsliste für die eingesetzte SPS.

Schritt	Beschreibung des Ablaufes
0	Das Werkstück wird von Hand eingelegt und entnommen,
1	Zylinder – MM1 fährt aus und schiebt die Werkstückaufnahme unter den Zylinder – MM2 mit der Heizplatte,
2	Zylinder – MM2 presst Profilteil und Auflage unter Wärmezufuhr zusammen,
3	Zylinder – MM2 fährt nach einer einstellbaren Klebezeit in die Ausgangslage zurück,[1]
4	Zylinder – MM1 zieht die Werkstückaufnahme in ihre Ausgangsstellung zurück,
5	Zylinder – MM3 bohrt die gefügten Teile,
6	Zylinder – MM3 fährt in die Ausgangsstellung zurück.

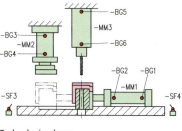

Technologieschema
„Klebe- und Bohrvorrichtung"

[1] Klebezeit t = 30 s

Betriebsmittel		Operand mit Signalzuordnung und Funktion	
Starttaster	– SF3	E 0.1 = 1	Starttaster gedrückt
"	– SF4	E 0.2 = 1	Starttaster gedrückt
Sensor	– BG2	E 0.3 = 1	– MM1 ist ausgefahren
"	– BG4	E 0.4 = 1	– MM2 ist ausgefahren
"	– BG6	E 0.7 = 1	– MM3 ist ausgefahren
"	– BG3	E 0.5 = 1	– MM2 ist eingefahren
"	– BG1	E 0.6 = 1	– MM1 ist eingefahren
"	– BG5	E 1.0 = 1	– MM3 ist eingefahren
Tem.-Fühler Temp		E 1.1 = 1	Mindesttemperatur vorhanden
Magnetspule	– MB1	A 2.1 = 1	Spule Spannung für – MM1 +
"	– MB2	A 2.2 = 1	Spule Spannung für – MM1 –
"	– MB3	A 2.3 = 1	Spule Spannung für – MM2 +
"	– MB4	A 2.4 = 1	Spule Spannung für – MM2 –
"	– MB5	A 2.5 = 1	Spule Spannung für – MM3 +
"	– MB6	A 2.6 = 1	Spule Spannung für – MM3 –
Motor	– MA	A 3.1 = 1	Bohrmotor an; = 0 Bohrmotor aus

a) Entwickeln und zeichnen Sie den Elektro-Pneumatikplan. Verwenden Sie dazu 5/2-Wegeventile nach vorgegebenem Muster.

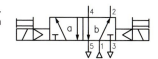

b) Erstellen Sie einen GRAFCET-Plan.
c) Entwickeln Sie das Programm AWL und in FUP.

3/43   Die Steuerung „Schellen-Biegevorrichtung", die im Buch „Fachwissen Industriemechanik" vorgestellt ist, soll als speicherprogrammierbare Steuerung ausgeführt werden.
Entwickln Sie ein Programm für die Ihnen zur Verfügung stehende Hardware. Versuchen Sie dabei, den vorgestellten GRAFCET-Plan zu realisieren.

Erweitern Sie die Bohrvorrichtung um den Zylinder – MM1 zum Zuführen der Werkstücke. (Nachdem der Zylinder – MM1 für die Werkstückzufuhr ausgefahren ist, beginnt der Spannvorgang, danach der Bohrvorschub.)

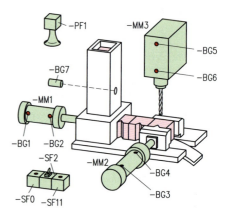

Aufgabenstellung

Einer Bohrvorrichtung sollen Werkstücke aus einem Magazin automatisch zugeführt werden. Sie werden danach pneumatisch gespannt und anschließend selbstständig gebohrt. Die gebohrten Werkstücke werden durch die nachfolgenden Werkstücke aus der Vorrichtung geschoben.

Sobald sich das Magazin leert, soll ein akustisches Signal erfolgen.

Hinweis

Die Bezeichnungen aller Sensoren und Aktoren sowie deren Beschaltung über die Eingänge und Ausgänge am Automatisierungsgerät sollen mit dem bisherigen Projekt „Bohrvorrichtung" übereinstimmen.

Analyse der Steuerung nach dem EVA-Prinzip

Eingabe (Sensoren)		Verarbeitung (Prozessor)	Ausgabe (Aktoren)
– Starttaster	– SF0	Speicher- programmierbare Steuerung	– Stellglied und Zylinder – MM1
– Lichtschranke	– BG7		– für Werkstückzufuhr
– Automatik Ein/Aus	– SF2		– Stellglied und Zylinder – MM2
– Endschalter für ein- gefahrene Zylinder	– BG1, – BG3, – BG5	**SPS**	– zum Spannen
– Endschalter für aus- gefahrene Zylinder	– BG2, – BG4, – BG6		– Stellglied und Zylinder – MM3 – für Bohrvorschub – Signalhorn – PF1
– Halt-Taster	– SF11		

a) Zeichnen Sie den Pneumatikschaltplan.
b) Schreiben Sie eine Zuordnungsliste für die Aufgabenstellung.
c) Zeichnen Sie einen GRAFCET-Plan für die Aufgabenstellung.
d) Schreiben Sie das Programm in AWL für die Aufgabenstellung.
e) Testen Sie das Programm an einem Simulationsmodell, und erstellen Sie ein Prüfprotokoll.

4   Industrieroboter

4/1   Die einzelnen Baugruppen eines Industrieroboters können in einem Gerät einfach oder mehrfach vorkommen.

    a) Nennen Sie Baugruppen, die in der Regel mehrfach vorkommen.

    b) Welche Baugruppe gehört nicht zur Grundausstattung eines Industrieroboters? Begründen Sie Ihre Antwort.

4/2   Welche Funktion erfüllt die Gelenkachse eines Industrieroboters?

4/3   **a)** Um welche Bauarten handelt es sich in den folgenden Darstellungen?

    b) Vergleichen Sie die beiden Roboter-Bauarten hinsichtlich ihres Einsatzgebietes.

Roboter 1

Roboter 2

4/4 Die Darstellung zeigt einen Roboter für Spezialaufgaben, wie sie z. B. in der Automobilindustrie häufig vorkommen.

  a) Welche beiden grundsätzlichen Bauarten sind hierbei kombiniert?

  b) Skizzieren Sie den Arbeitsraum des Roboters in zwei Ansichten.

4/5 **a)** Wie bezeichnet man den dargestellten Roboter?

  b) Für welche Aufgaben wird er vorwiegend eingesetzt?

  c) Wie viel rotatorische und translatorische Achsen besitzt der dargestellte Roboter?

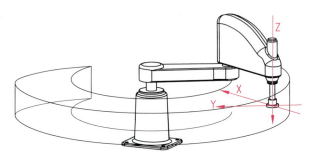

4/6 Geben Sie je zwei Einsatzbeispiele für drei unterschiedliche Greiferarten an. Fertigen Sie zu diesem Zweck eine Tabelle in der dargestellten Art an.

Greiferart	Einsatzbeispiele (Skizze oder Bild)	
	Beispiel 1	Beispiel 2
Zangengreifer		

4/7 Zur Playback-Programmierung verwendet man auch sogenannte Phantomroboter. Dies sind Geräte, die sehr leicht gebaut sind und in ihren Maßen, Achsen und dem Messsystem genau dem Roboter entsprechen.
Welche Vorteile hat der Einsatz eines solchen Phantomroboters bei der Programmierung?

4/8 Zur Teach-in-Programmierung kann die Steuerung von Robotern über Richtungstasten oder mit einem Joystick bedient werden.
Welche Vorteile hat ein solcher Joystick bei der Programmierung?

4/9 Ein Roboter muss Bauteile über ein Hindernis transportieren und dahinter ablegen. Der Programmierer setzt einen Stützpunkt über dem Hindernis an. Ein hinzu kommender Kollege sagt: „Mir wär' das zu riskant, ich hätte zwei Stützpunkte gewählt." Äußern Sie sich dazu.

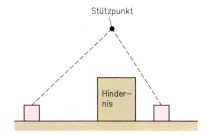

4/10 Für die nachfolgenden Aufgabenbeschreibungen sind Roboterprogramme zu erstellen. (Programmierbefehle siehe Seite 287)

a) **Aufgabenbeschreibung:**
Auf einem Förderband neben der CNC-Station einer flexiblen Fertigungszelle befinden sich Teile, die auf Teileträgern positioniert sind und mithilfe von Paletten auf einem Förderband transportiert werden. Ein solcher Teileträger samt Teil soll von der ruhenden Palette geholt und auf einem Puffer neben dem Förderband abgelegt werden. Ein entsprechendes Programm ist unter Berücksichtigung der notwendigen Planungsschritte zu erstellen.

b) **Aufgabenbeschreibung:**

Auf einem Förderband neben der Lager-Station einer flexiblen Fertigungszelle befinden sich Teile, die auf Teileträgern positioniert sind und mithilfe von Paletten auf einem Förderband transportiert werden. Die Palettennummer wird über vier Sensoren (E1, E2, E3, E4) als Eingangsgrößen digital erfasst. In diesem Sinne gilt: E1=1 und E2=0 und E3=0 und E4=0 → Palette 1 usw.

Ein Teileträger samt Teil soll von der ruhenden Palette, die den Eingang E5=1 setzt, geholt und in einem Rundtischlager mit drei Lagerebenen abgelegt werden. Dabei sind die folgenden Randbedingungen zu berücksichtigen:

– Ablegen des Teileträgers auf der Lagerebene 1, Position 1, wenn es sich um Palette 1 handelt;
– Ablegen des Teileträgers auf Ebene 2, Position 2, bei allen anderen Paletten.

Ein entsprechendes Programm ist unter Berücksichtigung der notwendigen Planungsschritte zu erstellen.

c) **Aufgabenbeschreibung:**

Von einer Übergabestation aus sollen Teile in ein Palettenlager transportiert werden. Die Palette dient zur Positionierung der Teile für einen nachfolgenden Fügevorgang. Der Industrieroboter soll automatisch mit der Palettierung beginnen, sobald ein Teil auf der Übergabestation abgelegt worden ist. Durch das Ablegen wird der Eingang E1 automatisch = 1 gesetzt. Der Automatikbetrieb endet, nachdem neun Teile palettiert worden sind.

Ein entsprechendes Programm ist unter Berücksichtigung der notwendigen Planungsschritte zu erstellen.

Programmierbefehle				
Nr.	Befehl	Format	Beschreibung	Bemerkung
1	ANDIF	ANDIF <var1> <bedingung> <var2>	Eine Anweisung von Typ IF, die mehrere IF-Bedingungen logisch miteinander verknüpft	Verknüpfungen: AND, OR
2	CLOSE	CLOSE	Schließt Greifer bis zum Anschlag	
3	ELSE	ELSE	Die ELSE-Anweisung definiert den Anfang eines Programmteils, der die Schritte für den Fall festlegt, dass das Ergebnis der IF-Anweisung(en) falsch ist (sind)	
4	END	END	Ende des Programms	
5	ENDIF	ENDIF	Ende eines IF-Blocks	
6	GOSUB	GOSUB <prog>	Ruft das Programm namens <prog> auf und führt es aus, beginnend mit der ersten Programmzeile bis zur END-Anweisung. Kehrt anschließend zum aufrufenden Programm zurück und setzt die Programmausführung mit dem der GOSUB-Anweisung folgenden Anweisung fort	
7	GOTO	GOTO <marke>	Springt zu dem der angegebenen LABEL-Markierung folgenden Befehl und setzt das Programm dort fort	
8	IF	IF <var1> <bedingung> <var2>	Bedingte Programmverzweigung, die die Beziehung zwischen den beiden Variablen anhand der Bedingung prüft	Die Bedingungen sind: <, >, f, □, oder =
9	LABEL	LABEL <nummer>	Markiert die Stelle im Programm, an die eine GOTO-Anweisung springt	0□ nummer$f$9999
10	MOVED	MOVED <Position>	Fährt den Roboter mit der aktuellen Geschwindigkeit exakt (ohne Überschleifen) an die angegebene Position	
11	OPEN	OPEN	Öffnet Greifer bis zum Anschlag	
12	SET	SET<var> = <var2>	Weist <var1> den Wert von <var2> zu	
13	SPEED	SPEED <wert>	Setzt die aktuelle Geschwindigkeit für alle Achsen fest	<wert> liegt zwischen 1 u.100
14	WAIT	WAIT <var1> <Bedingung> <var2>	Setzt das Programm so lange aus, bis die Bedingung erfüllt (wahr) wird	Die Bedingungen sind: <, >, f, □, oder =

Hinweise:
[Variablennummern] sind in eckige Klammern zu setzen, z. B. IF IN[1] = 1 (Wenn Eingang 1 = 1)
<Variablen> können Zahlen oder Buchstaben oder Kombinationen aus Zahlen und Buchstaben sein
© by Eshed Robotec (1982) Limited

1   Kreativtechniken

1/1   Ein Mitschüler stellt bei einer Arbeitsprobe fest, dass der Kraftaufwand beim Sägen eines Rohres sehr hoch ist. Da er keine Erklärung für diesen Umstand findet, wird die Frage: „Welche Ursachen führen zu einem erhöhten Kraftaufwand beim Sägen eines Rohres?" in der Klasse bearbeitet. Die Klasse entscheidet sich dafür, die Regeln der kreativen Ideenfindung bei ihrer Arbeit zu beachten. Versetzen Sie sich nun in die Rolle eines Mitschülers, der von der Klasse beauftragt wird, für die Einhaltung der vereinbarten Regeln zu sorgen.

Während der Phase der kreativen Ideenfindung kommt es zu folgenden Ideen und Aussagen:

- „Der Werkstoff ist zu hart."
- „Sägen ist nicht das richtige Verfahren." **Zuruf:** „Das stimmt nicht, ich habe schon mehrere Rohre durchgesägt."
- „Das Sägeblatt ist stumpf."
- „Das Sägeblatt ist falsch eingebaut. Ich musste mal ein ziemlich breites U-Profil auf eine Länge von 100 mm kürzen. Um mir die Arbeit zu erleichtern, habe ich erst einmal ein neues Sägeblatt eingespannt und angefangen zu sägen. Nach einer kurzen Zeit habe ich festgestellt, dass …"
- „Falsches Sägeblatt eingespannt."
- „Falsche Handhabung der Säge." **Zuruf:** „Das kann nicht sein, wir sägen in der Lehrwerkstatt immer so."
- „Das Rohr ist nicht richtig eingespannt."
- „Weil heute Freitag ist."

Bei welchen Aussagen müssen Sie eingreifen, weil die Regeln verletzt werden?
Benennen Sie bei Ihrer Antwort jeweils die Regel, gegen die verstoßen wird.

1/2   Führen Sie in der Klasse ein Brainstorming zum Thema: „Müllvermeidung im Klassenraum" unter folgenden Rahmenbedingungen durch:

- Ein Mitschüler übernimmt die Moderation.
- Ein Mitschüler übernimmt die Beobachterrolle, d. h. er notiert alle Verstöße gegen die Regeln der kreativen Ideenfindung und ordnet sie den nachfolgend dargestellten Kategorien zu.

Regelverstöße	
Vom Moderator erkannt	Vom Moderator nicht erkannt
…	…

- Ein Schüler notiert die Einhaltung der Vorgaben zur Durchführung eines Brainstormings sowie die Abweichungen durch den Moderator.
- Alle anderen Schüler nehmen an dem Brainstorming teil. Die Ideen werden vom Moderator auf Karten geschrieben und an der Tafel befestigt.

Nach der Beendigung des Brainstormings bekommt der Moderator eine Rückmeldung von den beiden Beobachtern, die den Umgang mit den Regeln zur kreativen Ideenfindung und die Einhaltung der Vorgaben zur Durchführung beobachtet haben. Die Rückmeldungen sollten so erfolgen, dass dem Moderator zunächst mitgeteilt wird, was er richtig gemacht hat (Loben) und anschließend die kritischen Punkte genannt werden.
Die Ergebnisse des Brainstormings können von der Klasse als Maßnahmen zur „Müllvermeidung im Klassenraum" vereinbart werden.

1/3   Viele Firmen fordern von ihren Auszubildenden ein hohes Maß an Selbstständigkeit. Offen bleibt jedoch häufig die Antwort auf die Frage: „Wann bin ich selbstständig?"
Versuchen Sie, diese Frage in Ihrer Arbeitsgruppe zu beantworten. Erstellen Sie zu diesem Zweck eine Mindmap zum Thema:

Vergleichen Sie anschließend die Ergebnisse der einzelnen Kleingruppen und diskutieren Sie darüber. Fassen Sie die für die Klasse wichtigen Aktivitäten eines selbstständigen Schülers in einer gemeinsamen Mindmap zusammen.

1/4   Die Bearbeitungszeit für den nebenstehenden Bolzen ist zu hoch. Finden Sie gemeinsam mit Ihren Mitschülern mögliche Ursachen heraus. Erstellen Sie zu diesem Zweck ein Ursache-Wirkungs-Diagramm. Legen Sie anschließend gemeinsam die für die Klasse wahrscheinlichste Ursache fest.

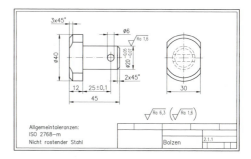

2   Präsentationstechniken

2/1   Lesen Sie die nachfolgenden Textabschnitte unter der Fragestellung „Ziel oder Maßnahme" sorgfältig durch.

1. „Wir stellen fest, welche Fertigungsschritte Vorrang vor anderen haben und legen so eine ausführbare Reihenfolge fest."
2. „Alle für die Fertigung des Bolzens (vgl. Aufgabe KP–4) erforderlichen Arbeitsschritte sind im Arbeitsplan in einer ausführbaren Reihenfolge notiert."
3. „Wir legen zunächst die erforderlichen Arbeitsschritte für die Fertigung des Bolzens anhand der Fertigungszeichnung fest."

a) Entscheiden Sie, ob es sich bei den Textstellen 1. bis 3. jeweils um eine Maßnahme oder um eine Zielumformulierung handelt.
b) Bewerten Sie die Qualität der gefundenen Zielformulierung(en) anhand der Bedingungen für eine aussagekräftige Zielformulierung. Schreiben Sie zu diesem Zweck die gefundene Zielformulierung ab und kennzeichnen Sie die Stellen im Text, durch die sie die Bedingungen erfüllt sehen.

2/2   a) Welche Ziele können mit einer Präsentation verfolgt werden?
b) Formulieren Sie zwei unterschiedliche Präsentationsziele, die Sie im Rahmen ihrer Ausbildung im Betrieb oder in der Berufsschule möglicherweise verfolgen könnten. Die Formulierung muss den Anforderungen an eine aussagekräftige Zielformulierung genügen.

2/3   Um die Zielgruppenbeschreibung für die nächste Präsentation schneller durchführen zu können, haben Sie sich in Ihrer Arbeitsgruppe überlegt, einen Planungsbogen zu entwerfen, der übersichtlich aufgebaut ist und Sie bei der Zielgruppenbeschreibung anhand von Fragen leitet. Der Planungsbogen kann tabellenförmig aufgebaut sein und Felder für Beschreibungen oder zum Ankreuzen enthalten. Entwerfen Sie nun in Ihrer Arbeitsgruppe einen Planungsbogen zur Zielgruppenbeschreibung, der die Vorbereitungszeit zur Planung einer Präsentation reduziert.

2/4   Chemische Elemente können in Metalle, Halbmetalle und Nichtmetalle unterschieden werden.
Der Begriff Halbmetall klingt etwas seltsam. Hier sind Elemente gemeint, die bei höheren Temperaturen Metalleigenschaften besitzen, sich aber bei niedrigen Temperaturen wie Nichtmetalle verhalten.
Zu diesen Halbmetallen gehören Arsen (As), Silizium (Si) und Germanium (Ge). Die genannten Elemente werden u. a. in Halbleitern eingesetzt. Die Metalle werden eingeteilt in Leicht- und Schwermetalle. Die Leichtmetalle haben eine Dichte von unter 4,5 kg/dm^3.
Überführen Sie den vorangestellten Text in eine schematische Darstellung. Ergänzen Sie zu diesem Zweck die nachfolgende Struktur. Tragen Sie auch die Symbole einiger Elemente als Beispiel ein.

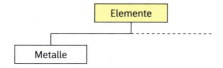

2/5   Wählen Sie für die nachfolgend beschriebenen Präsentationssituationen ein geeignetes Präsentationsmedium aus. Die Auswahlentscheidung ist zu begründen.

1. Die in vier Kleingruppen jeweils auf einem DIN-A4-Blatt entwickelten Montagepläne für die aus zehn Einzelteilen bestehende Lochstanze sind vor den Mitschülern im Klassenraum zu präsentieren. Die vier Lösungen sollen miteinander verglichen werden.

2. Das Strukturnetz zur Montage einer Lochstanze, siehe erste Präsentationssituation, ist vor den Mitschülern im Klassenraum zu präsentieren. Aus den vier in Kleingruppen entwickelten Strukturnetzen soll ein gemeinsam optimiertes Strukturnetz entwickelt und vereinbart werden. Der Planungsprozess bringt es mit sich, dass Vorschläge, die eben dokumentiert wurden, im nächsten Moment wieder korrigiert werden müssen, bis eine zufriedenstellende Lösung vorliegt.

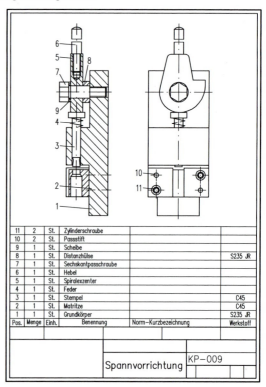

3. Anhand einer Fertigungszeichnung sollen die erforderlichen Fertigungsschritte für die Fertigung einer Anpressbuchse gemeinsam von der gesamten Klasse festgelegt werden.

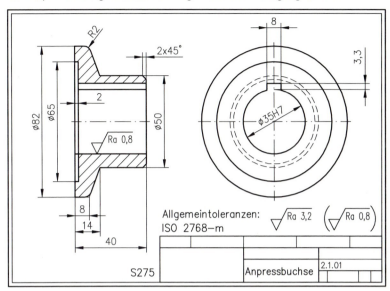

4. Bei der Erstellung einer Fertigungszeichnung gibt es bei einigen Mitschülern Verständnisschwierigkeiten hinsichtlich der Toleranzangabe eines Bolzendurchmessers. Sie haben in Ihrem Fachbuch eine anschauliche Darstellung der Zusammenhänge zwischen Höchstmaß, Mindestmaß und Toleranz entdeckt und glauben, Ihrem Mitschüler anhand dieser Darstellung weiterhelfen zu können. Beim Versuch, die Zusammenhänge zu erklären, kommt es, obwohl alle das Lehrbuch vorliegen haben, immer wieder zur Frage, auf welche Darstellung beziehst du dich im Moment. Es steht Ihnen ein Scanner, PC und Beamer zur Verfügung

2/6 Überprüfen Sie in Ihrem Klassenraum, ob die Hinweise zur Schriftgestaltung in Ihrem Fachbuch hilfreich sind bzw. zutreffen.

a) Erstellen Sie zu diesem Zweck unterschiedliche Schriftproben mit dem Text: „Schriftgestaltung". Die unterschiedlichen Schriftproben sollten die folgenden Gestaltungsregeln berücksichtigen.

	Gestaltungsregel 1	Gestaltungsregel 2
Schriftprobe 1	Druckbuchstaben	Schreibschrift
Schriftprobe 2	Druckbuchstaben in Groß- und Kleinschreibung	Druckbuchstaben nur in Großschreibung
Schriftprobe 3	Druckbuchstaben mit engem Buchstabenabstand	Druckbuchstaben mit weitem Buchstabenabstand

Bei den Schriftproben sollten die Großbuchstaben eine Schrifthöhe von 35 mm aufweisen. Die Ober- und Unterlängen bei der vorgegebenen Schrifthöhe sind entsprechend zu wählen.
Nach der Fertigstellung der Schriftproben sind die Ergebnisse im Klassenraum zu präsentieren, um zu überprüfen, ob die Beachtung der Gestaltungshinweise zu einer besseren Lesbarkeit führt.

b) Überprüfen Sie die „Empfehlung für Schrifthöhe und Zuhörerabstand" in Ihrem Fachbuch, indem Sie ein beliebiges Wort in den Schrifthöhen 15 mm, 25 mm, 35 mm und 45 mm nach den angegebenen Gestaltungsregeln schreiben und von Ihren Mitschülern überprüfen lassen, ob das Wort beim angegebenen Zuhörerabstand lesbar ist.

a) Strukturieren Sie den Text aus „Lernfelder Metalltechnik", Bestellnummer 55030 in Kap. 2.5 (Präsentation planen, durchführen und bewerten) von „Eröffnung" bis „Schluss" mithilfe von Visualisierungselementen. Dabei sind Formen und Farben als Bedeutungsträger einzusetzen und die Visualisierungselemente mit Schlagworten zu beschriften.

b) Strukturieren Sie die Regeln für eine erfolgreiche Präsentation in der nachfolgenden Form.

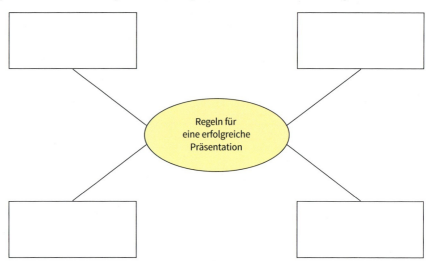

Fächerübergreifende mathematische Übungen

1 Dreisatz mit geradem und umgekehrtem Verhältnis

Beispiel für ein gerades Verhältnis

Eine junge Fachkraft verdient in 8 Stunden 114,08 EUR.
Wie viel verdient sie in einem Monat mit 158 Stunden?

1. Satz: 8 Arbeitsstunden ≙ 114,08 EUR

2. Satz: 1 Arbeitsstunde ≙ $\dfrac{114,08 \text{ EUR}}{8}$

Gerades Verhältnis:
weniger Stunden ≙ weniger EUR

Lösungsverfahren: 8 Stunden ≙ 114,08 EUR
158 Stunden ≙   x   EUR

3. Satz: $\dfrac{114,08 \text{ EUR} \cdot 158}{8} = \underline{2\,253,08 \text{ EUR}}$

Beispiel für ein umgekehrtes Verhältnis

5 Fachkräfte benötigen für die Montage einer Werkzeugmaschine 148 Stunden.
Wie viele Stunden benötigen 4 Fachkräfte?

1. Satz: 5 Fachkräfte ≙ 148 Stunden

2. Satz: 1 Fachkraft ≙ 148 Stunden · 5

Umgekehrtes Verhältnis:
weniger Fachkräfte ≙ mehr Stunden

Lösungsverfahren: 5 Fachkräfte ≙ 148 h
4 Fachkräfte ≙ x h

3. Satz: $\dfrac{148 \text{ h} \cdot 5}{4} = \underline{185 \text{ h}}$

Prozentrechnen

Prozentrechnen ist eine *Sonderform* des Dreisatzrechnens. Wesentlich ist beim Prozentrechnen die Bestimmung der Gesamtmenge, die 100 % darstellt.
Die weitere Rechnung entspricht der Dreisatzrechnung.

Lösen Sie die folgenden Aufgaben mit dem Dreisatz

1/1 An einem Tag werden mit 3 Gesenkbiegemaschinen 1 560 Teile gebogen.
Wie viele Teile können an einem Tag mit 5 dieser Maschinen gebogen werden?

1/2 7 Arbeiter bzw. Arbeiterinnen biegen täglich 294 Rohrschellen.
Wie viele Arbeiter bzw. Arbeiterinnen sind einzusetzen, wenn mind. 378 Schellen pro Tag gebogen werden sollen?

1/3 Beim Stanzen von Blechteilen fallen bei 3 Maschinen in einer Woche 25,5 kg Blechverschnitt an.
Wie viele kg Verschnitt gibt es bei 5 Maschinen in 4 Wochen?

1/4 Auf 4 Maschinen werden in 8 Stunden 640 Werkstücke bearbeitet.
Wie viele Maschinen sind einzusetzen, wenn in 7 Stunden 840 Teile zu bearbeiten sind?

1/5 2 m² Stahlblech von 4 mm Dicke wiegen 62,8 kg.
Wie viele kg wiegen 7 m² von 5,5 mm Dicke?

Lösen Sie folgende Aufgaben zum Prozentrechnen.

1/6 Durch Getriebeschaltung wird die Schnittgeschwindigkeit eines Fräsers von $v_c = 40 \dfrac{\text{m}}{\text{min}}$ um 8 % gesteigert.
Berechnen Sie die erhöhte Schnittgeschwindigkeit.

1/7 Bei der Herstellung einer Blechschutzhaube wurden $A = 4{,}5$ m² Stahlblech verarbeitet. Dabei entstand $A_v = 0{,}65$ m² Abfall.
Wie groß ist der Abfall in % bezogen auf die Rohteilgröße?

1/8 Nach einer Preiserhöhung von 6,5 % kostet ein Werkzeug 427,50 EUR.
Berechnen Sie die Preiserhöhung in EUR.

1/9 Ein Draht wurde beim Ziehen von 500 m Länge auf 560 m Länge in einem Zug gezogen.
Berechnen Sie die Verlängerung beim Ziehvorgang in %.

1/10 Durch Rationalisierung wurde die Stückzahl N_1 einer Produktion um 8,5 % = 65 Stück pro Tag erhöht.
Wie groß war die Stückzahl vor und nach der Rationalisierung?

2 Gleichungen

Eine Gleichung hat zwei mathematische Ausdrücke, die durch Gleichheitszeichen verbunden sind. Beim Umformen muss die Gleichheit erhalten bleiben.
Zur Lösung von Aufgaben muss die gesuchte Größe
  – allein auf einer Seite stehen,   – ein positives Vorzeichen haben.

Beispiel: *Gegeben:* $V = \dfrac{A \cdot h}{3}$ *Gesucht: h*

Lösungsschritte: $3 \cdot V = \dfrac{A \cdot h \cdot \cancel{3}}{\cancel{3}}$ $\Big|$ $\cdot 3$

$\dfrac{3 \cdot V}{A} = \dfrac{\cancel{A} \cdot h}{\cancel{A}}$ $\Big|$ $: A$

$h = \dfrac{3 \cdot V}{A}$

Stellen Sie die Gleichungen nach der fett gekennzeichneten Größe um.

2/1 $U_B = \dfrac{d \cdot \pi}{360°} \cdot \boldsymbol{\alpha}$

2/2 $A = \dfrac{d^2 \cdot \pi \cdot \boldsymbol{\alpha}}{4 \cdot 360°}$

2/3 $V = \dfrac{d \cdot \pi}{4} \cdot \dfrac{\boldsymbol{l}}{3}$

2/4 $A_M = \dfrac{a + a_1}{2} \cdot \boldsymbol{h} \cdot n$

2/5 $V = \dfrac{1}{6} \cdot (A + A_1 + 4 \cdot \boldsymbol{A_M})$

2/6 $l = d_m \cdot \pi \cdot (\boldsymbol{n} + 2)$

2/7 $m = \dfrac{d^2 \cdot \pi}{4} \cdot \boldsymbol{l} \cdot \varrho$

2/8 $M_t = \dfrac{\boldsymbol{P} \cdot 71\,620}{n}$

2/9 $Y_o = \dfrac{2 \cdot r \cdot \boldsymbol{s}}{3 \cdot b}$

2/10 $t_h = \dfrac{l}{s \cdot n} \cdot \boldsymbol{z}$

2/11 $\dfrac{D}{2} \cdot t \cdot p_e = (t - d_1) \cdot \boldsymbol{s} \cdot \sigma_{zzul}$

2/12 $t_h = \dfrac{\boldsymbol{d}}{2 \cdot s \cdot n} \cdot z$

2/13 $F = \dfrac{(d^2 - d_1^2) \cdot \pi}{4} \cdot p \cdot \boldsymbol{n}$

2/14 $t_h = \dfrac{D - \boldsymbol{d}}{2 \cdot s \cdot n} \cdot z$

2/15 $F_1 = \dfrac{\boldsymbol{F_2} \cdot r \cdot r_1}{R \cdot R_1}$

2/16 $t = \dfrac{2 \cdot \boldsymbol{s}}{v_a + v_e}$

2/17 $F_2 = \dfrac{F_1 \cdot 2 \cdot \boldsymbol{R}}{R - r}$

2/18 $P = \dfrac{F \cdot \boldsymbol{s}}{t \cdot \mu}$

2/19 $F_2 = \dfrac{F_1 \cdot 2 \cdot \boldsymbol{r} \cdot \pi \cdot n}{1\,000 \cdot 60}$

2/20 $P = \dfrac{F_r \cdot v}{\eta \cdot 1\,000}$

2/21 $F_2 = \dfrac{\boldsymbol{F_1} \cdot 2 \cdot r \cdot \pi}{h}$

2/22 $a = \dfrac{d_1 + \boldsymbol{d_2}}{2}$

2/23 $P = \dfrac{b \cdot s_z \cdot z \cdot \boldsymbol{F_1} \cdot d \cdot \pi \cdot n}{2 \cdot 1\,000 \cdot 60 \cdot \eta \cdot 1\,000}$

2/24 $F = \dfrac{d + s}{2} \cdot \boldsymbol{F_1}$

2/25 $a = b \cdot s + (s - \boldsymbol{c})^2 \cdot \tan\dfrac{\alpha}{2}$

2/26 $V = L \cdot \dfrac{\boldsymbol{D^2} - d^2}{2}$

2/27 $\tan\dfrac{\alpha}{2} = \dfrac{\boldsymbol{D} - d}{2 \cdot l}$

2/28 $s = v_a \cdot t - \dfrac{a \cdot \boldsymbol{t}^2}{2}$

3 Lehrsatz des Pythagoras

Für rechtwinklige Dreiecke gilt:
Das Hypotenusenquadrat ist gleich der Summe der Kathetenquadrate.

Formel

$$c^2 = a^2 + b^2$$

Bezeichnungen

c Hypotenuse

a Kathete

b Kathete

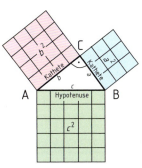

Lösen Sie folgende Aufgaben mithilfe des Lehrsatzes des Pythagoras.

3/1   Berechnen Sie die jeweils fehlende Seite.

a	b	c
200 mm	400 mm	? mm
13 cm	? cm	200 mm
? mm	2 m	40 dm

3/2   An eine Welle soll ein Vierkant mit 20 mm Schlüsselweite angearbeitet werden. Welchen Durchmesser muss die Welle an der zu bearbeitenden Stelle haben, wenn der Vierkant scharfkantig herausgearbeitet werden soll?

3/3   An eine Welle von 40 mm Durchmesser soll ein scharfkantiger Vierkant gefräst werden. Welche Seitenlänge hat er?

3/4   Die Rechtwinkligkeit eines Rahmens von 850 mm x 1 400 mm wird über die Diagonale geprüft. Wie lang ist diese?

3/5   Wie lang ist die Raumdiagonale eines Würfels von 50 mm Kantenlänge?

3/6   An einen runden Zapfen soll ein Sechskant mit der Schlüsselweite von 17 mm gefräst werden. Berechnen Sie den Durchmesser, den der Zapfen mindestens haben muss.

3/7   Ein Spiralbohrer von $d = 26$ mm Durchmesser hat bei einem bestimmten Anschliff eine Spitzenhöhe von $0,4 \cdot d$. Wie lang ist seine Schneidkante c?

3/8   Ein Stanzstempel hat den Querschnitt eines gleichseitigen Dreiecks mit der Kantenlänge $a = 42$ mm. Wie groß ist die Fläche A des Stempelquerschnittes?

3/9   Eine rechteckige Blechwand mit den Maßen $a = 4,85$ m und $b = 2,6$ m wird einseitig mit 2 Diagonalverstrebungen versteift. Wie viel Meter Material (l) sind dazu nötig?

3/10 Ein rechtwinkelig-gleichschenkliger Dachbinder hat die Kathetenlänge $a = 4,52$ m.
 a) Wie groß ist seine Diagonallänge c?
 b) Wie groß ist die Höhe l?

4 Proportionen

Bildet man aus zwei gleichwertigen Verhältnissen eine Gleichung, so erhält man eine Proportion.
Schreibweise der Proportionen:

$$a : b = c : d \quad \text{oder} \quad \frac{a}{b} = \frac{c}{d}$$

Beispiel: $\quad 1 : 3 = 2 : 6 \quad \text{oder} \quad \frac{1}{3} = \frac{2}{6}$

Bei Proportionen ist das Produkt der Innenglieder gleich dem Produkt der Außenglieder (Produktengleichung).

$$\text{Proportion: } a : b = c : d \quad \text{Produktengleichung: } b \cdot c = a \cdot d$$

Beispiel: $\quad$ Proportion: $1 : 3 = 2 : 6$ $\quad$ Produktengleichung: $3 \cdot 2 = 1 \cdot 6$

Lösen Sie die folgenden Aufgaben mithilfe der Proportionen.

4/1 Berechnen Sie die Werte für x.

a) $1 : 5 = 3 : x$ $\qquad$ c) $3,5 : 14 = x : 4$ $\qquad$ e) $\frac{1}{2} : \frac{1}{6} = x : 27$

b) $4 : x = 12 : 60$ $\qquad$ d) $: x = 4 : 24$ $\qquad$ f) $0,25 : 2 = 75 : x$

4/2 Prüfen Sie die Ergebnisse der vorherigen Aufgaben 4/1 a) bis f) mithilfe der Produktengleichung.

4/3 Ein Zugstab muss einen Querschnitt von 150 mm² haben. Die Längen der Kanten sollen sich dabei wie 2:3 verhalten.
Berechnen Sie die Kantenlängen a und b.

5 Maßstäbe

Der Maßstab (Zeichnungsmaßstab) gibt das Verhältnis einer gezeichneten Länge zu ihrer wirklichen Größe an.

Genormte Maßstäbe

Natürlicher Maßstab
1:1

Vergrößerungsmaßstäbe
50:1 $\quad$ 20:1 $\quad$ 10:1
$\quad$ 5:1 $\quad$ 2:1

Verkleinerungsmaßstäbe
1:2 $\quad$ 1:5 $\quad$ 1:10
1:20 $\quad$ 1:50 $\quad$ 1:100
1:200 $\quad$ 1:500 $\quad$ 1:1 000

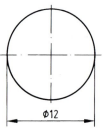

Merke: Maßstab 1:100 bedeutet 1 mm in der Zeichnung ≙ 100 mm in der Wirklichkeit.

5/1 Berechnen Sie die fehlenden Angaben.

Maßstab	Werkstück	Zeichnungsmaß
1:1	45 mm	?
5:1	?	52,5 mm
1:10	2,5 m	?
?	3,7 cm	185 mm

Maßstab	Werkstück	Zeichnungsmaß
?	0,25 mm	2,5 mm
2:1	?	320 mm
1:5	40 dm	?
1:20	4,25 m	?

5/2 Die beiden Zeichnungen sollen im angegebenen Maßstab gezeichnet werden.
Werkstück **A** in **M 1:5** und Werkstück **B** in **M 2:1**

    a) Legen Sie für die beiden Werkstücke je eine entsprechende Maßtabelle (wie in Aufgabe **5/1**) an, und ermitteln Sie alle Zeichnungsmaße.

    b) Erstellen Sie mit diesen Maßen die beiden Zeichnungen.

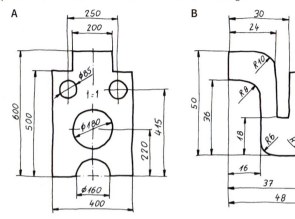

6 Strahlensätze

Werden zwei Strahlen, die von einem Punkt ausgehen, von Parallelen geschnitten, so bestehen zwischen gleich liegenden Abschnitten gleiche Verhältnisse.

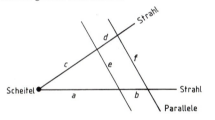

1. Strahlensatz

$$a : b = c : d$$

2. Strahlensatz

$$a : (a + b) = e : f$$

Aus den Strahlensätzen ergeben sich Verhältnisse an ähnlichen Dreiecken:
Dreiecke mit gleichen Winkeln sind einander ähnlich. In **ähnlichen Dreiecken** bilden gleich liegende Seiten gleiche Verhältnisse.

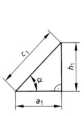 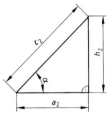

$$a_1 : h_1 = a_2 : h_2$$
$$c_1 : h_1 = c_2 : h_2$$
$$a_1 : c_1 = a_2 : c_2$$

Lösen Sie folgende Aufgaben über Verhältnisse in ähnlichen Dreiecken bzw. nach Strahlensätzen.

6/1 An einem Dreieckfenster sollen die Maße $a_1 = 2{,}1$ m,
$a_2 = 3{,}15$ m, $h_1 = 1{,}05$ m und $c_1 = 2{,}35$ m betragen.
Berechnen Sie die fehlenden Maße.

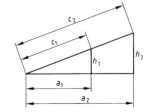

6/2 Berechnen Sie die fehlenden Maße.

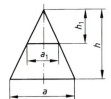

a	h	a_1	h_1
40 mm	120 mm	? mm	90 mm
5 m	? m	3 m	9 m
6 dm	75 cm	0,4 m	? m
? cm	10 m	50 dm	2 m

6/3 Bei einem rechteckigen Blech sollen sich die beiden Seiten a und b wie 2:5 verhalten. Das Blech soll eine Fläche von 1 000 mm² haben.
Berechnen Sie die Seiten a und b.

6/4 Berechnen Sie jeweils das Maß x.

a)
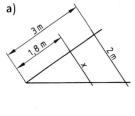

b)
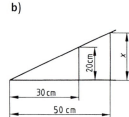

c)
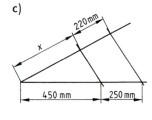

---

7 Winkelfunktionen

In ähnlichen Dreiecken stehen gleich liegende Seiten in gleichem Verhältnis. Für rechtwinkelige Dreiecke sind diese Verhältnisse in Tabellen als Winkelfunktionen aufgeführt und werden speziell bezeichnet.

$$\sin \alpha = \frac{\text{Gegenkathete}}{\text{Hypotenuse}} = \frac{\text{Gk}}{\text{Hyp}}$$

$$\cos \alpha = \frac{\text{Ankathete}}{\text{Hypotenuse}} = \frac{\text{Ak}}{\text{Hyp}}$$

$$\tan \alpha = \frac{\text{Gegenkathete}}{\text{Ankathete}} = \frac{\text{Gk}}{\text{Ak}}$$

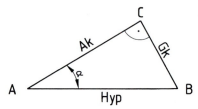

7/1 Berechnen Sie das fehlende Maß x.

a)
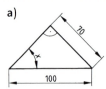

b)

c)

d)
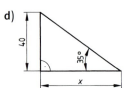

e) f)
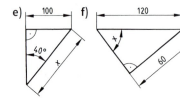

g)

h) i)

7/2 Berechnen Sie für das Sinuslineal die Endmaßdicken h, die für die angegebenen Winkel untergelegt werden müssen. Geben Sie die Ergebnisse in Millimeter und drei Stellen hinter dem Komma an. Die Länge des Sinuslineals beträgt $l_1 = 500$ mm.

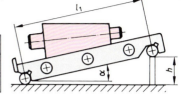

	a)	b)	c)	d)	e)	f)	g)
Winkel α	10°	15°	20°	25°	30°	12,4°	8° 42' 25"
Endmaßdicke h	?	?	?	?	?	?	?

7/3 Berechnen Sie die fehlenden Maße. Skizzieren Sie zu jeder Aufgabe ein rechtwinkliges Lösungsdreieck und tragen Sie die zur Berechnung notwendigen Maße ein.

3.1
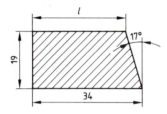

3.2
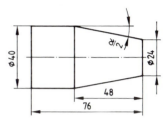

3.3
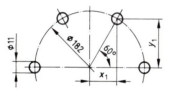

3.4
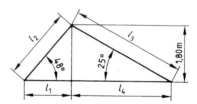

3.5
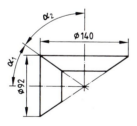

3.6
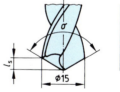

σ	l_s
80°	?
118°	?
140°	?

3.7
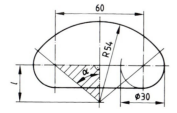

3.8
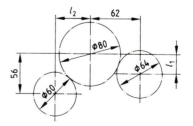

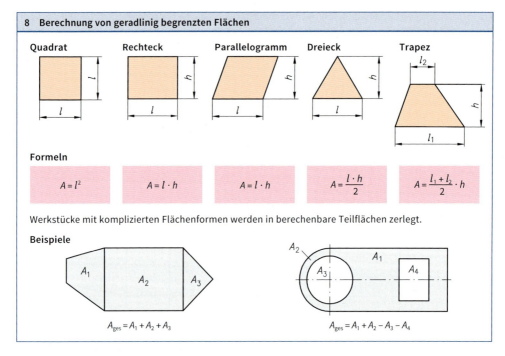

Quadrat	Rechteck	Parallelogramm	Dreieck	Trapez

Formeln

$$A = l^2 \qquad A = l \cdot h \qquad A = l \cdot h \qquad A = \frac{l \cdot h}{2} \qquad A = \frac{l_1 + l_2}{2} \cdot h$$

Werkstücke mit komplizierten Flächenformen werden in berechenbare Teilflächen zerlegt.

Beispiele

$$A_{ges} = A_1 + A_2 + A_3 \qquad\qquad A_{ges} = A_1 + A_2 - A_3 - A_4$$

8/1   Berechnen Sie den Flächeninhalt der folgenden Flächen in mm², cm² und in dm². Skizzieren Sie zur Lösung jeden Umriss ab, und tragen Sie die Flächenaufteilung ein.

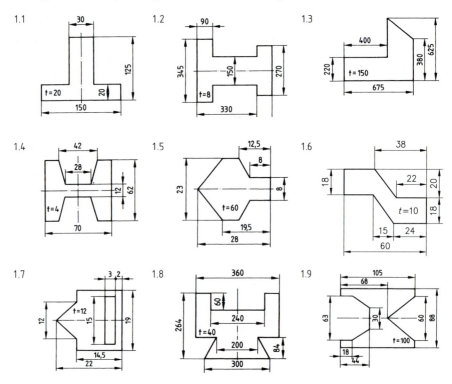

1.1   1.2   1.3

1.4   1.5   1.6

1.7   1.8   1.9

9 Berechnung von Kreisflächen und Ellipsen

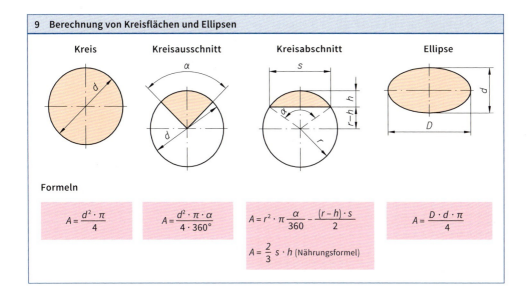

| Kreis | Kreisausschnitt | Kreisabschnitt | Ellipse |

Formeln

$$A = \frac{d^2 \cdot \pi}{4}$$

$$A = \frac{d^2 \cdot \pi \cdot \alpha}{4 \cdot 360°}$$

$$A = r^2 \cdot \pi \frac{\alpha}{360} - \frac{(r-h) \cdot s}{2}$$

$$A = \frac{D \cdot d \cdot \pi}{4}$$

$$A = \frac{2}{3} s \cdot h \text{ (Näherungsformel)}$$

9/1 Übernehmen Sie die Tabelle, und rechnen Sie die gesuchten Größen aus.

	Kreis			Kreisausschnitt		
	a)	b)	c)	d)	e)	f)
Durchmesser d	140 mm	? mm	? cm	266 mm	46,5 cm	? dm
Zentrumswinkel α	–	–	–	290°	?°	142°
Fläche A	? cm²	10,19 cm²	36,7453 dm²	? dm²	10,19 dm²	1,0488 m²

9/2 Berechnen Sie den Flächeninhalt der folgenden Flächen in mm² und in cm². Skizzieren Sie zur Lösung jeden Umriss ab, und tragen Sie die Flächenaufteilung ein.

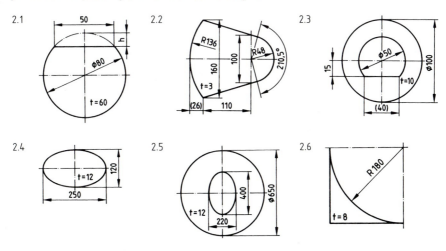

2.1
2.2
2.3
2.4
2.5
2.6

301

10 Volumenberechnung von Säulen

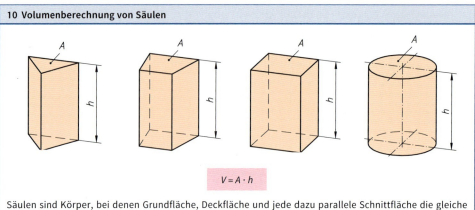

$$V = A \cdot h$$

Säulen sind Körper, bei denen Grundfläche, Deckfläche und jede dazu parallele Schnittfläche die gleiche Form und Größe haben.

10/1 Übernehmen Sie die Tabelle zur Berechnung an Rundsäulen, und rechnen Sie die gesuchten Größen aus.

	a)	b)	c)	d)	e)	f)
Druchmesser d	6 mm	? mm	? mm	280 mm	? mm	2,2 mm
Fläche A	? cm²	452,39 cm²	3019 mm²	? cm²	? cm²	? cm²
Höhe h	1,4 m	64 cm	? cm	? mm	11,4 dm	? m
Volumen V	? cm³	? cm³	1449,15 cm³	21243,45 cm³	5590346 cm³	334,52 cm³

10/2 Berechnen Sie das Volumen folgender Werkstücke in mm³, cm³ und dm³. Skizzieren Sie jeweils das Werkstück ab, und tragen Sie gegebenenfalls die Aufteilung mit Benennung ein.

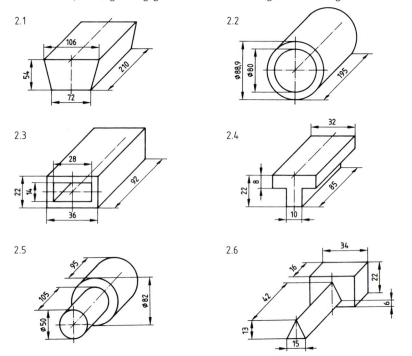

11 Volumenberechnung von Kegel, Pyramide, Kegel- und Pyramidenstumpf

Kegel und Pyramide

Kegel- und Pyramidenstumpf

$A_{\text{Deckf.}}$

A_{Mitte}

A_{Boden}

$d_M = \dfrac{d_{\text{Boden}} \cdot d_{\text{Deckf.}}}{2}$

$V = \dfrac{A \cdot h}{3}$

$V = \dfrac{h}{6}\left(A_{\text{Deckf.}} + A_{\text{Boden}} + 4 \cdot A_{\text{Mitte}}\right)$

11/1 Übernehmen Sie die Tabelle, und rechnen Sie die gesuchten Größen aus.

	Kegel			Pyramide		
	a)	b)	c)	d)	e)	f)
Durchmesser d	12,4 cm	? cm	35,7 cm	–	–	–
Bodenlänge l_1	–	–	–	–	180 mm	48 cm
Bodenbreite l_2	–	–	–	–	180 mm	36 cm
Höhe h	96 mm	360 mm	? cm	88 mm	24,5 cm	? cm
Bodenfläche A	? cm²	2 498,32 cm²	? dm²	? dm²	? cm²	? dm²
Fläche A	? cm³	? cm³	226,689 dm³	67,18 dm³	? dm³	23,904 dm³

11/2 Berechnen Sie die gesuchten Maße des Trichters:

a) das maximale Füllvolumen V_{max} in dm³ und cm³,

b) den Durchmesser d_1 des Trichters und das Einfüllvolumen V_1 bei einer Füllhöhe von $h_1 = 150$ mm,

c) die Einfüllhöhe h_2 und den Durchmesser d_2 des Trichters bei dem Einfüllvolumen von $V_3 = 1$ l.

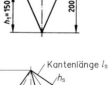

11/3 Die Cheopspyramide hatte ursprünglich eine quadratische Bodenfläche mit einer Seitenlänge von $l = 230{,}38$ m und eine Höhe von $h = 146{,}6$ m.

a) Wie groß war das Volumen der Cheopspyramide in m³?

b) Wie groß war der Neigungswinkel der Seitenflächen zur Senkrechten?

c) Wie groß waren die Höhe und die seitlichen Kantenlängen der Seitenflächen?

11/4 Berechnen Sie die Volumina der dargestellten Werkstücke in mm³, cm³, dm³ und m³.

a)

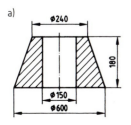

b)

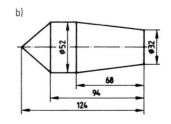

303

12 Masseberechnung von Werkstücken

Masse = Volumen · Dichte

Formel

$$m = V \cdot \varrho$$

z. B.: $[m] = cm^3 \cdot \dfrac{g}{cm^3}$

Für die Berechnung einer Masse sollte die Dichte so gewählt werden, dass sich kleinere Maßzahlen ergeben, z. B.
- kleine Werkstücke → Dichte in g/cm^3 und Volumen in cm^3
- mittlere Werkstücke → Dichte in kg/dm^3 und Volumen in dm^3
- große Werkstücke → Dichte in t/m^3 und Volumen in m^3

12/1 Berechnen Sie die Massen der dargestellten Werkstücke.

1.1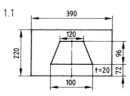

Schneidplatte $\varrho = 7{,}85 \dfrac{kg}{dm^3}$

1.2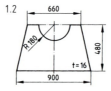

Stützblech $\varrho = 7{,}85 \dfrac{kg}{dm^3}$

1.3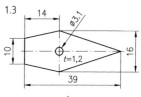

Zeiger $\varrho = 2{,}7 \dfrac{kg}{dm^3}$

1.4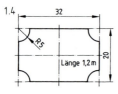

Zierprofil $\varrho = 8{,}5 \dfrac{kg}{dm^3}$

1.5

Radienschablone $\varrho = 7{,}85 \dfrac{kg}{dm^3}$

1.6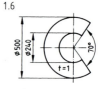

Zeiger Reduzierstück: $\varrho = 7{,}85 \dfrac{kg}{dm^3}$

1.7

Rohr $\varrho = 7{,}4 \dfrac{kg}{dm^3}$

1.8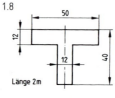

T-Profil $\varrho = 8{,}4 \dfrac{kg}{dm^3}$

1.9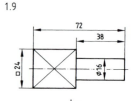

Zapfen $\varrho = 2{,}7 \dfrac{kg}{dm^3}$

1.10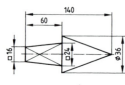

Hörnchen $\varrho = 7{,}85 \dfrac{kg}{dm^3}$

1.11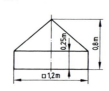

Gegengewicht $\varrho = 7 \dfrac{kg}{dm^3}$

1.12

Abdeckblech $\varrho = 7{,}85 \dfrac{kg}{dm^3}$

12/2 65 kg Schmieröl mit einer Dichte von $\varrho = 0{,}91$ kg/dm³ sollen in Kanister mit 5 l Fassungsvermögen gefüllt werden.

a) Wie viele Kanister werden benötigt?
b) Wie groß ist das Füllvolumen für den letzten Kanister, wenn alle anderen vollständig gefüllt sind?

13 Gewichtskraftberechnung

Kräfte bewirken Form-, Geschwindigkeits- oder Richtungsänderungen. Die Einheit der Kraft ist das **Newton** (N).

Die Kraft, mit der eine Masse von der Erde angezogen wird, nennt man Gewichtskraft F_G. Eine Masse erfährt durch die Erdanziehung auf dem 45. Breitengrad in Meereshöhe die Beschleunigung von $g = 9{,}81$ m/s².

Formel	Formelzeichen	Vereinfachung
$F_G = m \cdot g$	F_G Gewichtskraft m Masse g Erdbeschleunigung	Wird die Beschleunigung g zur Bestimmung der Gewichtskraft verwendet, so kann man als Faktor mit der Maßeinheit N/kg die Größe $g = 9{,}81$ N/kg einsetzen.

$$F_G = 1 \text{ kg} \cdot 9{,}81 \, \frac{\text{m}}{\text{s}^2}$$

$$F_G = 9{,}81 \, \frac{\text{kg} \cdot \text{m}}{\text{s}^2} = \textbf{9,81 N}$$

$$F_G = 1 \text{ kg} \cdot 9{,}81 \, \frac{\text{N}}{\text{kg}}$$

$$F_G = 9{,}81 \, \frac{\text{kg} \cdot \text{N}}{\text{kg}} = \textbf{9,81 N}$$

Umrechnungen

1 MN = 1000 kN = 1 000 000 N; 1 N = 1000 mN

Kräfte werden vielfach über die Verformung von Federn mit geeichten Kraftmessern bestimmt.

13/1 Berechnen Sie die fehlenden Werte.

	a)	b)	c)	d)	e)	f)	g)	h)	i)	j)
Masse	10 kg	800 g	2 t	? g	? t	? g	? g	560 kg	? kg	? g
Gewichtskraft in N	?	?	?	1	1000	?	?	?	680	0,2
Gewichtskraft in kN	?	?	?	?	?	–	–	?	?	–
Gewichtskraft in mN	–	?	–	?	–	50	600	–	?	?

13/2 Ein Kranseil darf höchstens mit 4500 N belastet werden.

a) Wie groß ist die Belastung in kN?

b) Mit welcher Masse in kg darf das Seil maximal belastet werden?

13/3 Ein Stahlgewicht mit der Kantenlänge von 1500 mm x 450 mm x 450 mm aus Stahl ($\varrho = 7{,}85$ kg/dm³) wird zum Beschweren auf den Oberkasten einer Gießform gelegt.

a) Wie groß ist die Masse des Stahlgewichtes in kg und t?

b) Berechnen Sie die Gewichtskraft in kN und MN.

13/4 In einer Gießerei hängt eine Gießpfanne mit flüssigem Gusseisen an einem Kranseil. Die Gewichtskraft wird mit 412 MN angezeigt.

a) Wie groß ist die Gewichtskraft in kN und N?

b) Wie groß ist die Masse von Pfanne und Gusseisen in t und kg?

13/5 Ein Heizöltank hat ein Fassungsvermögen von 8500 l und ein Leergewicht von 185 kg.

a) Wie groß ist die Gesamtmasse in kg und t, wenn der Tank gefüllt ist ($\varrho = 0{,}8$ kg/l)?

b) Wie groß ist die Gesamtgewichtskraft in Newton und Meganewton?

Bildquellenverzeichnis

|Alpen-Maykestag GmbH, Puch: 56.7. |BMW AG, München: 130.3. |CO typomedia GmbH, Dortmund: 159.2, 167.4, 168.2, 196.8, 210.3, 284.3. |Di Gaspare, Michele (Bild und Technik Agentur für technische Grafik und Visualisierung), Bergheim: Titel, 11.1, 11.3, 16.4, 20.6, 21.1, 22.1, 22.2, 22.3, 23.1, 28.1, 30.1, 30.2, 33.1, 38.3, 38.4, 38.5, 39.2, 40.2, 40.3, 40.4, 42.1, 42.2, 42.3, 42.4, 42.5, 42.6, 43.1, 45.2, 50.2, 50.3, 50.4, 52.2, 52.3, 55.4, 55.5, 56.8, 56.9, 57.1, 57.5, 59.3, 63.1, 69.1, 69.3, 69.4, 70.1, 70.3, 73.5, 77.3, 84.2, 84.3, 86.1, 86.2, 88.2, 94.1, 96.1, 97.3, 97.4, 109.3, 109.4, 109.5, 111.2, 114.1, 114.2, 115.1, 115.2, 115.3, 122.1, 126.1, 128.1, 130.1, 130.2, 133.1, 136.1, 138.1, 139.1, 139.2, 139.3, 142.1, 144.3, 147.2, 147.3, 147.4, 150.1, 152.1, 154.4, 158.1, 159.1, 160.3, 162.4, 164.1, 165.1, 165.2, 165.3, 165.4, 166.2, 166.3, 166.4, 169.2, 171.3, 172.2, 178.1, 179.1, 179.2, 179.3, 179.4, 180.1, 180.2, 181.1, 181.2, 181.3, 181.4, 181.5, 183.1, 183.2, 183.3, 184.1, 184.2, 184.3, 185.1, 185.2, 186.1, 187.1, 187.2, 189.1, 192.5, 192.6, 195.3, 198.3, 198.4, 199.1, 200.4, 203.5, 204.1, 204.2, 205.1, 207.3, 208.2, 208.3, 209.1, 209.4, 210.1, 211.2, 212.1, 213.1, 218.1, 218.2, 218.3, 219.1, 219.2, 219.3, 220.1, 220.2, 220.3, 220.4, 220.5, 220.6, 220.7, 220.8, 220.9, 220.10, 220.11, 220.12, 220.13, 220.14, 220.15, 220.16, 220.17, 221.1, 221.2, 222.1, 223.1, 224.1, 226.1, 226.2, 226.3, 227.1, 229.1, 229.2, 230.1, 230.2, 231.1, 231.2, 231.3, 231.4, 232.1, 233.1, 234.2, 236.1, 236.2, 237.1, 237.2, 238.1, 239.1, 239.2, 240.1, 240.2, 244.1, 245.1, 246.1, 247.1, 252.1, 253.1, 254.1, 258.1, 260.2, 266.1, 267.1, 268.1, 272.2, 272.3, 273.1, 274.1, 274.2, 274.3, 275.1, 275.2, 276.1, 276.2, 276.3, 276.4, 276.5, 277.1, 277.2, 277.3, 277.4, 278.1, 279.1, 279.2, 280.1, 280.2, 280.3, 281.1, 281.2, 282.1, 284.2, 285.1, 289.2, 290.1, 291.1, 300.1, 300.2, 300.3, 300.4, 300.5, 300.6, 300.7, 301.1, 301.2, 301.3, 301.4, 302.1, 302.2, 302.3, 302.4, 303.1, 303.2, 303.3, 303.4, 303.6. |Festo Didactic SE, Denkendorf: alle Rechte vorbehalten 169.1. |Georg Kesel GmbH & Co. KG, Kempten im Allgäu: 57.2. |GILLARDON oHG, Gemmingen: 168.4. |Gimex Dr. Gao Import & Export GmbH, Kaiserslautern: 20.5. |HACHENBACH Präzisionswerkzeuge GmbH & Co. KG, Ehringhausen: 55.1, 55.2, 55.3. |Hegewald & Peschke MPT GmbH, Nossen: 223.2. |HEINRICH KIPP WERK GmbH & Co. KG, Sulz am Neckar: 214.1. |Heinrich Klar Schilder- u. Etikettenfabrik GmbH & Co. KG, Wuppertal: 102.1, 102.2, 102.3, 102.4, 102.5, 102.6, 102.7, 102.8, 102.9, 102.10, 102.11, 102.12, 103.1, 107.3, 107.4, 107.5, 193.1, 193.2, 193.3, 193.4, 193.5. |Hengesbach, Klaus, Meschede: 264.1. |Hoffmann SE, 2022, München: 2020 55.6, 56.1, 56.2. |InfraTec GmbH Infrarotsensorik und Messtechnik, Dresden: Mit freundlicher Unterstützung der InfraTec GmbH (www.infratec.de) 180.3. |Knuth Werkzeugmaschinen GmbH - www.knuth.de, Wasbek: 182.1. |KUKA Aktiengesellschaft, Augsburg: 283.1, 283.2. |Lehberger, Jürgen, Attendorn: 284.1, 285.2, 286.1, 286.2. |Lux, Stefan, Castrop-Rauxel: 71.1. |Mahr GmbH, Göttingen: 180.4. |Müser, Detlef, Bochum: 66.2, 66.3, 66.4. |Pyzalla, Georg, Schwerte: 121.2, 162.2. |Ruhrstadtmedien, Castrop-Rauxel: 10.1, 11.2, 11.4, 11.5, 12.1, 12.2, 12.3, 12.4, 12.5, 13.1, 14.1, 14.2, 14.3, 15.1, 15.2, 15.3, 15.4, 15.5, 15.6, 16.1, 16.2, 16.3, 16.5, 16.6, 17.1, 17.2, 18.1, 18.2, 19.1, 19.2, 19.3, 19.4, 19.5, 19.6, 19.7, 19.8, 19.9, 20.1, 20.2, 20.3, 20.4, 24.1, 24.2, 26.1, 26.2, 26.3, 27.1, 27.2, 27.3, 27.4, 27.5, 27.6, 27.7, 28.2, 29.1, 29.2, 34.1, 35.1, 35.2, 35.3, 35.4, 35.5, 36.1, 37.1, 38.1, 38.2, 38.6, 39.1, 40.1, 40.5, 41.1, 41.2, 41.3, 41.4, 42.7, 43.2, 44.1, 44.2, 44.3, 45.1, 46.1, 46.2, 46.3, 47.1, 47.2, 47.3, 47.4, 47.5, 47.6, 47.7, 47.8, 48.1, 48.2, 49.1, 49.2, 50.1, 51.1, 51.2, 52.1, 53.1, 54.1, 54.2, 54.3, 54.4, 56.3, 56.4, 56.5, 56.6, 57.3, 57.4, 58.1, 58.2, 59.1, 59.2, 59.4, 61.1, 61.2, 61.3, 61.4, 61.5, 62.1, 62.2, 63.2, 64.1, 65.1, 66.1, 67.1, 67.2, 68.1, 69.2, 69.5, 69.6, 69.7, 70.2, 70.4, 72.1, 73.1, 73.2, 73.3, 73.4, 74.1, 74.2, 74.3, 74.4, 75.1, 75.2, 75.3, 75.4, 76.1, 76.2, 76.3, 76.4, 77.1, 77.2, 78.1, 78.2, 78.3, 78.4, 79.1, 79.2, 79.3, 79.4, 80.1, 80.2, 80.3, 81.1, 82.1, 83.1, 83.2, 84.1, 85.1, 87.1, 88.1, 89.1, 89.2, 90.1, 90.2, 91.1, 91.2, 91.3, 91.3, 91.4, 92.1, 92.2, 92.3, 92.4, 93.1, 93.2, 93.3, 93.4, 95.1, 96.2, 96.3, 96.4, 97.1, 97.2, 98.1, 98.2, 98.3, 99.1, 100.1, 100.2, 101.1, 101.2, 101.3, 101.4, 101.5, 104.1, 104.2, 105.1, 106.1, 106.2, 107.1, 107.2, 108.1, 109.1, 110.1, 110.2, 110.3, 110.4, 110.5, 111.1, 113.1, 113.2, 113.3, 113.4, 113.5, 114.3, 117.1, 118.1, 121.1, 123.1, 123.2, 124.1, 125.1, 125.2, 127.1, 127.2, 127.3, 127.4, 129.1, 129.2, 129.3, 130.4, 131.1, 131.2, 132.1, 134.1, 135.1, 136.2, 136.3, 137.1, 140.1, 140.2, 140.3, 140.4, 140.5, 140.6, 141.1, 141.2, 142.2, 142.3, 142.4, 143.1, 143.2, 144.1, 144.2, 144.4, 145.1, 145.2, 147.1, 148.1, 148.2, 148.3, 149.1, 149.2, 150.2, 151.1, 151.2, 151.2, 152.1, 152.3, 152.4, 152.5, 152.6, 152.7, 153.1, 153.2, 153.3, 153.4, 153.5, 154.1, 154.2, 154.3, 154.5, 155.1, 155.2, 155.3, 156.1, 156.2, 156.3, 157.1, 157.2, 157.3, 158.2, 160.1, 160.2, 161.1, 161.2, 161.3, 162.1, 162.3, 163.1, 163.2, 163.3, 163.4, 164.2, 166.1, 167.1, 167.2, 167.3, 168.1, 168.3, 170.1, 170.2, 170.3, 170.4, 170.5, 171.1, 171.2, 172.1, 172.3, 172.4, 173.1, 173.2, 173.3, 173.4, 175.1, 175.2, 175.3, 175.4, 176.1, 177.1, 185.3, 186.2, 186.3, 186.4, 186.5, 187.3, 188.1, 188.2, 188.3, 191.1, 192.1, 192.2, 192.3, 192.4, 194.1, 194.2, 195.1, 195.2, 196.1, 196.2, 196.3, 196.4, 196.5, 196.6, 196.7, 196.9, 196.10, 196.11, 196.12, 196.13, 197.1, 197.2, 197.3, 197.4, 197.5, 198.1, 198.2, 199.2, 199.3, 199.4, 200.1, 200.2, 200.3, 201.1, 201.2, 201.3, 202.1, 202.2, 202.3, 202.4, 202.5, 202.6, 203.1, 203.2, 203.3, 203.4, 203.6, 204.3, 205.2, 205.3, 206.1, 206.2, 206.3, 206.4, 206.5, 207.1, 207.2, 208.1, 209.2, 209.3, 210.2, 211.1, 215.1, 215.2, 215.3, 215.4, 216.1, 217.1, 222.2, 224.2, 224.3, 224.4, 224.5, 225.1, 225.2, 228.1, 228.2, 228.3, 234.1, 241.1, 241.2, 248.1, 248.2, 249.1, 249.2, 251.1, 251.2, 251.3, 252.2, 253.2, 253.2, 254.2, 256.1, 256.2, 258.2, 258.3, 259.1, 259.2, 260.1, 260.3, 260.4, 261.1, 261.2, 262.1, 262.2, 262.3, 262.4, 272.1, 272.4, 273.2, 273.3, 278.2, 278.3, 278.4, 289.1, 295.1, 296.1, 296.2, 296.3, 297.1, 297.2, 297.3, 297.4, 297.5, 298.1, 298.2, 298.3, 298.4, 298.5, 298.6, 299.1, 299.2, 299.3, 299.4, 299.5, 299.6, 299.7, 299.8, 299.9, 300.8, 300.9, 300.10, 300.11, 300.12, 300.13, 300.14, 300.15, 300.16, 301.5, 301.6, 301.7, 301.8, 301.9, 301.10, 302.5, 303.5, 303.7, 303.8, 304.1, 304.2, 304.3, 304.4, 304.5, 304.6, 304.7, 304.8, 304.9, 304.10, 304.11, 304.12. |Schilke, Werner, Mönchengladbach: 68.2, 109.2.